U0113968

示范性应用技术类型本科院校重点建设系列教材

概率论与数理统计

主　编　张水利　张晓飞　屈　聪

科学出版社

北　京

内 容 简 介

本书共 9 个单元，主要内容包括随机事件与概率、随机变量及概率分布、多维随机变量及概率分布、随机变量的数字特征、大数定律与中心极限定理、随机样本与抽样分布、参数估计、假设检验、方差分析与回归分析．各单元最后均有单元小结和巩固提升．

本书可作为高等学校工科类、理科类（非数学专业）、经济管理类等专业"概率论与数理统计"课程的教材，也可供工程技术人员参考．

图书在版编目（CIP）数据

概率论与数理统计/张水利，张晓飞，屈聪主编. —北京：科学出版社，2024.1
ISBN 978-7-03-077236-7

Ⅰ.①概… Ⅱ.①张… ②张… ③屈… Ⅲ.①概率论 ②数理统计 Ⅳ.①O21

中国国家版本馆 CIP 数据核字（2023）第 244300 号

责任编辑：张振华 / 责任校对：赵丽杰
责任印制：吕春珉 / 封面设计：东方人华平面设计部

科 学 出 版 社 出版
北京东黄城根北街 16 号
邮政编码：100717
http://www.sciencep.com

三河市中晟雅豪印务有限公司印刷
科学出版社发行　各地新华书店经销
*
2024 年 1 月第 一 版　　开本：787×1092　1/16
2024 年 1 月第一次印刷　　印张：12
字数：270 000

定价：49.80 元
（如有印装质量问题，我社负责调换〈中晟雅豪〉）
销售部电话 010-62136230　编辑部电话 010-62135120-2005

前　　言

概率论与数理统计是一门研究随机现象的统计规律的学科，也是对随机现象进行定量分析的工具，作为现代数学的一个重要分支，其理论与方法不仅被广泛应用于自然科学、社会科学、管理科学及工农业生产中，而且不断地与其他学科相互融合和渗透．近年来，随着计算机科学的发展，以及功能强大的统计软件和数学软件的开发，这门学科得到了蓬勃的发展，在经济、管理、金融、保险、生物、医药等方面得到了广泛的应用．

本书主要有以下特色：

（1）引入工程实例，强调实际应用。在选取例题时，不仅注重知识的训练，同时注重与实际问题的联系，强调对读者应用能力的培养．

（2）重点突出，强调概率统计思维和创新能力的培养。本书结构清晰、语言通俗易懂，重点介绍概率论与数理统计的基本概念、基本原理及应用，注重培养读者的概率统计思维和创新能力。为了方便读者对概率论与数理统计的主要内容进行把握，每个单元都配有单元小结和巩固提升，便于回顾与练习．

（3）融入思政元素，落实课程思政。设置"知识窗"模块，介绍相关数学家的故事，作为课堂教学内容的延伸，可以让读者进一步了解相关数学文化、数学史，具有一定的育人功能，同时提高读者对"概率论与数理统计"课程的兴趣，增加对概率论与数理统计应用的了解．

全书共分为 9 个单元，前 5 个单元为概率部分，主要讲述随机事件与概率、随机变量及概率分布、多维随机变量及概率分布、随机变量的数字特征、大数定律与中心极限定理，后 4 个单元为统计部分，主要讲述随机样本与抽样分布、参数估计、假设检验、方差分析与回归分析．本书各单元配有适量习题，并附有参考答案．

本书由张水利、张晓飞、屈聪担任主编，曹欣杰、谢强、侯甜甜参与编写。具体编写分工如下：单元 1 由屈聪编写，单元 2 由曹欣杰编写，单元 3 由谢强编写，单元 4 和单元 5 由张晓飞编写，单元 6 和单元 7 由张水利编写，单元 8 和单元 9 由侯甜甜编写，全书由张水利修改定稿．

由于编者水平有限，书中不当之处在所难免，恳请广大读者提出批评意见．

编　者

2024 年 1 月

目　　录

单元 1　随机事件与概率 ··· 1

　1.1　随机事件及其运算 ··· 1
　　　1.1.1　随机现象 ··· 1
　　　1.1.2　随机试验 ··· 1
　　　1.1.3　样本空间与样本点 ·· 2
　　　1.1.4　随机事件 ··· 3
　　　1.1.5　事件的关系与运算 ·· 3
　　　1.1.6　事件的运算规律 ·· 6
　1.2　频率与概率 ··· 7
　　　1.2.1　频率及其性质 ·· 7
　　　1.2.2　概率及其性质 ·· 8
　1.3　古典概型及几何概型 ··· 9
　　　1.3.1　排列与组合 ·· 9
　　　1.3.2　古典概型（有限等可能概型）·· 10
　　　1.3.3　几何概型（无限等可能概型）·· 13
　1.4　条件概率 ·· 14
　　　1.4.1　条件概率的定义 ·· 14
　　　1.4.2　乘法公式 ·· 17
　　　1.4.3　全概率公式和贝叶斯公式 ·· 18
　1.5　事件的独立性 ··· 19
　　　1.5.1　两个事件的独立性 ·· 19
　　　1.5.2　有限个事件的独立 ·· 20
　　　1.5.3　伯努利概型 ·· 21
　单元小结 ·· 22
　巩固提升 ·· 25

单元 2　随机变量及概率分布 ··· 28

　2.1　随机变量及其分布函数 ··· 28
　　　2.1.1　随机变量的概念 ·· 28
　　　2.1.2　分布函数 ·· 29
　2.2　离散型随机变量及其概率分布 ·· 30
　　　2.2.1　离散型随机变量的概率分布 ·· 30
　　　2.2.2　常用的离散型随机变量的分布 ·· 31
　2.3　连续型随机变量及其概率密度函数 ·· 35
　　　2.3.1　连续型随机变量及其概率密度 ·· 35
　　　2.3.2　常用的连续型随机变量的分布 ·· 37

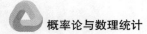

  2.4 随机变量的函数的概率分布 ·· 41
    2.4.1 离散型随机变量函数的分布 ····································· 41
    2.4.2 连续型随机变量函数的分布 ····································· 42
  单元小结 ··· 43
  巩固提升 ··· 45

单元 3 多维随机变量及概率分布 ·· 49
  3.1 二维随机变量及概率分布 ·· 49
    3.1.1 二维随机变量及 n 维随机变量 ··································· 49
    3.1.2 二维随机变量的分布函数 ·· 49
    3.1.3 二维离散型随机变量及其概率分布 ································ 50
    3.1.4 二维连续型随机变量及其概率分布 ································ 53
  3.2 条件概率分布与随机变量的独立性 ···································· 56
    3.2.1 二维离散型随机变量的条件分布 ·································· 56
    3.2.2 二维离散型随机变量的独立性 ···································· 57
    3.2.3 二维连续型随机变量的条件分布及其独立性 ······················ 58
  3.3 二维随机变量的函数的概率分布 ······································ 59
    3.3.1 二维离散型随机变量函数的分布 ·································· 59
    3.3.2 二维连续型随机变量函数的分布 ·································· 60
  单元小结 ··· 61
  巩固提升 ··· 62

单元 4 随机变量的数字特征 ·· 66
  4.1 数学期望 ·· 66
    4.1.1 离散型随机变量及其函数的数学期望 ······························ 67
    4.1.2 连续型随机变量及其函数的数学期望 ······························ 69
    4.1.3 数学期望的性质 ·· 70
    4.1.4 应用实例 ·· 71
  4.2 方差 ·· 73
    4.2.1 方差的定义 ·· 73
    4.2.2 方差的计算 ·· 73
    4.2.3 方差的性质 ·· 75
  4.3 协方差与相关系数 ·· 76
    4.3.1 协方差的定义 ·· 76
    4.3.2 协方差的性质 ·· 77
    4.3.3 相关系数的定义 ·· 78
    4.3.4 相关系数的性质 ·· 78
  单元小结 ··· 79
  巩固提升 ··· 81

单元 5　大数定律与中心极限定理 ·· 84

5.1　切比雪夫不等式 ·· 84

5.2　大数定律 ·· 85

5.3　中心极限定理 ·· 86

单元小结 ··· 89

巩固提升 ··· 90

单元 6　随机样本与抽样分布 ·· 91

6.1　随机样本 ·· 91

6.1.1　总体与样本 ··· 91

6.1.2　统计量 ··· 93

6.2　χ^2 分布、t 分布和 F 分布 ··· 95

6.2.1　分位数 ··· 95

6.2.2　χ^2 分布 ··· 96

6.2.3　t 分布 ··· 96

6.2.4　F 分布 ··· 98

6.3　正态总体的抽样分布 ·· 98

单元小结 ··· 101

巩固提升 ··· 102

单元 7　参数估计 ··· 104

7.1　参数的点估计 ··· 104

7.1.1　点估计的概念 ·· 104

7.1.2　矩估计法 ·· 105

7.1.3　极大似然估计法 ··· 107

7.2　点估计的优良性标准 ·· 110

7.2.1　无偏性 ··· 110

7.2.2　有效性 ··· 110

7.2.3　相合性 ··· 111

7.3　参数的区间估计 ··· 112

7.3.1　区间估计的概念 ··· 112

7.3.2　单正态总体参数的区间估计 ···································· 112

7.3.3　两个正态总体的置信区间 ······································· 115

单元小结 ··· 117

巩固提升 ··· 117

单元 8　假设检验 ··· 121

8.1　假设检验的基本思想与一般步骤 ······································ 121

8.1.1　假设检验的基本思想 ··· 121

8.1.2 假设检验的基本步骤 ··· 122

8.2 单个正态总体均值与方差的假设检验 ···························· 125

8.2.1 单个正态总体均值的假设检验 ······························· 125

8.2.2 单个正态总体方差的假设检验 ······························· 128

8.3 两个正态总体均值差与方差比的假设检验 ······················ 129

8.3.1 两个正态总体均值差的假设检验 ····························· 129

8.3.2 两个正态总体方差比的假设检验 ····························· 131

单元小结 ··· 132

巩固提升 ··· 133

单元 9 方差分析与回归分析 ··· 136

9.1 单因素试验的方差分析 ·· 136

9.1.1 基本概念 ·· 137

9.1.2 单因素方差分析的数学模型 ···································· 137

9.1.3 平方和分解 ·· 138

9.1.4 S_E 与 S_A 的统计特性 ·· 140

9.1.5 假设检验问题 ·· 140

9.2 双因素试验的方差分析 ·· 141

9.2.1 有交互作用的双因素方差分析 ·································· 141

9.2.2 无交互作用的双因素方差分析 ·································· 146

9.3 一元线性回归分析 ··· 149

9.3.1 一元线性回归的概率模型 ······································· 149

9.3.2 最小二乘估计 ·· 150

9.3.3 回归方程的显著性检验 ·· 151

单元小结 ··· 154

巩固提升 ··· 156

参考答案 ··· 159

参考文献 ··· 168

附录 ·· 169

附表 1 泊松分布表 ·· 169

附表 2 标准正态分布表 ··· 170

附表 3 t 分布临界值表 ··· 171

附表 4 χ^2 分布临界值表 ··· 172

附表 5 F 分布临界值表 ··· 174

随机事件与概率

用概率来度量不确定性和可变性已经有数百年的历史了，如今概率论已应用到很多领域，如军事、医药、天气预报和法律等．概率论与许多实际和理想的试验相联系，或结合一些生活现象，从而使其获得了实用价值和直观意义．

概率论是研究随机现象规律性的一门数学学科．作为数学的一个分支，概率论研究的是随机现象的数量规律．一方面，它有自己独特的概念和方法；另一方面，它与其他数学分支又有紧密的联系，是现代数学的重要组成部分．概率论的广泛应用几乎遍及所有的科学技术领域、工农业生产和国民经济的各个部门．

1.1 随机事件及其运算

1.1.1 随机现象

在自然界与人类社会生活中，存在着两类截然不同的现象：**确定性现象**和**随机现象**．
确定性现象是指在一定条件下必然发生或必然不发生的现象．例如：
（1）异性电荷相互吸引，同性电荷相互排斥；
（2）苹果成熟后会自行落向地面；
（3）在一个标准大气压下，纯水加热到 $100\,^{\circ}\mathrm{C}$ 必然沸腾．

随机现象（或**不确定性现象**）是指在一定条件下无法准确预知其结果的现象．例如：
（1）下周六进入某商场的人数；
（2）向上抛一枚硬币，落地时可能正面朝上也可能反面朝上；
（3）掷一枚质地均匀的骰子，可能出现的点数有 6 种，即 1, 2, 3, 4, 5, 6，但事先不知道出现多少点．

1.1.2 随机试验

如果一个试验具有以下 3 个特征：

（1）可重复性，即可以在相同的条件下重复进行；

（2）可观察性，即每次试验的可能结果不止一个，并且事先可以明确试验的全部可能结果；

（3）不确定性，即每次试验出现的结果事先不能确定.

则称这样的试验为**随机试验**，记为 E.

以后所提到的试验未特殊指明的都指随机试验.

例 1.1 下面是一些随机试验的例子.

（1）E_1：掷一枚质地均匀的骰子，观察出现的点数；

（2）E_2：向上抛一枚质地均匀的硬币，观察落地时出现正面 H、反面 T 的情况；

（3）E_3：每天通过某个交通路口车辆的数量；

（4）E_4：110 报警服务台每天接到的报警次数；

（5）E_5：在某幼儿园大班中任选一名小朋友，测量其身高（假定这些小朋友的身高大于 80cm、小于 130cm）；

（6）E_6：在一批洗衣机中任意抽取一台，测试它的寿命.

1.1.3 样本空间与样本点

定义 1.1（样本空间） 随机试验的每一个可能的结果称为一个**样本点（基本结果）**，记为 ω；样本点的全体构成的集合称为**样本空间**，记为 Ω.

例 1.2 对于例 1.1 中的随机试验，写出其对应的样本空间.

解 （1）掷一枚质地均匀的骰子，观察出现的点数，有 6 个样本点，其样本空间为

$$\Omega_1 = \{1, 2, 3, 4, 5, 6\}$$

（2）向上抛一枚质地均匀的硬币，观察落地时出现正面 H、反面 T 的情况，有两个样本点，其样本空间为

$$\Omega_2 = \{H, T\}$$

（3）每天通过某个交通路口车辆的数量，其样本空间为

$$\Omega_3 = \{0, 1, 2, \cdots\}$$

（4）110 报警服务台每天的报警次数可以是 $0, 1, 2, \cdots$，其样本空间为

$$\Omega_4 = \{0, 1, 2, \cdots\}$$

（5）在某幼儿园大班中任选一名小朋友，测量其身高（假定这些小朋友的身高大于 80cm、小于 130cm），其样本空间为

$$\Omega_5 = \{h \mid 80 < h < 130\}$$

（6）在一批洗衣机中任意抽取一台，测试它的寿命，其样本空间为

$$\Omega_6 = \{t \mid t \geqslant 0\}$$

需要说明的是，在上面的 E_4 中，一般说来虽然每天接到的报警次数不会太大，但理论上很难找到确定上限的依据，为方便起见，把上限视为 ∞.

▍1.1.4　随机事件

定义 1.2（随机事件）　随机现象的某些样本点组成的集合称为**随机事件**，简称**事件**，常用大写字母 $A, B, C, \cdots$ 表示. 显然，随机事件是样本空间 Ω 的子集.

例如，在掷骰子的试验中，样本空间 $\Omega = \{1, 2, 3, 4, 5, 6\}$ ，则

事件 A ："出现奇数点"是一个随机事件，可表示为 $A = \{1, 3, 5\}$ ；

事件 B ："点数大于 3"可表示为 $B = \{4, 5, 6\}$.

注意

（1）当子集 A 中某个样本点出现，就说明事件 A 发生；反之，A 不发生.

（2）随机事件在一次试验中可能发生，也可能不发生.

定义 1.3（基本事件）　由样本空间 Ω 中的单个样本点构成的集合，称为基本事件.

定义 1.4（必然事件）　在每次试验中都必然发生的事件，称为必然事件，用 Ω 表示.

定义 1.5（不可能事件）　在每次试验中都必然不会发生的事件，称为不可能事件，用空集符号 $\varnothing$ 表示.

例如，在掷骰子的试验中，"点数小于 8"是必然事件，"点数等于 7"是不可能事件.

注意

（1）必然事件与不可能事件都是确定性事件，为了方便讨论，可将它们看作两个特殊的随机事件.

（2）概率论中的一些概念对应着集合论的概念，其对应关系如下：

单个样本点——元素；

随机事件、基本事件——子集；

不可能事件——空集；

样本空间、必然事件——全集.

▍1.1.5　事件的关系与运算

因为事件是样本空间的一个子集，所以事件之间的关系与运算可以按照集合之间的关系与运算来处理.

在掷骰子的试验中，样本空间 $\Omega = \{1, 2, 3, 4, 5, 6\}$ ，记

$$A_i = \{i\}, \quad i = 1, 2, \cdots, 6$$
$$B_1 = \{出现奇数点\} = \{1, 3, 5\}$$
$$B_2 = \{出现偶数点\} = \{2, 4, 6\}$$
$$C_1 = \{出现的点数不超过3\} = \{1, 2, 3\}$$
$$C_2 = \{出现的点数超过3\} = \{4, 5, 6\}$$
$$D = \{出现的点数小于5\} = \{1, 2, 3, 4\}$$

在事件的关系与运算这部分内容中所举的例子都采用此处设定的记号. 下面用集合论的语言来描述事件的关系与运算.

1. 包含关系

如果属于 A 的样本点必属于 B ，则称 A 包含于 B ，或称 B 包含 A ，记为 $A \subset B$ 或 $B \supset A$.

用概率论的语言表达就是：事件 A 发生必然导致事件 B 发生，如图 1-1 所示.

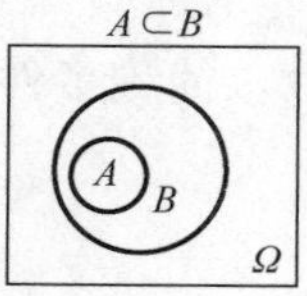

例如，在上面掷骰子的试验中，$A_1 \subset B_1$，$A_2 \subset B_2$，$C_1 \subset D$.

图 1-1

2. 相等关系

若 $A \subset B$ 且 $B \subset A$，则称事件 A 与事件 B 相等（或等价），记为 $A = B$. 这时，事件 A 的发生必然导致事件 B 的发生，且事件 B 的发生也必然导致事件 A 的发生，事件 A 与事件 B 有相同的样本点. 显然，$A = B \Leftrightarrow A \subset B$ 且 $B \subset A$.

例如，事件 {出现偶数点} 与事件 $B_2 = \{2, 4, 6\}$ 相等.

3. 事件 A 与事件 B 的和（或并）

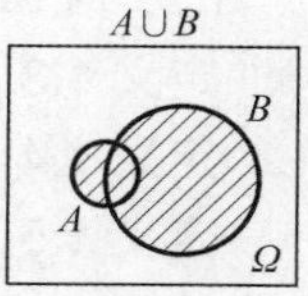

事件 A 和事件 B 至少有一个发生，称为**事件 A 与事件 B 的和**（或并），记为 $A \cup B$. 其含义为：由事件 A 与事件 B 中所有的样本点组成的新事件（相同的样本点只计入一次）. 显然，$A \cup B = \{\omega | \omega \in A \text{ 或 } \omega \in B\}$，如图 1-2 中的阴影部分所示.

图 1-2

例如，$A_1 \cup B_2 = \{1, 2, 4, 6\}$，$B_1 \cup D = \{1, 2, 3, 4, 5\}$，$C_1 \cup D = D$.

类似地，称 $\bigcup\limits_{k=1}^{n} A_k$ 为 n 个事件 $A_1, A_2, \cdots, A_n$ 的和事件，$\bigcup\limits_{k=1}^{\infty} A_k$ 为可数无穷个事件 $A_1, A_2, \cdots, A_n, \cdots$ 的和事件.

例如，在上面掷骰子的试验中，$A_1 \cup A_3 \cup A_5 = B_1$.

4. 事件 A 与事件 B 的积（或交）

事件 A 与事件 B 同时发生，称为**事件 A 与事件 B 的积**（或交），记为 $A \cap B$（或简记为 AB）. 其含义为：由事件 A 与事件 B 中公共的样本点组成的新事件. 显然，$AB = \{\omega | \omega \in A \text{ 且 } \omega \in B\}$，如图 1-3 中的阴影部分所示.

例如，在上面掷骰子的试验中，$B_1 \cap C_2 = \{5\}$，$B_2 \cap C_2 = \{4, 6\}$，$C_1 D = C_1$.

类似地，称 $\bigcap\limits_{k=1}^{n} A_k$ 为 n 个事件 $A_1, A_2, \cdots, A_n$ 的交事件，$\bigcap\limits_{k=1}^{\infty} A_k$ 为可数无穷个事件 $A_1, A_2, \cdots, A_n, \cdots$ 的交事件.

5. 事件 A 与事件 B 的差

事件 A 发生而事件 B 不发生，称为**事件 A 与事件 B 的差**，记为 $A - B$. 其含义为：由在事件 A 中而不在事件 B 中的样本点组成的新事件. 显然，$A - B = \{\omega | \omega \in A \text{ 且 } \omega \notin B\}$，如图 1-4 中的阴影部分所示.

例如，在上面掷骰子的试验中，$B_1 - A_1 = \{1, 3, 5\} - \{1\} = \{3, 5\}$，$B_1 - C_2 = \{1, 3, 5\} - \{4, 5, 6\} = \{1, 3\}$，$B_1 - A_2 = \{1, 3, 5\} - \{2\} = \{1, 3, 5\}$.

显然，$A - B = A - AB$.

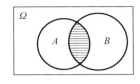

图 1-3

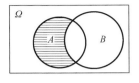

图 1-4

6. 事件 A 与事件 B 的互斥（或互不相容）

若 $A \cap B = \varnothing$，则称**事件 A 与事件 B 互斥**（或互不相容）. 其含义为：事件 A 与事件 B 不能同时发生，如图 1-5 所示.

例如，基本事件是两两互斥的，在上面掷骰子的试验中，A_1 与 A_2 互斥，A_1 与 B_2 互斥，B_1 与 B_2 互斥.

7. 对立事件（或逆事件）

事件 A 的**对立事件**（或逆事件）记为 $\overline{A}$. 其含义为：由在样本空间 Ω 中而不在事件 A 中的样本点组成的新事件或事件 A 不发生，即 $\overline{A} = \Omega - A$.

事件 A 与事件 B 互为对立事件的充要条件为 $A \cap B = \varnothing$ 且 $A \cup B = \Omega$，如图 1-6 中的阴影部分所示.

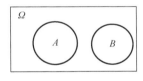

图 1-5

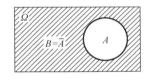

图 1-6

例如，在上面掷骰子的试验中，$\overline{A_1} = \{2, 3, 4, 5, 6\}$，$\overline{B_1} = B_2$，$\overline{C_1} = C_2$.

注意

（1）事件 A 不发生意味着事件 $\overline{A}$ 发生.

（2）对立事件是相互的，即 A 的对立事件是 $\overline{A}$，而 $\overline{A}$ 的对立事件是 A（$\overline{\overline{A}} = A$）.

（3）$A \cap \overline{A} = \varnothing$，$A \cup \overline{A} = \Omega$.

（4）$A - B = A\overline{B} = A - AB$.

（5）两个互为对立的事件一定是互斥事件；反之，互斥事件不一定是对立事件.

8. 完备事件组

定义 1.6（完备事件组）　设 Ω 的一组事件 $A_1, A_2, \cdots, A_n$ 两两互不相容，且

$$A_1 \cup A_2 \cup \cdots \cup A_n = \Omega$$

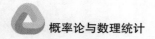

则称 $A_1, A_2, \cdots, A_n$ 为 Ω 的一个完备事件组或 Ω 的一个划分.

例如:

（1） A 与 $\bar{A}$ 就是一个完备事件组;

（2）在抛硬币的试验中,"正面"与"反面"这两个事件构成一个完备事件组.

1.1.6 事件的运算规律

事件之间的运算法则与集合的运算法则相同,设 A, B, C 是同一随机试验 E 中的事件,则有:

（1）**交换律**: $A \cup B = B \cup A$, $A \cap B = B \cap A$;

（2）**结合律**: $(A \cup B) \cup C = A \cup (B \cup C)$, $(A \cap B) \cap C = A \cap (B \cap C)$;

（3）**分配律**: $A \cap (B \cup C) = (A \cap B) \cup (A \cap C)$, $A \cup (B \cap C) = (A \cup B) \cap (A \cup C)$;

（4）**对偶律（德摩根律）**: $\overline{A \cup B} = \bar{A} \cap \bar{B}$, $\overline{A \cap B} = \bar{A} \cup \bar{B}$, $\overline{A \cup B \cup C} = \bar{A} \cap \bar{B} \cap \bar{C}$, $\overline{A \cap B \cap C} = \bar{A} \cup \bar{B} \cup \bar{C}$.

注意 以上各运算律还可以推广到有限个或可数个事件的情形.

例 1.3 设 A, B, C 为 3 个事件,试用事件的运算关系表示下列事件:

（1） A, B, C 均发生;

（2） A, B, C 均不发生;

（3） A, B, C 至少有一个发生;

（4） A, B, C 恰有一个发生;

（5） A, B, C 最多有一个发生;

（6） A, B, C 至少有两个发生;

（7） A, B, C 最多有两个发生.

解 （1） ABC;

（2） $\overline{ABC}$ 或 $\overline{A \cup B \cup C}$;

（3） $A \cup B \cup C$;

（4） $A\bar{B}\bar{C} \cup \bar{A}B\bar{C} \cup \bar{A}\bar{B}C$;

（5） $\bar{A}\bar{B}\bar{C} \cup A\bar{B}\bar{C} \cup \bar{A}B\bar{C} \cup \bar{A}\bar{B}C$;

（6） $AB\bar{C} \cup A\bar{B}C \cup \bar{A}BC \cup ABC = AB \cup AC \cup BC$;

（7） $\bar{A}\bar{B}\bar{C} \cup A\bar{B}\bar{C} \cup \bar{A}B\bar{C} \cup \bar{A}\bar{B}C \cup AB\bar{C} \cup A\bar{B}C \cup \bar{A}BC = \overline{A} \cup \overline{B} \cup \overline{C} = \overline{ABC}$.

例 1.4 假定某时段股票只有上涨和下跌两种可能,设事件 A 表示"甲只股票上涨,乙只股票下跌",求其对立事件 $\bar{A}$.

解 设事件 B 表示"甲只股票上涨",事件 C 表示"乙只股票下跌",则 $A = BC$,故

$$\bar{A} = \overline{BC} = \bar{B} \cup \bar{C} = \{甲只股票下跌或乙只股票上涨\}$$

 频率与概率

除非特殊（必然事件和不可能事件）情况，任何随机事件在一次试验中可能发生，也可能不发生. 有时需要知道某些事件在一次试验中发生的可能性大小. 例如，为了节省人力资源，需要研究一台机器在一天内发生故障的可能性大小，以合理安排维修人员数量，这时用一个恰当的实数来描述它发生的可能性大小是很有必要的.

1.2.1　频率及其性质

1. 频率的定义

定义 1.7（频率）　若在相同的条件下进行 n 次试验，其中事件 A 发生了 k 次，则称 $\dfrac{k}{n}$ 为**事件 A 发生的频率**，记为 $f_n(A) = \dfrac{k}{n}$.

2. 频率的性质

（1）非负性：对任意事件 A，有 $f_n(A) \geqslant 0$.

（2）规范性：$f_n(\Omega) = 1$.

（3）有限可加性：设 $A_1, A_2, \cdots, A_m$ 是两两互不相容的事件，则
$$f_n(A_1 \cup A_2 \cup \cdots \cup A_m) = f_n(A_1) + f_n(A_2) + \cdots + f_n(A_m)$$
也可以简记为
$$f_n\left(\bigcup_{i=1}^{m} A_i \right) = \sum_{i=1}^{m} f_n(A_i)$$

3. 频率的稳定性

事件 A 发生的频率 $f_n(A)$ 反映了 A 发生的频繁程度，频率越大，事件 A 发生的可能性越大，反之亦然. 那么，是否可以用频率 $f_n(A)$ 表示事件 A 发生的概率呢？

历史上不少人进行了著名的抛硬币试验，其结果如表 1-1 所示.

表 1-1　抛硬币试验的结果与频率

试验者	抛硬币次数	出现正面的次数	出现正面的频率
德·摩根	2048	1061	0.5181
德·摩根	2048	1017	0.4966
蒲丰	4040	2048	0.5069
皮尔逊	12000	6019	0.5016
皮尔逊	24000	12012	0.5005
维尼	30000	14994	0.4998

表 1-1 中的数据表明，随着试验次数的增加，出现正面的频率越来越接近 0.5，这就是频率的稳定值.

大量试验表明，随着试验次数 n 的增加，频率 $f_n(A)$ 会逐渐稳定于某个常数.这种**频率的稳定性**就是所谓的统计规律性，可以用这个稳定的频率值来表示事件 A 发生的概率.

4. 概率的统计定义

定义 1.8（概率） 在相同的条件下，独立重复地进行 n 次试验，当试验次数 n 很大时，如果事件 A 发生的频率 $f_n(A)$ 稳定地在某个常数 p 附近波动，则称常数 p 为**事件 A 的概率**，记为 $P(A) = p$.

概率的统计定义为概率提供了经验基础，但它不是严格的数学定义. 1933 年，苏联著名数学家柯尔莫哥洛夫提出了概率的公理化定义，第一次将概率论建立在严密的逻辑基础上，概率论得到了迅速发展.

1.2.2 概率及其性质

1. 概率的公理化定义

定义 1.9（概率） 设 E 是随机试验，Ω 是它的样本空间，对于 E 中的每一个事件 A 赋予一个实数，记作 $P(A)$，如果 $P(A)$ 满足以下条件：

（1）**非负性**，即 $P(A) \geqslant 0$；

（2）**规范性**，即 $P(\Omega) = 1$；

（3）**可列可加性**，即若 $A_1, A_2, \cdots, A_n, \cdots$ 两两互不相容，则

$$P\left(\bigcup_{n=1}^{\infty} A_n\right) = \sum_{n=1}^{\infty} P(A_n)$$

则称实数 $P(A)$ 为**事件 A 的概率**.

上述可列可加性可以展开为

$$P\left(A_1 \cup A_2 \cup \cdots \cup A_n \cup \cdots\right) = P(A_1) + P(A_2) + \cdots + P(A_n) + \cdots$$

2. 概率的性质

由概率的公理化定义可以推出概率的一些性质，具体如下.

（1）$P(\varnothing) = 0$.

（2）**有限可加性**：设 $A_1, A_2, \cdots, A_n$ 是两两互不相容的事件，即 $A_i A_j = \varnothing (i \neq j)$，则有

$$P\left(\bigcup_{i=1}^{n} A_i\right) = \sum_{i=1}^{n} P(A_i)$$

即

$$P\left(A_1 \cup A_2 \cup \cdots \cup A_n\right) = P(A_1) + P(A_2) + \cdots + P(A_n)$$

特别地，设事件 A, B 互不相容，则 $P(A \cup B) = P(A) + P(B)$.

（3）**逆事件的概率**：$P(\bar{A}) = 1 - P(A)$.

（4）**减法公式**. 一般地，$P(A - B) = P(A) - P(AB)$；特别地，若 $B \subset A$，则

$$P(A - B) = P(A) - P(B)$$

$$P(B) \leqslant P(A)$$

（5）加法公式.

① 对任意的事件 A, B，有

$$P(A \cup B) = P(A) + P(B) - P(AB)$$

② 对任意的事件 A, B, C，有

$$P(A \cup B \cup C) = P(A) + P(B) + P(C) - P(AB) - P(AC) - P(BC) + P(ABC)$$

③ 设 $A_1, A_2, \cdots, A_n$ 为任意 n 个事件，有

$$P(A_1 \cup A_2 \cup \cdots \cup A_n) = \sum_{i=1}^{n} P(A_i) - \sum_{1 \leqslant i < j \leqslant n} P(A_i A_j)$$
$$+ \sum_{1 \leqslant i < j < k \leqslant n} P(A_i A_j A_k) - \cdots + (-1)^{n-1} P(A_1 A_2 \cdots A_n)$$

例 1.5 已知 $P(\overline{A}) = 0.4$，$P(\overline{A}B) = 0.2$，$P(B) = 0.5$，其中 $\overline{A}$ 为事件 A 的逆事件，求：
（1）$P(AB)$；（2）$P(B - A)$；（3）$P(A \cup B)$；（4）$P(\overline{A} \cup B)$.

解 （1）因为 $AB + \overline{A}B = B$，且 AB 与 $\overline{A}B$ 是互不相容的，所以

$$P(AB) + P(\overline{A}B) = P(B)$$

于是

$$P(AB) = P(B) - P(\overline{A}B) = 0.5 - 0.2 = 0.3$$

（2）因为 $P(B) = 0.5$，所以

$$P(B - A) = P(B) - P(AB) = 0.5 - 0.3 = 0.2$$

（3）因为 $P(A) = 1 - 0.4 = 0.6$，所以

$$P(A \cup B) = P(A) + P(B) - P(AB) = 0.6 + 0.5 - 0.3 = 0.8$$

（4）$P(\overline{A} \cup B) = P(\overline{A}) + P(B) - P(\overline{A}B) = 0.4 + 0.5 - 0.2 = 0.7$.

1.3 古典概型及几何概型

1.3.1 排列与组合

定义 1.10（加法原理） 一般地，如果完成一件事有 k 类方法，第一类方法中有 m_1 种不同做法，第二类方法中有 m_2 种不同做法，$\cdots$，第 k 类方法中有 m_k 种不同做法，则完成这件事共有 $N = m_1 + m_2 + \cdots + m_k$ 种不同方法，这就是加法原理.

例 1.6 从甲地到乙地，可乘坐 3 种交通工具：火车、汽车和飞机. 一天中，火车有 5 个班次，汽车有 10 个班次，飞机有 3 个班次，那么一天中乘坐这些交通工具从甲地到乙地，共有多少种不同的方法？

解 根据加法原理，一天中乘坐这些交通工具从甲地到乙地，共有 5+10+3=18(种)不同的方法.

定义 1.11（乘法原理） 做一件事，完成它需要分成 n 个步骤，第一步有 m_1 种不同的

方法，第二步有 m_2 种不同的方法，…，第 n 步有 m_n 种不同的方法，那么，完成这件事共有 $N = m_1 \times m_2 \times \cdots \times m_n$ 种不同的方法.

例 1.7 书架上有 5 本不同的数学书，4 本不同的语文书，8 本不同的图画书. 若从这些书中取数学书、语文书、图画书各一本，则有多少种不同的取法？

解 根据乘法原理，从这些书中取数学书、语文书、图画书各一本，有 $5 \times 4 \times 8 = 160$（种）不同的取法.

定义 1.12（排列与排列数） 从 n 个不同元素中每次选出 m 个不同元素（$1 \leqslant m \leqslant n$），按照一定的顺序排成一列，称为从 n 个不同元素中选出 m 个不同元素的一个排列. 从 n 个不同元素中选出 m 个不同元素的所有排列的个数，称为从 n 个不同元素中选出 m 个不同元素的**排列数**，记为 A_n^m 或 P_n^m.

排列数的计算公式如下：

$$\mathrm{A}_n^m = n(n-1)\cdots(n-m+1) = \frac{n!}{(n-m)!} \qquad (m \text{ 个依次减少的数相乘})$$

自然数 1 到 n 的连乘积称为 n 的**阶乘**，记作 $n!$，即

$$n! = n \times (n-1) \times (n-2) \times \cdots \times 3 \times 2 \times 1$$

并规定：$0! = 1$.

全排列： n 个不同元素全部取出的一个排列称为 n 个不同元素的一个全排列.

全排列数的计算公式如下：

$$\mathrm{A}_n^n = n!$$

定义 1.13（组合与组合数） 从 n 个不同元素中每次选出 m 个不同元素（$1 \leqslant m \leqslant n$），不考虑顺序而将其并成一组，称为从 n 个不同元素中选出 m 个不同元素的一个组合. 从 n 个不同元素中取出 m 个元素（$1 \leqslant m \leqslant n$）的所有组合的个数，称为从 n 个不同元素中取出 m 个元素的**组合数**，记作 C_n^m.

组合数的计算公式如下：

$$\mathrm{C}_n^m = \frac{\mathrm{A}_n^m}{\mathrm{A}_m^m} = \frac{n!}{m!(n-m)!}$$

$$\mathrm{C}_n^1 = \mathrm{A}_n^1 = n, \quad \mathrm{C}_n^m = \mathrm{C}_n^{n-m}$$

注意 排列与元素的顺序有关，组合与元素的顺序无关.

1.3.2 古典概型（有限等可能概型）

1. 古典概型的定义

定义 1.14（古典概型） 若随机试验 E 满足下列两个条件：

（1）试验的样本空间 Ω 只有有限个样本点，即

$$\Omega = \{\omega_1, \omega_2, \cdots, \omega_n\}$$

（2）每个基本事件发生的可能性相等（称为等可能性），即

$$P(\{\omega_1\}) = P(\{\omega_2\}) = \cdots = P(\{\omega_n\})$$

则称此试验为**古典概型**（或**等可能概型**）.

2. 古典概型的计算公式

设古典概型随机试验的样本空间 $\Omega = \{\omega_1, \omega_2, \cdots, \omega_n\}$，若事件 A 中含有 k $(k \leqslant n)$ 个样本点，则称 $\dfrac{k}{n}$ 为事件 A 发生的概率，记为

$$P(A) = \frac{\text{事件} A \text{中含有的样本点数}}{\text{总样本点数}} = \frac{k}{n}$$

注意　在古典概型问题中，构造样本空间时必须保证每个样本点是等可能发生的.

例 1.8　已知袋子中装有 6 个红球和 4 个白球，求：

（1）从袋子中任取一球，这个球是白球的概率；

（2）从袋子中任取两球，刚好是一个红球和一个白球的概率及两个球都是红球的概率.

解　（1）在 10 个球中任取一个，共有 $C_{10}^1 = 10$ 种取法，因为 10 个球中有 4 个白球，所以取到白球的取法有 $C_4^1 = 4$ 种. 根据古典概型的概率计算公式，记事件 $A = \{$取得的球为白球$\}$，则

$$P(A) = \frac{C_4^1}{C_{10}^1} = \frac{4}{10} = \frac{2}{5}$$

（2）因为 10 个球中任取两个球的取法有 $C_{10}^2 = 45$ 种，而其中刚好一个白球和一个红球的取法有 $C_4^1 \cdot C_6^1 = 24$ 种，而两个球均为红球的取法有 $C_6^2 = 15$ 种，根据古典概型的概率计算公式，记事件 $B = \{$刚好取到一个白球和一个红球$\}$，记事件 $C = \{$刚好取到两个红球$\}$，则

$$P(B) = \frac{C_4^1 C_6^1}{C_{10}^2} = \frac{24}{45} = \frac{8}{15}, \quad P(C) = \frac{C_6^2}{C_{10}^2} = \frac{15}{45} = \frac{1}{3}$$

3. 有放回抽样与无放回抽样

有放回抽样：每次取出的样品观测后放回去，下一次再从中随机抽取（样品总数不变）.

无放回抽样：每次取出的样品观测后不放回，下一次再从剩余的样品中随机抽取（样品总数越来越少）.

例 1.9　袋中有 a 白球，b 红球，k 个人依次在袋中取一个球，考虑下列两种取球方式，求第 $i(i = 1, 2, \cdots, k)$ 个人取到白球的概率.

（1）做放回抽取，即前面一个人取 1 球，观察颜色后放回，后面一个人再取 1 球；

（2）做不放回抽取，即前面一个人取 1 球，观察颜色后不放回，后面一个人再取 1 球.

解　记 $B = $ 第 $i(i = 1, 2, \cdots, k)$ 个人取到白球.

（1）放回抽样的情况.

第 1 个人取到白球的概率为 $\dfrac{a}{a+b}$，因为是放回抽样，所以第 2 个人，第 3 个人，$\cdots$，第 k 个人取到白球的概率均为 $\dfrac{a}{a+b}$，即

$$P(B) = \frac{a}{a+b}$$

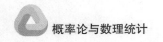

（2）不放回抽样的情况.

k 个人各取 1 球，每种取法都是一个基本事件，k 个人各 1 球共有 $(a+b)(a+b-1)\cdots[(a+b)-(k-1)]=\mathrm{A}_{a+b}^{k}$ 种取法.

当事件 B 发生时，第 i 个人取的应是白球，它可以是 a 个白球中的任意一个，取法有 a 种，其余被取的 $(k-1)$ 个球可以是余下 $(a+b-1)$ 个球中的任意 $(k-1)$ 个，共有 $(a+b-1)(a+b-2)\cdots\{[(a+b-1)-[(k-1)-1]\}=\mathrm{A}_{a+b-1}^{k-1}$ 种取法，所以

$$P(B)=\frac{a\mathrm{A}_{a+b-1}^{k-1}}{\mathrm{A}_{a+b}^{k}}=\frac{a(a+b-1)(a+b-2)\cdots\{[(a+b-1)-[(k-1)-1]\}}{(a+b)(a+b-1)\cdots[a+b-(k-1)]}=\frac{a}{a+b}$$

可见，$P(B)$ 与 i 无关，即 k 个人取球，即便先后次序不同，但每个人取到白球的概率是一样的，并且放回抽样和不放回抽样取到白球的概率也是一样的.

例 1.9 反映的结果称为"抽签原理"，我们遇到的很多问题和该题的原理相同. 作为"抽签原理"的应用，我们看下例.

例 1.9 的应用 一个箱子中装有 7 只大小相同的球，其中红球 3 只，黑球 4 只.

（1）现做不放回抽取，每次 1 只，求第三次恰取到红球的概率；

（2）现做不放回抽取，每次 1 只，求第五次恰取到红球的概率；

（3）从箱子中取球两次，每次随机取出 1 只，分别考虑有放回抽取和无放回抽取两种取球方式，求取到两只颜色相同的球的概率.

解 （1）抽取与次序有关系，用排列数. 从 7 只球中任取 3 只的排列数为 A_{7}^{3}，这是**总的样本点数**. 第三次取到的红球是 3 只红球中的任意 1 只，有 A_{3}^{1} 种取法，前两次被取到的球可以是其余 6 只球中的任意 2 只，有 A_{6}^{2} 种取法. 根据乘法原理，第三次恰取到红球的取法有 $\mathrm{A}_{3}^{1}\mathrm{A}_{6}^{2}$ 种，故所求的概率为

$$p_1=\frac{\mathrm{A}_{3}^{1}\mathrm{A}_{6}^{2}}{\mathrm{A}_{7}^{3}}=\frac{3}{7}$$

（2）参考（1）易得所求的概率为

$$p_2=\frac{\mathrm{A}_{3}^{1}\mathrm{A}_{6}^{4}}{\mathrm{A}_{7}^{5}}=\frac{3}{7}$$

注意 （1）（2）的结果相同. 实际上，无论哪一次恰取到红球的概率都相等，即抽球的先后次序不会影响抽到红球的概率. 这也可以解释尽管购买福利彩票的先后次序不同，但是大家的中奖机会是相等的.

（3）设事件 A {取到 2 只红球}，$B=$ {取到 2 只黑球}，则 $A\cup B=$ {取到 2 只颜色相同的球}.

① 考虑有放回抽取. 第一次从箱子中取球，有 7 只球可供抽取，有 7 种取法，第二次也有 7 种取法，根据乘法原理，共有 7×7 种取法，这是**总的样本点数**. A 中含有 X 种取法，B 中含有 4×4 种取法，所以

$$P(A)=\frac{3\times3}{7\times7}=\frac{9}{49}$$

$$P(B) = \frac{4 \times 4}{7 \times 7} = \frac{16}{49}$$

又由于 $AB = \varnothing$，因此

$$P(A \cup B) = P(A) + P(B) = \frac{25}{49}$$

② 考虑无放回抽取. 第一次从箱子中取球，有 7 只球可供抽取，有 7 种取法，第二次只能从剩下的 6 只球中抽取，有 6 种取法，根据乘法原理，共有 7×6 种取法，这是**总的样本点数**. A 中含有 3×2 种取法，B 中含有 4×3 种取法，所以

$$P(A) = \frac{A_3^2}{A_7^2} = \frac{3 \times 2}{7 \times 6} = \frac{1}{7}$$

$$P(B) = \frac{A_4^2}{A_7^2} = \frac{4 \times 3}{7 \times 6} = \frac{2}{7}$$

又由于 $AB = \varnothing$，因此

$$P(A \cup B) = P(A) + P(B) = \frac{3}{7}$$

在不放回抽取情形中，一次取 1 只，一共取 n 次也可以看成是一次取出 n 只，故本例中也可用组合数计算，即

$$P(A) = \frac{C_3^2}{C_7^2} = \frac{1}{7}, \quad P(B) = \frac{C_4^2}{C_7^2} = \frac{2}{7}$$

例 1.10（分房问题） 将 n 个人随机地分配到 $N(N \geq n)$ 个房间，假定房间足够大（可以容纳 n 个人），求事件 $A = \{$每个房间至多有一个人$\}$ 的概率.

解 由于每个人等可能地被分配到 N 个房间的任何一个房间，故每个人有 N 中分法，因房间足够大，将 n 个人随机地分配到 $N(N \geq n)$ 个房间共有 $N \times N \times \cdots \times N = N^n$ 种不同的分配方法且每种方法可能性相同，而 每个房间至多有一个人 的分配方法有 $N \times (N-1) \times \cdots \times (N-n+1) = A_N^n$. 因此，所求事件 A 发生的概率为

$$P(A) = \frac{N \times (N-1) \times \cdots \times (N-n+1)}{N^n} = \frac{A_N^n}{N^n}$$

作为分房问题的应用，看下面的生日问题.

例 1.10 的应用（生日问题） 某家庭有 5 个人，假定每个人的生日在一年 12 个月中的任意一个月是等可能的，求他们的生日所在月份各不相同的概率.

解 每个人的生日所在月份都有 12 种可能，这是可重复排列问题，5 个人共有 12^5 种可能，即总样本点数为 12^5. 5 个人生日所在月份各不相同的所有可能的数量相当于从 12 个月中任选 5 个的排列数 A_{12}^5，故所求概率为

$$p = \frac{A_{12}^5}{12^5} = \frac{55}{144} \approx 0.382$$

1.3.3 几何概型（无限等可能概型）

古典概型的计算不适用于样本空间是无限集的情形，但是在实际问题中，我们会遇到样本空间是几何区域（线段、平面区域或空间立体）的情形，这类问题一般可以通过几何

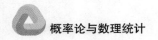

方法来求解，这就是几何概型.

定义 1.15（几何概型） 确定概率的几何方法的基本思想如下：

（1）样本空间 Ω 是一个几何区域，其度量（长度、面积或体积）的大小可用 $\mu(\Omega)$ 表示；

（2）向几何区域 Ω 内任意投掷一个点，落在度量相同的子区域内是等可能的；

（3）若事件 A 为区域 Ω 中的某个子区域，其度量大小可用 $\mu(A)$ 表示，则事件 A 的概率为

$$P(A) = \frac{\mu(A)}{\mu(\Omega)}$$

这个概率模型称为**几何概型**.

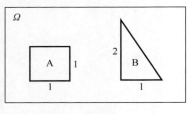

图 1-7

注意 落在某区域的可能性与其度量（长度、面积、体积等）成正比而与其位置及形状无关. 例如，设在样本空间 Ω 中有一个边长为 1 的正方形 A 和直角边分别为 1 与 2 的直角三角形 B，则点落在这两个区域是等可能的，因为它们的面积相等（图 1-7）.

例 1.11（会面问题） 小明和小华相约于 9:00～10:00 在某广场会面，先到者等候另一个人 20min，过时就离开. 如果两人可在指定的一小时内任意时刻到达，试求两人能够会面的概率.

解 记 9:00 为计算时刻的 0 时，以分钟为单位，x,y 分别为小明、小华到达指定地点的时刻，则样本空间为

$$\Omega = \{(x,y) \mid 0 \leqslant x \leqslant 60, \ 0 \leqslant y \leqslant 60\}$$

如图 1-8 所示.

记事件 $A=\{$两人能够会面$\}$，则

$$A = \{(x,y) \mid (x,y) \in A, \ |x-y| \leqslant 20\}$$

如图 1-8 中的阴影部分. 于是有

$$P(A) = \frac{\mu(A)}{\mu(\Omega)} = \frac{60^2 - 40^2}{60^2} = \frac{5}{9}$$

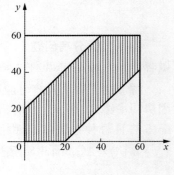

图 1-8

1.4 条件概率

1.4.1 条件概率的定义

所谓条件概率，是指在某事件 B 发生的条件下，求另一个事件 A 发生的概率，记为 $P(A \mid B)$. 它与无条件概率 $P(A)$ 是不同的两类概率.

例 1.12 考察有两个小孩的家庭，其样本空间 $\Omega = \{bb, bg, gb, gg\}$，其中，$b$ 表示男孩，g 表示女孩. 而 bg 表示大的是男孩，小的是女孩；gb 表示大的是女孩，小的是男孩. 在 4

个样本点等可能的情况下，我们讨论如下一些事件的概率.

（1）设事件 $A = \{$家中至少有一个女孩$\}$，则事件 A 发生的概率为

$$P(A) = \frac{3}{4}$$

（2）若已知事件 $B = \{$家中至少有一个男孩$\}$发生，则事件 A 发生的概率为

$$P(A \mid B) = \frac{2}{3}$$

这是因为事件 B 的发生，就排除了 gg 发生的可能性，而样本空间 Ω 也随之改为 $\Omega_B = \{bb, bg, gb\}$，在样本空间 Ω_B 中事件 A 只含有 2 个样本点，所以 $P(A \mid B) = 2/3$. 因此条件概率 $P(A \mid B)$ 与无条件概率 $P(A)$ 是不同的两类概率.

（3）若对上述条件概率 $P(A \mid B)$ 的分子、分母均除以 4，则可得

$$P(A \mid B) = \frac{2}{3} = \frac{2/4}{3/4} = \frac{P(AB)}{P(B)}$$

其中，交事件 $AB = \{$家中有一个男孩和一个女孩$\}$.

这个关系具有一般性，对于一般的古典概型，设其样本空间有 n 个样本点，事件 A, B 分别含有其中 n_A 和 n_B 个样本点，而事件 A, B 同时发生的样本点数即事件 AB 的样本点数为 n_{AB}.在事件 B 已经发生的条件下，求事件 A 发生的概率，即在事件 B 的 n_B 个样本点中，同时又属于事件 A 的 n_{AB} 个样本点中的某一个出现时，事件 A 发生，所以有

$$P(A \mid B) = \frac{n_{AB}}{n_B} = \frac{n_{AB}/n}{n_B/n} = \frac{P(AB)}{P(B)}$$

事实上，对于古典概型，只要 $P(B) > 0$，总有

$$P(A \mid B) = \frac{P(AB)}{P(B)}$$

同样地，在几何概型中，向平面上的有界区域 Ω 内等可能地投点，如图 1-9 所示，令事件 $A = \{$点落入 A 区域$\}$，事件 $B = \{$点落入 B 区域$\}$.

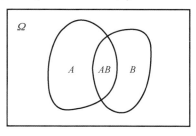

图 1-9

若已知事件 B 发生，则事件 A 发生的概率为

$$P(A \mid B) = \frac{\mu(AB)}{\mu(B)} = \frac{\mu(AB)/\mu(\Omega)}{\mu(B)/\mu(\Omega)} = \frac{P(AB)}{P(B)}$$

上述结果具有一般性，对古典概型和几何概型均成立. 下面给出条件概率的定义.

定义 1.16（条件概率）   设 A, B 是两个随机事件，且 $P(A) > 0$，称

$$P(B|A) = \frac{P(AB)}{P(A)}$$

为在事件 A 发生的条件下，事件 B 发生的**条件概率**. 相应地，把 $P(B)$ 称为**无条件概率**.

设 A 是一事件，$P(A) > 0$，则对任意的事件 B，有

（1）非负性：$P(B|A) \geqslant 0$；

（2）规范性：$P(\Omega|A) = 1$；

（3）可列可加性：若 $B_1, B_2, \cdots, B_n, \cdots$ 是两两互不相容的一列事件，则

$$P(B_1 \cup B_2 \cup \cdots \cup B_n \cup \cdots | A) = P(B_1|A) + P(B_2|A) + \cdots + P(B_n|A) + \cdots$$

从而，条件概率也是概率，也具有概率其他性质，例如：

$$P(B|A) = 1 - P(\overline{B}|A)$$

例 1.13 一家公司拥有两家生产类似产品的工厂. 甲工厂生产 1000 件产品，其中 100 件次品. 乙工厂生产 4000 件产品，其中 200 件是次品. 从该公司生产的产品中随机选择一件，发现是次品. 求该次品是甲工厂生产的概率.

解 方法一 因为甲、乙两个工厂共有 5000 件产品，即样本空间 $\Omega = \{1, 2, \cdots, 5000\}$，总共有 300 件次品，其中有 100 件来自甲工厂，所以一件次品来自甲工厂的概率为 $\frac{100}{300} = \frac{1}{3}$.

方法二 记事件 $B = \{$选择的是次品$\}$，事件 $A = \{$从甲工厂中选择的产品$\}$. 因为

$$P(B) = \frac{300}{5000} = \frac{3}{50}, \quad P(AB) = \frac{100}{5000} = \frac{1}{50}$$

所以

$$P(A|B) = \frac{P(AB)}{P(B)} = \frac{1/50}{3/50} = \frac{1}{3}$$

例 1.14 袋中装有 6 个红球、4 个白球，先后两次从袋中各取一球（不放回）.

（1）已知第一次取到的是白球，求第二次取到的仍是白球的概率；

（2）已知第二次取到的是白球，求第一次取到的也是白球的概率；

（3）已知第一次取到的是白球，求第二次取到的是红球的概率.

解 记事件 $A_1 = \{$第一次取到的是白球$\}$，事件 $A_2 = \{$第二次取到的是白球$\}$，事件 $B_1 = \{$第一次取到的是红球$\}$，事件 $B_2 = \{$第二次取到的是红球$\}$.

（1）**方法一** 在已知事件 A_1 发生，即第一次取到白球的条件下，第二次取球就是在剩下的 3 个白球、6 个红球共 9 个球中任取一个. 根据古典概型的概率计算公式得，取到白球的概率为 $\frac{3}{9} = \frac{1}{3}$，即

$$P(A_2 | A_1) = \frac{1}{3}$$

方法二 因为

$$P(A_1 A_2) = \frac{C_4^2}{C_{10}^2} = \frac{2}{15}, \quad P(A_1) = \frac{4}{10} = \frac{2}{5}$$

所以

$$P(A_2 \mid A_1) = \frac{P(A_1 A_2)}{P(A_1)} = \frac{2/15}{2/5} = \frac{1}{3}$$

（2）因为第一次取球发生在第二次取球之前，所以问题结构不是很直观. 由题意可知

$$P(A_1 A_2) = \frac{2}{15} , \quad P(A_2) = P(A_1 A_2) + P(B_1 A_2) = \frac{2}{15} + \frac{4}{15} = \frac{2}{5}$$

所以

$$P(A_1 \mid A_2) = \frac{P(A_1 A_2)}{P(A_2)} = \frac{2/15}{2/5} = \frac{1}{3}$$

（3）因为

$$P(A_1) = \frac{4}{10} = \frac{2}{5} , \quad P(A_1 B_2) = \frac{A_4^1 A_6^1}{A_{10}^2} = \frac{4}{15}$$

所以

$$P(B_2 \mid A_1) = \frac{P(A_1 B_2)}{P(A_1)} = \frac{4/15}{2/5} = \frac{2}{3}$$

注意　解条件概率应用题有两种常用方法.

方法一：在样本空间 Ω 中，先求概率 $P(AB)$ 和 $P(A)$ ，再代入公式

$$P(B \mid A) = \frac{P(AB)}{P(A)}$$

方法二：在缩减的样本空间 A 中求事件 B 的概率，从而得到 $P(B \mid A)$.

若已知数据是"概率""比率"类，用方法一；若已知数据与数量有关，两种方法都可用，不过方法二更简便.

1.4.2　乘法公式

由条件概率的定义容易得到乘法公式.

定理 1.1（乘法公式）　设 $P(A) > 0$ ，则

$$P(AB) = P(A)P(B \mid A)$$

若 $P(B) > 0$ ，则

$$P(AB) = P(B)P(A \mid B)$$

乘法公式可推广到多个事件的场合. 设 A, B, C 是 3 个事件，且 $P(AB) > 0$ ，则有

$$P(ABC) = P(A)P(B \mid A)P(C \mid AB)$$

一般地，对任意 n 个事件 $A_1, A_2, \cdots, A_n$ ，若 $P(A_1 \cdots A_{n-1}) > 0$ ，则

$$P(A_1 A_2 \cdots A_n) = P(A_1)P(A_2 \mid A_1)P(A_3 \mid A_1 A_2) \cdots P(A_n \mid A_1 \cdots A_{n-1})$$

例 1.15　一批电风扇共 200 台，其中有 15 台次品，采用不放回抽样依次抽取 3 次，每次抽 1 台，求第 3 次才抽到合格品的概率.

解　设 $A_i (i = 1, 2, 3)$ 表示"第 i 次抽到合格品"的事件，则

$$P(\overline{A_1} \overline{A_2} A_3) = P(\overline{A_1})P(\overline{A_2} \mid \overline{A_1})P(A_3 \mid \overline{A_1} \overline{A_2})$$

$$= \frac{15}{200} \times \frac{14}{199} \times \frac{185}{198} \approx 0.0049$$

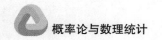

1.4.3 全概率公式和贝叶斯公式

定理 1.2（全概率公式） 设 $A_1, A_2, \cdots$ 是一列互不相容的事件，且有 $\bigcup\limits_{i=1}^{+\infty} A_i = \Omega$，$P(A_i) > 0 \ (i = 1, 2, \cdots)$，则对任一事件 B，有

$$P(B) = \sum_{i=1}^{+\infty} P(A_i) P(B \mid A_i)$$

证明 由于

$$B = B\Omega = B\left(\bigcup_{i=1}^{+\infty} A_i\right) = \bigcup_{i=1}^{+\infty} A_i B$$

且

$$(A_i B)(A_j B) = (A_i A_j)B = \varnothing \quad (i \neq j)$$

故根据可列可加性及乘法公式，有

$$P(B) = P\left(\bigcup_{i=1}^{+\infty} A_i B\right) = \sum_{i=1}^{+\infty} P(A_i B) = \sum_{i=1}^{+\infty} P(A_i) P(B \mid A_i)$$

定理 1.3（贝叶斯公式） 设 $A_1, A_2, \cdots$ 是一列互不相容的事件，且有 $\bigcup\limits_{i=1}^{+\infty} A_i = \Omega$，$P(A_i) > 0$ $(i = 1, 2, \cdots)$．若对任一事件 B，$P(B) > 0$，则有

$$P(A_i \mid B) = \frac{P(A_i) P(B \mid A_i)}{\sum\limits_{j=1}^{+\infty} P(A_j) P(B \mid A_j)} \quad (i = 1, 2, \cdots)$$

例 1.16 市场上某种产品由 3 个厂家同时供货，第一个厂家的供应量为第二个厂家供应量的 2 倍,第二个厂家和第三个厂家的供应量相等. 已知这 3 个厂家生产的产品的次品率依次为 2%, 2%, 4%，求市场上供应的该种产品的次品率.

解 从市场上任意选购一件该种产品，设事件 $A_i = \{$选到第 i 个厂家的产品$\}(i = 1, 2, 3)$，事件 $B = \{$选到次品$\}$. 显然，A_1, A_2, A_3 为一个完备事件组，依题意有

$$P(A_1) = 0.5 ，\quad P(A_2) = P(A_3) = 0.25$$
$$P(B \mid A_1) = 0.02 ，\quad P(B \mid A_2) = 0.02 ，\quad P(B \mid A_3) = 0.04$$

由全概率公式，有

$$P(B) = \sum_{i=1}^{3} P(A_i) P(B \mid A_i)$$
$$= 0.5 \times 0.02 + 0.25 \times 0.02 + 0.25 \times 0.04$$
$$= 0.025$$

例 1.17 在某配货运输站，一辆汽车可能到甲、乙、丙 3 个地方拉橙子，如果到这 3 个地方去的概率分别为 30%, 25%, 45%，而在 3 个地方拉到一级品橙子的概率分别是 15%, 30%, 20%，求：

（1）汽车拉到一级品橙子的概率；

（2）已知汽车拉到一级品橙子，橙子是从丙地拉来的概率.

解 设汽车到甲、乙、丙 3 个地方拉橙子的事件分别为 A_1, A_2, A_3，事件"汽车拉到一级品橙子"记为 B，则事件 A_1, A_2, A_3 是完备事件组，且

$$P(A_1) = 0.3 , \quad P(A_2) = 0.25 , \quad P(A_3) = 0.45$$
$$P(B \mid A_1) = 0.15 , \quad P(B \mid A_2) = 0.3 , \quad P(B \mid A_3) = 0.2$$

（1）根据全概率公式，得

$$P(B) = P(A_1) \cdot P(B \mid A_1) + P(A_2) \cdot P(B \mid A_2) + P(A_3) \cdot P(B \mid A_3)$$
$$= 0.3 \times 0.15 + 0.25 \times 0.3 + 0.45 \times 0.2$$
$$= 0.21$$

（2）根据贝叶斯公式，得

$$P(A_3 \mid B) = \frac{P(A_3 B)}{P(B)} = \frac{P(A_3) \cdot P(B \mid A_3)}{P(B)}$$
$$= \frac{0.45 \times 0.2}{0.21} = \frac{9}{21} \approx 0.43$$

我们熟知伊索寓言"孩子与狼"的故事，下面用本节学习的知识来分析为什么小孩经过两次说谎后人们不再相信他了.

以事件 A 表示"小孩说谎"，事件 B 表示"小孩可信". 假设村民过去对这个小孩的印象为

$$P(B) = 0.8, \ P(\overline{B}) = 0.2, \ P(A \mid B) = 0.1, \ P(A \mid \overline{B}) = 0.5$$

在小孩第一次喊狼来了村民上山打狼时，发现狼没有来，即小孩说谎（A）. 根据这个信息，由贝叶斯公式可知此时村民对这个孩子的可信程度改变为

$$P(B \mid A) = \frac{P(AB)}{P(B)} = \frac{P(B) \cdot P(A \mid B)}{P(B) \cdot P(A \mid B) + P(\overline{B}) \cdot P(A \mid \overline{B})} = \frac{0.8 \times 0.1}{0.8 \times 0.1 + 0.2 \times 0.5} \approx 0.444.$$

这表明在小孩第一次说谎村民上当后，这个小孩的可信度由原来的 0.8 下降为 0.444，重复上面的过程可知，当小孩第二次说谎后导致其可信度仅剩为 0.138.

在这么低的可信度下，当小孩第三次喊狼来了时，村民不来救助也是在情理之中的. 可见诚信的重要性！

注意

（1）全概率公式可以把复杂事件的概率问题分解为若干个简单事件的概率问题，贝叶斯公式是求一个条件概率的公式.

（2）在贝叶斯公式中，称 $P(A_i)$ 为 A_i 的先验概率，称 $P(A_i \mid B)$ 为 A_i 的后验概率. 把事件 B 看成是某一过程的结果，将 $A_1, A_2, \cdots, A_n$ 看成是该过程的若干原因. 贝叶斯公式就是用来计算后验概率的，即通过事件 B 的发生这个新信息，对 $P(A_i)$ 做出修正.

1.5　事件的独立性

1.5.1　两个事件的独立性

一般来说，$P(B) \neq P(B \mid A)$，即事件 A 的发生对事件 B 的发生有影响. 但在有些实际问题中，$P(B) = P(B \mid A)$，从而有特殊的乘法公式 $P(AB) = P(A)P(B \mid A) = P(A)P(B)$.

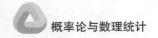

定义 1.17（A,B 相互独立）　若两个事件 A,B 满足

$$P(AB) = P(A)P(B)$$

则称事件 A,B 相互独立.

注意　"A,B 互不相容"与"A,B 相互独立"是两个不同的概念，前者是指在一次随机试验中 A 与 B 两事件不能同时发生；而后者则是指在一次试验中事件 A 是否发生对事件 B 发生的概率没有影响，此时，事件 A 与事件 B 可以同时发生.

定理 1.4　当 $P(A) > 0$ 时，若事件 A,B 相互独立，则 $P(B \mid A) = P(B)$.

定理 1.5　设事件 A,B 相互独立，则事件 A 与 $\overline{B}$、$\overline{A}$ 与 B、$\overline{A}$ 与 $\overline{B}$ 也相互独立.

注意　判断事件的独立性，可利用定义和定理来判断. 但在实际应用中，常根据问题的实际意义来判断.

例如，甲、乙两人分别投篮一次，记事件 A 为"甲投中"，事件 B 为"乙投中"，因为"甲投中"不会影响"乙投中"，所以 A,B 相互独立.

1.5.2　有限个事件的独立

定义 1.18（A,B,C 相互独立）　对 3 个事件 A,B,C，若下列 4 个等式同时成立：

$$\begin{cases} P(AB) = P(A)P(B) \\ P(AC) = P(A)P(C) \\ P(BC) = P(B)P(C) \\ P(ABC) = P(A)P(B)P(C) \end{cases}$$

则称 A,B,C 相互独立.

注意　若事件 A,B,C 只满足 A,B,C 相互独立定义中前 3 个等式，则称 A,B,C 两两独立.

例 1.18　甲、乙、丙三人在同一时间分别破译某一个密码，设甲译出的概率为 0.8，乙译出的概率为 0.7，丙译出的概率为 0.6，求密码能译出的概率.

解　记事件 $A = \{$甲译出密码$\}$，事件 $B = \{$乙译出密码$\}$，事件 $C = \{$丙译出密码$\}$，事件 $D = \{$密码被译出$\}$. 显然 A,B,C 相互独立，$P(A) = 0.8$，$P(B) = 0.7$，$P(C) = 0.6$，并且 $D = A + B + C$. 于是有

$$P(D) = P(A + B + C) = 1 - P(\overline{A})P(\overline{B})P(\overline{C}) = 1 - 0.2 \times 0.3 \times 0.4 = 0.976$$

定义 1.19（$A_1, A_2, \cdots, A_n$ 相互独立）　设 $A_1, A_2, \cdots, A_n$ 是 $n(n > 1)$ 个事件，若对任意 k（$1 < k \leq n$）个事件 $A_{i_1}, A_{i_2}, \cdots, A_{i_k}$（$1 \leq i_1 < i_2 < \cdots < i_k \leq n$）均满足等式

$$P(A_{i_1} A_{i_2} \cdots A_{i_k}) = P(A_{i_1})P(A_{i_2}) \cdots P(A_{i_k})$$

则称事件 $A_1, A_2, \cdots, A_n$ 相互独立.

注意　若 $A_1, A_2, \cdots, A_n$ 是 $n(n > 1)$ 个事件相互独立的事件，则有以下结论：

（1）$A_1, A_2, \cdots, A_n$ 是两两独立的事件；

（2）把事件 $A_1, A_2, \cdots, A_n$ 中的任意 $m(1 \leq m \leq n)$ 个事件换成对立事件后仍相互独立.

例 1.19　某种彩票的中奖概率是 $p(0 < p < 1)$，某彩民一次性购买了 10 张彩票. 求该彩民中奖的概率.

解　记事件 $A_i=\{$第 i 张彩票中奖$\}(i=1,2,\cdots,10)$，从实际问题出发，我们可以得到 $A_1,A_2,\cdots,A_{10}$ 相互独立，由相互独立事件的性质可知，$\overline{A_1},\overline{A_2},\cdots,\overline{A_{10}}$ 也相互独立. 于是该彩民中奖的概率为

$$P\left(\bigcup_{i=1}^{10}A_i\right)=1-P\left(\overline{\bigcup_{i=1}^{10}A_i}\right)=1-P\left(\bigcap_{i=1}^{10}\overline{A_i}\right)=1-\prod_{i=1}^{10}P(\overline{A_i})=1-(1-p)^{10}$$

设 $A_1,A_2,\cdots,A_n$ 是 $n(n>1)$ 个事件相互独立的事件，且 $P(A_i)=p>0\ (1\leqslant i\leqslant n)$，则 $A_1,A_2,\cdots,A_n$ 中至少有一个事件发生的概率为

$$P(\bigcup_{i=1}^{n}A_i)=1-P(\overline{A_1}\overline{A_2}\cdots\overline{A_n})=1-P(\overline{A_1})P(\overline{A_2})\cdots P(\overline{A_n})=1-(1-p)^n$$

由于 $p>0$，当 n 趋于无穷大时，上式趋于 1. 因此上式可以解释"常在河边走，哪有不湿鞋""读书百遍，其义自见"等谚语.

1.5.3　伯努利概型

定义 1.20（伯努利试验）　设随机试验只有两种可能的结果：事件 A 发生或事件 A 不发生，则称这样的试验为**伯努利（Bernoulli）试验**，记为

$$P(A)=p\ ,\quad P(\overline{A})=1-p=q\quad(0<p<1,\ p+q=1)$$

例如，观察产品的"合格"与"不合格"，期末考试成绩"及格"与"不及格"，摸奖时的"中奖"与"不中奖"，种子的"发芽"与"不发芽"等都是伯努利试验.

定义 1.21（n 重伯努利试验）　将伯努利试验在相同条件下独立地重复进行 n 次，称这一串重复的独立试验为 **n 重伯努利试验**或**伯努利概型**.

定理 1.6（伯努利定理）　在一次试验中，事件 A 发生的概率为 $p(0<p<1)$，则在 n 重伯努利试验中，事件 A 恰好发生 $k\ (k=0,1,\cdots,n)$ 次的概率为

$$P_n(k)=C_n^k p^k(1-p)^{n-k}$$

例 1.20　某办公室局域网有 6 台计算机，假定上班时间同一时刻每台计算机使用互联网的概率为 0.8，且计算机的使用是相互独立的. 求在同一时刻：

（1）恰有 2 台计算机使用互联网的概率；

（2）至少有 4 台计算机使用互联网的概率；

（3）至少有 1 台计算机使用互联网的概率.

解　设事件 A 为"计算机使用互联网"，则 $P(A)=0.8$，$P(\overline{A})=0.2$，根据伯努利定理，有

（1）$P=P_6(2)=C_6^2\times(0.8)^2\times(0.2)^4=0.01536$；

（2）$P=P_6(4)+P_6(5)+P_6(6)=C_6^4\times(0.8)^4\times(0.2)^2+C_6^5\times(0.8)^5\times0.2+C_6^6\times(0.8)^6=0.90112$；

（3）$P=1-P_6(0)=1-(0.2)^6\approx0.9999$.

例 1.21　甲、乙两队进行乒乓球比赛，在每局比赛中，甲队获胜的概率为 0.6.现在甲、乙两队商量比赛的方式，提出了 3 种方案：

（1）双方各出 3 人，比三局；

（2）双方各出 5 人，比五局；

（3）双方各出 7 人，比七局．

3 种方案中均以比赛中得胜人数多的一方获胜．问：对于乙队来说，哪一种方案有利？

解 设乙队得胜的人数为 X，则在上述 3 种方案中，乙队获胜的概率为

（1）$P(X \geqslant 2) = \sum_{k=2}^{3} C_3^k (0.4)^k (0.6)^{3-k} \approx 0.352$；

（2）$P(X \geqslant 3) = \sum_{k=3}^{5} C_5^k (0.4)^k (0.6)^{5-k} \approx 0.317$；

（3）$P(X \geqslant 4) = \sum_{k=4}^{7} C_7^k (0.4)^k (0.6)^{7-k} \approx 0.290$.

由此可知，第一种方案对乙队最为有利．

伯努利家族

伯努利家族是瑞士巴塞尔的一个带有传奇色彩的家族，在 17 世纪后半叶到 18 世纪末期的 100 多年里，伯努利家族连续出过十余位优秀的数学家与科学家．其中，雅各布·伯努利（1654—1705）及其弟弟约翰·伯努利（1667—1748）和约翰的儿子丹尼尔·伯努利（1700—1782）3 个人都为概率论的发展做出了贡献．贡献最大的当数雅各布，概率论中的"伯努利试验""伯努利定理""伯努利分布"都是以雅各布的名字来命名的．

雅各布从 1685 年起发表多篇关于赌博游戏中输赢次数问题的论文，后来写成了《猜度术》一书，这本书在他辞世八年后，即 1713 年才得以出版，堪称伟大著作．

雅各布醉心于研究对数螺线，他发现，对数螺线经过各种变换后仍然是对数螺线．他惊叹于这种曲线的神奇，竟在遗嘱里要求后人将对数螺线刻在自己的墓碑上，并附碑文"纵然变化，依然故我"，用以象征永垂不朽．

单 元 小 结

一、知识要点

随机现象、随机试验的 3 个特征（可重复性、可知性、不确定性）、样本空间与样本点、随机事件、事件间的关系与运算、加法原理、乘法原理、排列数、组合数、频率及其性质、概率及其性质、条件概率、乘法公式、全概率公式和贝叶斯公式、两个事件的独立性、有限个事件的独立、伯努利概型．

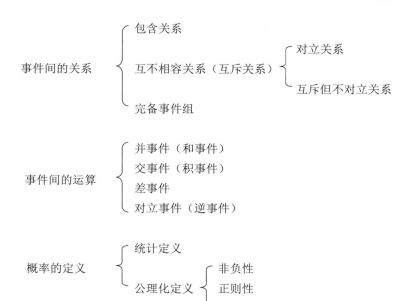

二、常用结论、解题方法

1. 事件的运算律

交换律： $A \cup B = B \cup A$，$A \cap B = B \cap A$；

结合律： $(A \cup B) \cup C = A \cup (B \cup C)$，$(A \cap B) \cap C = A \cap (B \cap C)$；

分配律： $A \cap (B \cup C) = (A \cap B) \cup (A \cap C)$，$A \cup (B \cap C) = (A \cup B) \cap (A \cup C)$；

对偶律（摩根律）： $\overline{A \cup B} = \overline{A} \cap \overline{B}$，$\overline{A \cap B} = \overline{A} \cup \overline{B}$，$\overline{A \cup B \cup C} = \overline{A} \cap \overline{B} \cap \overline{C}$，$\overline{A \cap B \cap C} = \overline{A} \cup \overline{B} \cup \overline{C}$.

自反律： $\overline{\overline{A}} = A$.

2. 概率的性质

（1）$P(\varnothing) = 0$.

（2）$0 \leqslant P(A) \leqslant 1$.

（3）有限可加性.

① 设事件 A, B 互不相容，则

$$P(A \cup B) = P(A) + P(B)$$

② 设 $A_1, A_2, \cdots, A_n$ 是两两互不相容的事件，则

$$P(A_1 \cup A_2 \cup \cdots \cup A_n) = P(A_1) + P(A_2) + \cdots + P(A_n)$$

（4）对于对立事件的概率，有

$$P(\overline{A}) = 1 - P(A)$$

（5）减法公式. 一般地，$P(A - B) = P(A) - P(AB)$；特别地，若 $B \subset A$，则

$$P(A - B) = P(A) - P(B)$$

$$P(B) \leqslant P(A)$$

（6）加法公式.

① 对任意的事件 A, B，有

$$P(A \cup B) = P(A) + P(B) - P(AB)$$

② 对任意的事件 A, B, C，有

$$P(A \cup B \cup C) = P(A) + P(B) + P(C) - P(AB) - P(AC) - P(BC) + P(ABC)$$

3. 排列数、组合数的计算公式

$$A_n^m = n(n-1)\cdots(n-m+1) = \frac{n!}{(n-m)!}$$

$$n! = n \times (n-1) \times (n-2) \times \cdots \times 3 \times 2 \times 1$$

$$C_n^m = \frac{A_n^m}{A_m^m} = \frac{n!}{m!(n-m)!}$$

$$C_n^1 = A_n^1 = n, \quad C_n^m = C_n^{n-m}$$

4. 古典概型的计算公式

$$P(A) = \frac{\text{事件} A \text{中含有的样本点数}}{\text{总样本点数}} = \frac{k}{n}$$

5. 几何概型的计算公式

$$P(A) = \frac{\mu(A)}{\mu(\Omega)}$$

6. 条件概率与乘法公式

$$P(B \mid A) = \frac{P(AB)}{P(A)}, \quad P(A) > 0$$

$$P(AB) = P(A)P(B \mid A), \quad P(A) > 0$$

7. 全概率公式与贝叶斯公式

设 $A_1, A_2, \cdots, A_n$ 是 Ω 的一个完备事件组，且 $P(A_i) > 0$ $(i = 1, 2, \cdots, n)$，则对任一事件 B，有

$$P(B) = \sum_{i=1}^{n} P(A_i)P(B \mid A_i)$$

即

$$P(B) = P(A_1)P(B \mid A_1) + P(A_2)P(B \mid A_2) + \cdots + P(A_n)P(B \mid A_n)$$

若有 $P(B) > 0$，则

$$P(A_j \mid B) = \frac{P(A_j)P(B \mid A_j)}{\sum_{i=1}^{n} P(A_i)P(B \mid A_i)} = \frac{P(A_j)P(B \mid A_j)}{P(B)} \quad (j = 1, 2, \cdots, n)$$

8. 事件的独立性

（1）事件 A, B 相互独立 $\Leftrightarrow P(AB) = P(A)P(B)$.

（2）若 A, B 相互独立，且 $P(A) > 0$，则 $P(B \mid A) = P(B)$.

（3）设事件 A, B 相互独立，则事件 A 与 $\overline{B}$、$\overline{A}$ 与 B、$\overline{A}$ 与 $\overline{B}$ 也相互独立.

9. 伯努利定理

在一次试验中，事件 A 发生的概率为 $p(0 < p < 1)$，则在 n 重伯努利试验中，事件 A 恰好发生 k 次 $(k = 0,1,\cdots,n)$ 的概率为

$$P_n(k) = C_n^k p^k (1-p)^{n-k}$$

巩 固 提 升

一、填空题

1. 一个口袋中有 4 只外形相同的球，编号为 1, 2, 3, 4，从中同时取出 2 只球，则此随机试验的样本空间为_____.

2. 以 A 表示事件"甲只股票上涨，乙只股票下跌"，其对立事件 $\overline{A}$ 可表示为_____

_____.

3. 设 $P(A) = 0.7$，$P(B) = 0.6$，$P(B|A) = 0.8$，则 $P(A \cup B) =$ _____.

4. 设 $P(A) = 0.3$，$P(A \cup B) = 0.7$，若事件 A 与 B 互不相容，则 $P(B) =$ _____.

5. 一批产品由 55 件正品、5 件次品组成，现从中任取 10 件产品，其中恰有 1 件次品的概率为

_____.

6. 一批电视机共 100 台，其中 10 台是次品，采用不放回抽取，依次抽取 3 次，每次抽 1 台，求第 3 次才抽到合格品的概率. 设事件 A_i 表示"第 i 次抽到合格品"（$i = 1,2,3$），则 $P(\overline{A_1}\,\overline{A_2}A_3) =$

_____.

7. 设 A,B,C 为 3 个事件，则 A,B 都发生而 C 不发生这一事件可表示为_____.

二、单项选择题

1. 设 A,B 是任意两个概率不为 0 的互不相容事件，则下列结论中，一定正确的是（　　）.
   A. $\overline{A}$ 与 $\overline{B}$ 互不相容
   B. $\overline{A}$ 与 $\overline{B}$ 相容
   C. $P(AB) = P(A)P(B)$
   D. $P(A - B) = P(A)$

2. 设 A,B,C 为 3 个事件，则"A,B,C 中至少有一个不发生"这一事件可表示为（　　）.
   A. $(AB) \cup (AC) \cup (BC)$
   B. $\overline{A} \cup \overline{B} \cup \overline{C}$
   C. $(AB\overline{C}) \cup (A\overline{B}C) \cup (\overline{A}BC)$
   D. $A \cup B \cup C$

3. 设某个车间里有 8 台车床，每台车床使用电力是间歇性的，平均每小时中有 6min 使用电力，假设车工们的工作是相互独立的，则在同一时刻恰有两台车床被使用的概率是（　　）.
   A. $C_8^2(0.1)^2(0.9)^6$　　　B. $A_8^2(0.1)^2(0.9)^6$　　　C. $C_8^2(0.9)^2(0.1)^6$　　　D. $C_8^6(0.9)^2(0.1)^6$

4. 一种零件的加工由两道工序组成，第一道工序的废品率为 p，第二道工序的废品率为 q，则该零件加工的成品率为（　　）.
   A. $1 - p - q$　　　　B. $(1-p)(1-q)$　　　　C. $1 - pq$　　　　D. $(1-p) + (1-q)$

5. 对于事件 A,B，恒有 $\overline{A \cup B}$ 等于（　　）.
   A. $\overline{A \cap B}$　　　　B. $1 - \overline{A \cup B}$　　　　C. $\overline{A} \cup \overline{B}$　　　　D. $\overline{A} \cap \overline{B}$

6. 设 $P(A) = 0.9$ ，$P(B) = 0.7$ ，$P(A|B) = 0.9$ ，则下列结论正确的是（   ）.

    A. $B \supset A$ B. $P(A \cup B) = P(A) + P(B)$

    C. 事件 A 与事件 B 相互独立   D. 事件 A 与事件 B 互为对立事件

三、计算题

1. 将一枚质地均匀的硬币抛两次，事件 A, B, C 分别表示 $A = \{$第一次出现正面$\}$，$B = \{$两次出现同一面$\}$，$C = \{$至少有一次出现正面$\}$. 试写出样本空间及事件 A, B, C 中的样本点.

2. 用 A, B, C 分别表示某中学学生订阅数学报、英语报和作文报. 试用 A, B, C 表示以下事件：

（1）只订阅数学报；

（2）只订阅一种报；

（3）至少订阅一种报；

（4）不订阅任何报纸；

（5）3 种报纸不全订阅.

3. 设 $P(A) = P(B) = P(C) = 0.25$ ，$P(AB) = P(BC) = 0$ ，$P(AC) = 0.1$ ，求 A ，B ，C 这 3 个事件中至少有一个发生的概率.

4. 已知 $P(A) = \alpha$ ，$P(B) = 0.2$ ，$P(A \cup B) = 0.7$.

（1）若事件 A 与 B 互不相容，求 α ；

（2）若事件 A 与 B 相互独立，求 α .

5. 已知 $A \subset B, P(A) = 0.4, P(B) = 0.6$ ，求：

（1）$P(\overline{A})$ 和 $P(\overline{B})$ ；（2）$P(A \cup B)$ ；（3）$P(AB)$ ；（4）$P(\overline{A}B)$.

6. 已知 $P(A) = 0.3$ ，$P(B) = 0.4$ ，$P(A|B) = 0.8$ ，求 $P(AB)$ 及 $P(\overline{A}B)$.

7. 某人有一笔资金用于投资，已知他投入基金的概率为 0.58，购买股票的概率为 0.28，两项投资都做的概率为 0.19.

（1）已知他已投入基金，则他再购买股票的概率是多少？

（2）已知他已购买股票，则他再投入基金的概率是多少？

8. 某学生寝室中住有 6 名同学，求：

（1）6 个人的生日都在星期一的概率；

（2）6 个人的生日都不在星期一的概率；

（3）6 个人的生日不都在星期一的概率.

9. 甲、乙两人相约晚上 7:00～8:00 在某处会面，先到者等候另一人 15min，过时便立即离去，设两人的到达时刻在 7:00～8:00 随机等可能的，求两人能会面的概率.

10. 某城市下周一下雨的概率是 0.6，下雪的概率为 0.4，既下雨又下雪的概率为 0.2. 求：

（1）下周一在下雨的条件下下雪的概率；

（2）下周一下雨或下雪的概率.

11. 口袋中有 8 只球，其中 3 只红球、5 只白球. 现从口袋中不放回地连取两次，已知第一次取到红球，求第二次取到白球的概率.

12. 某人到外地参加会议，已知他选择乘坐火车、轮船、汽车和飞机的概率分别为 0.3, 0.2, 0.1, 0.4. 若选择乘坐火车，则他迟到的概率为 0.25；若选择乘坐轮船，则他迟到的概率为 0.3；若选择乘坐汽车，则他迟到的概率为 0.1；若选择乘坐飞机，则他不会迟到. 求他最后迟到的概率.

13. 设购买某种商品的顾客中选择豪华款的占 20%，选择高档款的占 30%，选择实用款的占 50%，购买豪华款、高档款和实用款的顾客给予的差评率分别为 9%、7%和 12%.

（1）求该商品的差评率；

（2）已知某顾客给该商品差评，求他购买的是高档款的概率.

14. 甲、乙、丙 3 个人独立地向同一架飞机射击，设击中的概率分别是 0.4, 0.5, 0.7，若只有一个人击中，则飞机被击落的概率为 0.2；若有两个人击中，则飞机被击落的概率为 0.6；若 3 个人都击中，则飞机一定被击落. 求飞机被击落的概率.

15. 在一箱产品中甲、乙两个工厂生产的产品各占 70%，30%，而甲、乙两个工厂的次品率分别为 2%，3%，现在从箱中任取一件产品为次品，则该产品是哪个工厂生产的可能性最大？

16. 已知某人按如下原则决定端午节当天的活动，若该天下雨，则以 0.2 的概率外出购物，以 0.8 的概率外出访友；若该天不下雨，则以 0.9 的概率外出购物，以 0.1 的概率外出访友. 设端午节当天下雨的概率是 0.3.

（1）试求端午节当天他外出购物的概率；

（2）若已知端午节当天他外出购物，求端午节当天下雨的概率.

17. 甲、乙、丙 3 个人独立地破译一个密码，他们能单独译出的概率分别为 1/6, 1/4 , 1/5，求这个密码被译出的概率.

18. 一条自动生产线上的产品，次品率为 5%，从中任取 8 件，求：

（1）恰有 2 件次品的概率；

（2）至少有 2 件次品的概率.

19. 已知事件 A 与事件 B 相互独立，且 $P(\overline{A}B)=1/9$，$P(A\overline{B})=P(\overline{A}B)$，求 $P(A)$ 和 $P(B)$.

20. 设 $0<P(A)<1$，$0<P(B)<1$，$P(A|B)+P(\overline{A}|\overline{B})=1$，试证事件 A 与事件 B 独立.

21. 将一枚质地均匀硬币连续独立地抛 10 次，则恰有 5 次出现正面的概率是多少？有 4～6 次出现正面的概率是多少？

22. 某宾馆大厦有 4 部电梯，通过调查得知，在某时刻 t，各电梯正在运行的概率均为 0.75，求：

（1）在此时刻至少有一部电梯正在运行的概率；

（2）在此时刻恰好有一半电梯正在运行的概率；

（3）在此时刻所有电梯都在运行的概率.

随机变量及概率分布

为了更深刻地揭示随机现象的统计规律性，有必要将随机试验的结果数量化，即把随机试验的结果与实数对应起来，可以凭借更多的数学工具分析随机试验的结果，因此需要引入随机变量的概念. 本单元将介绍一维随机变量及概率分布.

 随机变量及其分布函数

▌2.1.1　随机变量的概念

1. 随机变量的引入

把随机试验的结果数量化，就是将随机试验的结果与实数对应起来，通过函数进一步研究随机现象的规律性. 对各种随机试验的结果进行分析后，可以将其归纳为以下两种情况.

（1）有些随机试验的结果本身就是用数量表示的. 举例如下：

① 在装有 10 个白球和 10 个黑球的盒子中随机取出 10 个球，取到白球的个数 X 是一个随机变量，X 的可能值为 0, 1, 2, …, 10.

② 某大型连锁饭店某日用餐人数 X 是一个随机变量，X 的可能取值为 0, 1, 2, 3, ….

③ 某产品的寿命 X（单位：年）是一个随机变量，$X \geqslant 0$.

（2）有些试验结果本身不是数值，这时可以根据需要设置与之对应的数值. 例如，抛一枚质地均匀的硬币，观察出现正面还是反面，则其样本空间 $\Omega = \{正面, 反面\}$，可以设置一个随机变量 X，如表 2-1 所示.

表 2-1　抛硬币试验结果与实数之间的对应

试验结果	X 的取值
正面	0
反面	1

这样就建立了样本空间 $\Omega = \{$正面, 反面$\}$ 与实数子集 $\{0,1\}$ 之间的一种对应关系.

上述例子中的变量 X 满足两个条件: 第一, 取值的随机性, X 的取值在每次试验前是不能确定、无法预测的, 因为这种变量的取值依赖于试验的结果; 第二, 概率的确定性, 即它取某一个值或在某个区间内取值的概率是确定的. 例如, 抛硬币的试验中, 试验前不知道 $X = 0$, 还是 $X = 1$, 但是可以确定它们的概率, 即 $P\{X = 0\} = 0.5$, $P\{X = 1\} = 0.5$.

2. 随机变量的定义

定义 2.1（随机变量） 设随机试验的样本空间为 Ω, 如果对 Ω 中的每一个样本点 ω, 都有一个实数 X 与之对应, 则可得到一个定义在 Ω 上的实值函数 $X = X(\omega)$, 称为（一维）随机变量.

一般以大写字母（如 $X, Y, Z, W, \cdots$）表示随机变量, 而以小写字母（如 $x, y, z, w, \cdots$）表示随机变量的具体取值.

例 2.1 在某高校一次学生体质健康测试中, 男生跑完 1000m 所用时间为随机变量 X（单位: min）, 试说明下列各式的意义.

（1）$\{X \geqslant 4.32\}$；（2）$\{0 < X \leqslant 4.32\}$.

解 （1）事件 $\{X \geqslant 4.32\}$ 表示 "该男生跑完 1000m 所用时间至少需要 4.32min", 未达标;

（2）事件 $\{0 < X \leqslant 4.32\}$ 表示 "该男生跑完 1000m 所用时间不超过 4.32min", 已达标.

3. 随机变量的分类

根据随机变量的取值情况, 可以把随机变量分成两种基本类型: 离散型随机变量和连续型随机变量.

（1）如果一个随机变量仅可能取有限个或可数无穷个, 则称其为**离散型随机变量**.

（2）如果一个随机变量的可能取值充满数轴上的一个区间 (a,b), 则称其为**连续型随机变量**, 其中, a, b 是实数, a 可以是 $-\infty$, b 可以是 ∞.

2.1.2　分布函数

研究随机变量的概率规律时, 随机变量 X 的可能取值不一定能一一列出, 因此, 需要研究随机变量落在某区间中的概率, 这就需要分布函数的概念.

1. 分布函数的定义

定义 2.2（随机变量的分布函数） 设 X 是一个随机变量, x 为任意实数, 函数
$$F(x) = P\{X \leqslant x\}$$
称为 X 的分布函数, 且称 X 服从 $F(x)$, 记为 $X \sim F(x)$ 或 $F_X(x)$.

注意 分布函数 $F(x)$ 的定义域为 $(-\infty, +\infty)$, 值域为 $[0,1]$. 因为分布函数 $F(x)$ 表示事件 $\{X \leqslant x\}$ 的概率, 即随机变量 X 落在区间 $(-\infty, x]$ 上的概率, 所以 $0 \leqslant F(x) \leqslant 1$.

2. 分布函数的性质

（1）**单调性**: $F(x)$ 是 $(-\infty, +\infty)$ 上的单调不减函数, 即对任意的 $x_1 < x_2$, 有
$$F(x_1) \leqslant F(x_2)$$

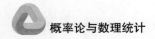

（2）**有界性**：对任意 x，有 $0 \leqslant F(x) \leqslant 1$，且

$$F(-\infty) = \lim_{x \to -\infty} F(x) = 0, \qquad F(+\infty) = \lim_{x \to +\infty} F(x) = 1$$

（3）**右连续性**：$F(x)$ 是 x 的右连续函数，即对任意的 x_0，有

$$\lim_{x \to x_0^+} F(x) = F(x_0)$$

这是分布函数的 3 个基本性质，即任一随机变量的分布函数均满足这 3 条性质. 反之，任一满足这 3 条性质的函数，一定可以作为某个随机变量的分布函数.

 离散型随机变量及其概率分布

2.2.1 离散型随机变量的概率分布

对离散型随机变量，常用以下定义的分布律来表示其分布.

定义 2.3（分布律） 设离散型随机变量 X 的可能值为 $x_1, x_2, \cdots$，则

$$P\{X = x_k\} = p_k \qquad (k = 1, 2, \cdots)$$

称为 X 的**概率分布**或**分布律（列）**. X 的概率分布也可以用如下形式表示：

X	x_1	x_2	...	x_n	...
p_k	p_1	p_2	...	p_n	...

由概率的定义，可得离散型随机变量分布律的基本性质如下.

（1）**非负性**：$p_k \geqslant 0 \quad (k = 1, 2, \cdots)$；

（2）**归一性**：$\sum_k p_k = 1$.

例 2.2 对于掷一颗均匀骰子的试验，以 X 表示出现的点数，写出随机变量 X 的概率分布.

解 随机变量 X 的可能取值为 1，2，3，4，5，6. 因为骰子是由均匀材料制成的正六面体，所以每个点数出现的机会都相同，即有

$$P\{X = k\} = \frac{1}{6} \qquad (k = 1, 2, 3, 4, 5, 6)$$

例 2.3 袋中装有 5 只球，编号为 1，2，3，4，5. 在袋中同时取出 3 只，以 X 表示取出的 3 只球中的最小号码，写出随机变量 X 的分布律及分布函数.

解 （1）随机变量 X 的取值为 1，2，3，且

$$P\{X = 1\} = \frac{C_4^2}{C_5^3} = \frac{6}{10}, \quad P\{X = 2\} = \frac{C_3^2}{C_5^3} = \frac{3}{10}, \quad P\{X = 3\} = \frac{1}{C_5^3} = \frac{1}{10}$$

故随机变量 X 的分布律为

X	1	2	3
p_k	0.6	0.3	0.1

（2）当 $x < 1$ 时，$F(x) = P\{X \leqslant x\} = 0$；

当 $1 \leqslant x < 2$ 时，$F(x) = P\{X \leqslant x\} = P\{X = 1\} = 0.6$；

当 $2 \leqslant x < 3$ 时，$F(x) = P\{X \leqslant x\} = P\{X = 1\} + P\{X = 2\} = 0.9$；

当 $x \geqslant 3$ 时，$F(x) = P\{X \leqslant x\} = P\{X = 1\} + P\{X = 2\} + P\{X = 3\} = 1$.

综上，随机变量 X 的分布函数为

$$F(x) = \begin{cases} 0, & x < 1 \\ 0.6, & 1 \leqslant x < 2 \\ 0.9, & 2 \leqslant x < 3 \\ 1, & x \geqslant 3 \end{cases}$$

由此可见，已知一个离散型随机变量的分布律，就可以求得其分布函数；反之，若已知一个离散型随机变量的分布函数，也可以求得其分布律. 即分布函数和分布律对离散型随机变量的取值规律描述是等价的. 比较而言，分布律更直观、方便.

$F(x)$ 的图形是一条阶梯状右连续曲线，在 $x = 1, 2, 3$ 处有跳跃，其跳跃高度分别为 $0.6, 0.3, 0.1$，分别等于 $P\{X = 1\}, P\{X = 2\}, P\{X = 3\}$.

例 2.4　已知随机变量 X 的分布律为

X	0	1	2	3	7
p_k	0.1	0.3	a	0.3	0.1

试求：（1）a 的值；（2）$P\{X < 2\}$；（3）$P\{X = 5\}$；（4）$P\{2 \leqslant X \leqslant 7\}$.

解　（1）根据分布律的归一性，得

$$0.1 + 0.3 + a + 0.3 + 0.1 = 1$$

解得 $a = 0.2$.

（2）离散型随机变量 X 在某一范围内取值的概率等于它取这个范围内的各个值的概率之和. 在 $X < 2$ 范围内，X 可能取的值是 0 和 1，所以

$$P\{X < 2\} = P\{X = 0\} + P\{X = 1\} = 0.1 + 0.3 = 0.4$$

（3）"$X = 5$"是不可能事件，故 $P\{X = 5\} = 0$.

（4）$P\{2 \leqslant X \leqslant 7\} = P\{X = 2\} + P\{X = 3\} + P\{X = 7\} = 0.2 + 0.3 + 0.1 = 0.6$.

2.2.2　常用的离散型随机变量的分布

定义 2.4（两点分布）　若一个随机变量 X 只有两个可能取值，且其分布律为
$$P\{X = x_1\} = p，\quad P\{X = x_2\} = 1 - p \quad (0 < p < 1)$$
则称 X 服从 x_1, x_2 处参数为 p 的**两点分布**.

若 X 服从 $x_1 = 1$，$x_2 = 0$ 处参数为 p 的两点分布，即

X	0	1
p_k	$1 - p$	p

则称 X 服从参数为 p 的 $0-1$ 分布.

例 2.5 某火锅店为了提升服务质量,准备了 50 个同型号的充电宝方便顾客使用,现有 47 个为满电,3 个为无电. 从中任取 1 个,记

$$X = \begin{cases} 1, & \text{取到满电} \\ 0, & \text{取到无电} \end{cases}$$

求 X 的概率分布律。

解 因为

$$P\{X = 0\} = \frac{3}{50} = 0.06 , \quad P\{X = 1\} = \frac{47}{50} = 0.94$$

所以 X 服从参数为 0.94 的 $0-1$ 分布.

服从两点分布的随机变量描述的是随机试验只有两种可能结果的情况:A 发生与 A 不发生,即两点分布可以作为描述伯努利试验的数学模型(或称伯努利概型). 例如,在射击试验中"命中"与"不中"的概率分布,种子的"发芽"与"不发芽"的概率分布,产品抽验中"合格品"与"不合格品"的概率分布,等等.

定义 2.5(二项分布) 若随机变量 X 的分布律为

$$P\{X = k\} = C_n^k p^k (1-p)^{n-k} \qquad (k = 0, 1, \cdots, n)$$

则称 X 服从参数为 n, p 的二项分布,记作 $X \sim b(n, p)$ 或 $X \sim B(n, p)$.

易知:(1) $P\{X = k\} = C_n^k p^k (1-p)^{n-k} > 0$ ($k = 0, 1, \cdots, n$);

(2) $\sum_{k=0}^{n} P\{X = k\} = \sum_{k=0}^{n} C_n^k p^k (1-p)^{n-k} = [p + (1-p)]^n = 1$.

特别地,在二项分布中,当 $n = 1$ 时,X 的概率分布变为

$$P\{X = k\} = p^k (1-p)^{1-k} \qquad (k = 0, 1)$$

即随机变量 X 服从 $0-1$ 分布,因此 $0-1$ 分布是二项分布的特例.

二项分布是一种常用的离散型分布. 例如:

(1)相互独立地掷一枚质地均匀的骰子 10 次,出现 1 点的次数 $X \sim b\left(10, \frac{1}{6}\right)$;

(2)两位段位水平相当的棋手甲和乙对弈,在 6 局对弈中,甲棋手获胜的局数 $X \sim b(6, 0.5)$.

例 2.6 一张试卷中有 5 道选择题,每道题目都有 4 个选项,4 个选项中只有 1 项正确. 假设某位学生在做每道题时都是随机选择. 求:

(1)该位学生每题都不对的概率;

(2)该位学生至少答对 3 道题的概率.

解 设 X 为该位学生答对的题数,则 $X \sim b(5, 0.25)$.

(1)该位学生每题都不对的概率为

$$P\{X = 0\} = C_5^0 \times 0.25^0 \times 0.75^5 \approx 0.2373$$

(2)该位学生至少答对 3 道题的概率为

$$P\{X \geqslant 3\} = C_5^3 \times 0.25^3 \times 0.75^2 + C_5^4 \times 0.25^4 \times 0.75 + C_5^5 \times 0.25^5 \approx 0.1035$$

例 2.7 某射击运动员进行打靶练习,已知该运动员在一次射击过程中的脱靶率为

0.001，假设某星期该运动员练习射击 5000 次，求：

（1）脱靶次数为 5 的概率；

（2）脱靶次数不少于 2 的概率；

（3）脱靶次数不少于 1 的概率.

解　设 X 表示 5000 次射击中脱靶的次数，则 $X \sim b(5000, 0.001)$.

（1）$P\{X = 5\} = C_{5000}^5 \times 0.001^5 \times 0.999^{4995} \approx 0.1756$；

（2）$P\{X \geqslant 2\} = 1 - P\{X < 2\} = 1 - P\{X = 0\} - P\{X = 1\}$

$$= 1 - C_{5000}^0 \times 0.001^0 \times 0.999^{5000} - C_{5000}^1 \times 0.001^1 \times 0.999^{4999}$$

$$\approx 1 - (0.0067 + 0.0336)$$

$$= 0.9597；$$

（3）$P\{X \geqslant 1\} = 1 - P\{X < 1\} = 1 - P\{X = 0\}$

$$= 1 - C_{5000}^0 \times 0.001^0 \times 0.999^{5000}$$

$$\approx 1 - 0.0067 = 0.9933.$$

脱靶次数不少于 1 次的概率接近 1，这就告诉人们，小概率事件在一次试验中一般不易发生，但若重复次数多了，便成为大概率事件，迟早会发生. 人们日常生活中常说的"不怕一万，只怕万一"，就是提醒大家不要轻视小概率事件.

定义 2.6（泊松分布）　设离散型随机变量 X 的所有可能取值为 $0, 1, 2, \cdots, n, \cdots$，其分布律为

$$P\{X = k\} = \frac{\lambda^k \mathrm{e}^{-\lambda}}{k!} \quad (k = 0, 1, 2, \cdots)$$

其中，$\lambda > 0$ 为常数，则称 X 服从参数为 λ 的**泊松分布**，记作 $X \sim P(\lambda)$.

泊松分布也是一种常见的离散型分布，它常常与单位时间（或单位面积、单位产品等）上的计数过程相联系. 例如：

（1）在一天内，来某银行办理业务的顾客数；

（2）在一个月内，某地区发生交通事故的次数；

（3）一匹布上的瑕疵点的个数；

（4）商店里每天卖出的某贵重物品的件数.

泊松分布是由法国数学家泊松（Poisson，1781—1840）于 1837 年首次提出的.

注意

（1）泊松分布表的概率值 $P\{X \geqslant x\} = \sum\limits_{k=x}^{\infty} \dfrac{\lambda^k \mathrm{e}^{-\lambda}}{k!}$ 可以查附表 1 得到.

（2）查泊松分布表的方法如下：

① $P\{X \geqslant k\}$ 可直接查出；

② 其他形式可以转化为 $P\{X \geqslant k\}$ 的形式再查表. 例如：

$$P\{X > k\} = P\{X \geqslant k+1\}$$

$$P\{X < k\} = 1 - P\{X \geqslant k\}$$

$$P\{X \leqslant k\} = 1 - P\{X \geqslant k+1\}$$

$$P\{X = k\} = P\{X \geqslant k\} - P\{X \geqslant k+1\}$$

例 2.8　已知随机变量 X 服从参数 $\lambda = 5$ 的泊松分布，查泊松分布表求出下面的概率：

$P\{X \geqslant 9\}$; $P\{X > 9\}$; $P\{X \leqslant 6\}$; $P\{X < 6\}$; $P\{X = 6\}$.

解 查附表 1，得
$$P\{X \geqslant 6\} = 0.384039, \quad P\{X \geqslant 7\} = 0.237817, \quad P\{X \geqslant 10\} = 0.031828$$

所以
$$P\{X > 9\} = P\{X \geqslant 10\} = 0.031828$$
$$P\{X \leqslant 6\} = 1 - P\{X \geqslant 7\} = 1 - 0.237817 = 0.762183$$
$$P\{X < 6\} = 1 - P\{X \geqslant 6\} = 1 - 0.384039 = 0.615961$$
$$P\{X = 6\} = P\{X \geqslant 6\} - P\{X \geqslant 7\} = 0.384039 - 0.237817 = 0.146222$$

例 2.9 某商店出售某种贵重商品，据经验可知，每月该商品的销售量服从参数为 $\lambda = 3$ 的泊松分布，问：月初进货时，要库存多少件该商品才能有 99% 的把握满足顾客当月的需要？

解 设每月顾客需要该商品的数量为 X，则 $X \sim P(3)$. 设月初进货时库存 k 件该商品，则应有
$$P\{X \leqslant k\} = \sum_{i=0}^{k} \frac{3^i}{i!} \mathrm{e}^{-3} \geqslant 0.99$$

即要求
$$\sum_{i=k+1}^{\infty} \frac{3^i}{i!} \mathrm{e}^{-3} < 0.01$$

查附表 1，可知 $k + 1 = 9$，即月初进货时，要库存 8 件该商品才能有 99% 的把握满足顾客当月的需要.

泊松分布还有一个非常有用的性质，即它可以作为二项分布的一种近似. 在二项分布计算中，当 n 较大而 p 较小时，常用泊松分布的概率值近似取代二项分布的概率值，即有如下定理.

定理 2.1（泊松定理） 在 n 重伯努利试验中，记事件 A 在一次试验中发生的概率为 p_n. 若 $np_n = \lambda$（$\lambda > 0$ 是一个常数，n 是任意正整数），则对任意一个固定的非负整数 k，有
$$\lim_{n \to \infty} \mathrm{C}_n^k p_n^{\ k} (1 - p_n)^{n-k} = \frac{\lambda^k \mathrm{e}^{-\lambda}}{k!}$$

在实际计算中，当 $n \geqslant 20$，$p \leqslant 0.05$ 时近似效果颇佳，而当 $n \geqslant 100$，$p \leqslant 0.01$ 时效果更好.

例 2.10 保险公司售出某种人寿保险（1 年期）单人保单 2000 份，假设该类投保人在一年内死亡的概率为 0.002，且每个人在一年内是否死亡是相互独立的，试求在未来一年中这 2000 个投保人中死亡人数不超过 10 人的概率.

解 设在未来一年中这 2000 个投保人中死亡人数为 X，则有 $X \sim b(2000, 0.002)$，故
$$P\{X \leqslant 10\} = \sum_{k=0}^{10} \mathrm{C}_{2000}^k \times 0.002^k \times 0.998^{2000-k}$$

该计算量比较大，由于 $n = 2000$ 较大，$p = 0.002$ 较小，且 $\lambda = np = 4$，根据泊松定理，近似有 $X \sim P(4)$，则
$$P\{X \leqslant 10\} = \sum_{k=0}^{10} \mathrm{C}_{2000}^k \times 0.002^k \times 0.998^{2000-k} \approx \sum_{k=0}^{10} \frac{4^k}{k!} \mathrm{e}^{-4} \approx 0.9972$$

2.3　连续型随机变量及其概率密度函数

▌2.3.1　连续型随机变量及其概率密度

连续型随机变量的特点是它的可能取值连续地充满某个区间甚至整个数轴，于是，对于连续型随机变量就不能用对离散型随机变量那样的方法进行研究，因此需要引入概率密度函数.

1. 概率密度函数的定义

定义 2.7（概率密度函数）　如果对随机变量 X 的分布函数 $F(x)$，存在着非负可积函数 $f(x)$，使得对任意实数 x，有

$$F(x) = \int_{-\infty}^{x} f(t)\mathrm{d}t$$

则称 X 为连续型随机变量，并称 $f(x)$ 为 X 的**概率密度函数**，简称**密度函数**或**概率密度**，记为 $X \sim f(x)$.

2. 概率密度函数的性质

概率密度函数具有如下性质：
（1）$f(x) \geqslant 0$，$-\infty < x < +\infty$；
（2）$\int_{-\infty}^{+\infty} f(x)\mathrm{d}x = 1$.

反之，如果一个函数 $f(x)$ 满足性质（1）和性质（2），那么 $f(x)$ 必可作为某个随机变量的概率密度函数.

3. 连续型随机变量的性质

连续型随机变量具有如下性质：
（1）分布函数 $F(x)$ 在 $(-\infty, +\infty)$ 内是连续函数；
（2）在 $f(x)$ 的连续点 x 处 $F'(x) = f(x)$；
（3）对任意实数值 a，恒有 $P\{X = a\} = 0$；
（4）对任意实数 a,b，都有

$$P\{a < X < b\} = P\{a \leqslant X < b\} = P\{a < X \leqslant b\}$$

$$= P\{a \leqslant X \leqslant b\} = F(b) - F(a) = \int_{a}^{b} f(x)\mathrm{d}x$$

也就是说，对连续型随机变量，计算其落在某区间内的概率时，不用区分是否包括区间端点，也不用区分是开区间还是闭区间.

还要说明的是，事件 $\{X = a\}$ 几乎不可能发生，但并不保证绝不会发生，它是零概率事件，而不是不可能事件.

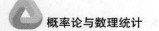

例 2.11 设随机变量 X 的概率密度函数为

$$f(x) = \begin{cases} Ax, & 0 \leqslant x < 1 \\ 0, & \text{其他} \end{cases}$$

求：（1）常数 A；

（2）随机变量 X 的分布函数；

（3）随机变量 X 落在区间 $\left[-\dfrac{1}{2}, \dfrac{1}{2}\right]$ 内的概率.

解 （1）根据概率密度函数的性质，知

$$\int_{-\infty}^{\infty} f(x)\,\mathrm{d}x = \int_{-\infty}^{0} 0\,\mathrm{d}x + \int_{0}^{1} Ax\,\mathrm{d}x + \int_{1}^{\infty} 0\,\mathrm{d}x = \frac{A}{2} = 1$$

可得 $A = 2$.

（2）因为 $A = 2$，所以

$$f(x) = \begin{cases} 2x, & 0 \leqslant x < 1 \\ 0, & \text{其他} \end{cases}$$

于是

$$F(x) = \int_{-\infty}^{x} f(t)\,\mathrm{d}t = \begin{cases} 0, & x < 0 \\ \displaystyle\int_{0}^{x} 2t\,\mathrm{d}t, & 0 \leqslant x < 1 \\ 1, & x \geqslant 1 \end{cases}$$

即

$$F(x) = \begin{cases} 0, & x < 0 \\ x^2, & 0 \leqslant x < 1 \\ 1, & x \geqslant 1 \end{cases}$$

（3）所求概率为

$$P\left\{-\frac{1}{2} \leqslant X \leqslant \frac{1}{2}\right\} = \int_{-\frac{1}{2}}^{\frac{1}{2}} f(x)\,\mathrm{d}x = \int_{0}^{\frac{1}{2}} 2x\,\mathrm{d}x = x^2 \Big|_{0}^{\frac{1}{2}} = \frac{1}{4}$$

或

$$P\left\{-\frac{1}{2} \leqslant X \leqslant \frac{1}{2}\right\} = F\left(\frac{1}{2}\right) - F\left(-\frac{1}{2} - 0\right) = \frac{1}{4}$$

例 2.12 已知随机变量 X 的分布函数为

$$F(x) = \begin{cases} 0, & x < 0 \\ \dfrac{x^2}{12}, & 0 \leqslant x < 3 \\ -\dfrac{x^2}{4} + 2x - 3, & 3 \leqslant x < 4 \\ 1, & x \geqslant 4 \end{cases}$$

求：（1）X 的概率密度函数；

（2）求 $P\{1 \leqslant X \leqslant 3.5\}$.

解　（1）由 $F'(x) = f(x)$ 可知，随机变量 X 的概率密度函数为

$$f(x) = \begin{cases} \dfrac{1}{6}x, & 0 \leqslant x < 3 \\[2mm] 2 - \dfrac{x}{2}, & 3 \leqslant x < 4 \\[2mm] 0, & 其他 \end{cases}$$

（2）**方法一**

$$P\{1 \leqslant X \leqslant 3.5\} = F(3.5) - F(1)$$

$$= \left(-\frac{3.5^2}{4} + 2 \times 3.5 - 3\right) - \frac{1}{12} = \frac{41}{48}$$

方法二

$$P\{1 \leqslant X \leqslant 3.5\} = \int_1^{3.5} f(x)\mathrm{d}x = \int_1^3 \frac{x}{6}\mathrm{d}x + \int_3^{3.5} \left(2 - \frac{x}{2}\right)\mathrm{d}x = \frac{41}{48}$$

2.3.2　常用的连续型随机变量的分布

定义 2.8（均匀分布）　若连续型随机变量 X 的概率密度函数为

$$f(x) = \begin{cases} \dfrac{1}{b-a}, & a < x < b \\[2mm] 0, & 其他 \end{cases}$$

则称 X 服从区间 (a, b) 上的均匀分布，记为 $X \sim U(a, b)$.

其分布函数为

$$F(x) = \begin{cases} 0, & x \leqslant a \\[2mm] \dfrac{x-a}{b-a}, & a < x < b \\[2mm] 1, & x \geqslant b \end{cases}$$

概率密度函数 $f(x)$ 和分布函数 $F(x)$ 的图形分别如图 2-1 和图 2-2 所示.

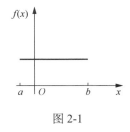
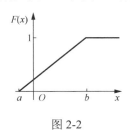

图 2-1　　　　　　　　　　　　　　图 2-2

例 2.13　设从 6:00 起每隔 5min 有一辆地铁列车在某站台发出，即 6:00, 6:05, 6:10 等时刻有列车发出. 如果乘客到达此站台的时间是 6:00～6:10 的均匀随机变量，求乘客候车时间不超过 3min 的概率.

解　以 6:00 为起点 0，以 min 为单位，设乘客到达站台的时间为 X，则 $X \sim U(0, 10)$，概率密度函数为

$$f(x) = \begin{cases} \dfrac{1}{10}, & 0 < x < 10 \\ 0, & \text{其他} \end{cases}$$

为使候车时间不超过 3min，乘客必须在 6:02～6:05 或者 6:07～6:10 到达站台，故所求概率为

$$P\{2 < X < 5\} + P\{7 < X < 10\} = \int_2^5 \frac{1}{10}\mathrm{d}x + \int_7^{10} \frac{1}{10}\mathrm{d}x = \frac{3}{5}$$

定义 2.9（指数分布） 若随机变量 X 的概率密度函数为

$$f(x) = \begin{cases} \lambda \mathrm{e}^{-\lambda x}, & x > 0 \\ 0, & x \leqslant 0 \end{cases}$$

其中，$\lambda > 0$ 为常数，则称 X 服从参数为 λ 的**指数分布**，记作 $X \sim E(\lambda)$.

显然 $f(x) \geqslant 0$，且 $\int_{-\infty}^{\infty} f(x)\mathrm{d}x = \int_0^{\infty} \lambda \mathrm{e}^{-\lambda x}\mathrm{d}x = 1$.

容易得到 X 的分布函数为

$$F(x) = \begin{cases} 1 - \mathrm{e}^{-\lambda x}, & x > 0 \\ 0, & x \leqslant 0 \end{cases}$$

服从指数分布的随机变量只能取非负实数，因此指数分布最常见的一个场合是寿命分布. 例如，某类电子元件的寿命、随机服务系统的服务时间等. 指数分布具有"无记忆性".

指数分布描述的是无老化时的寿命分布，但无老化是不可能的，因而只是一种近似. 对一些寿命长的元件，使用初期老化现象很小，在这一阶段，指数分布比较确切地描述了其寿命分布情况.

例 2.14 某晶体管的使用寿命 X 服从参数 $\lambda = \dfrac{1}{2000}$ 的指数分布（单位：h），若某仪器上有 3 个这样的器件，使用 2000h，则该仪器损坏的概率为多少？

解 由题设可知晶体管的使用寿命 X 的分布函数为

$$F(x) = \begin{cases} 1 - \mathrm{e}^{-\frac{x}{2000}}, & x \geqslant 0 \\ 0, & x < 0 \end{cases}$$

因此它使用 2000h 后被损坏的概率为

$$P\{X \leqslant 2000\} = F(2000) = 1 - \mathrm{e}^{-1}$$

各晶体管被损坏与否是相互独立的，而该仪器被损坏意味着 3 个晶体管中至少有一个被损坏. 若记 Y 是 3 个晶体管中被损坏的晶体管数，则 $Y \sim B(3, 1 - \mathrm{e}^{-1})$，因此该仪器被损坏的概率为

$$P\{Y \geqslant 1\} = 1 - P\{Y < 1\} = 1 - P\{Y = 0\} = 1 - \mathrm{C}_3^0 (\mathrm{e}^{-1})^3 = 1 - \mathrm{e}^{-3} \approx 0.95$$

即使用 2000h，该仪器损坏的概率为 0.95（95%）.

定义 2.10（正态分布） 若随机变量 X 的概率密度函数为

$$f(x) = \frac{1}{\sqrt{2\pi}\sigma} \mathrm{e}^{\frac{(x-\mu)^2}{2\sigma^2}} \quad (-\infty < x < +\infty)$$

则称 X 服从参数为 μ, σ^2 的**正态分布**，记作 $X \sim N(\mu, \sigma^2)$. 其相应的分布函数为

$$F(x) = \frac{1}{\sqrt{2\pi}\sigma} \int_{-\infty}^{x} \mathrm{e}^{-\frac{(t-\mu)^2}{2\sigma^2}} \mathrm{d}t \quad (-\infty < x < +\infty)$$

正态分布是概率论和数理统计中重要的分布之一.

研究表明，如果某项指标受到很多个相互独立随机因素的叠加影响，而每个因素的影响都很小，那么叠加影响的结果将导致此项指标的分布服从或近似服从正态分布.

例如，由于人的身高与体重受到种族、饮食习惯、地域、运动等因素的叠加影响，但其中每一个因素又不能对身高、体重起决定性作用，因此可以认为身高、体重服从或近似服从正态分布.

$f(x)$ 的图形如图 2-3 所示，它具有如下性质：

（1）$f(x)$ 的图形是一条关于 $x = \mu$ 对称的曲线，中间高，两边低；

（2）曲线在 $x = \mu$ 处取到最大值；

（3）曲线在 $\mu \pm \sigma$ 处有拐点；

（4）曲线以 x 轴为渐近线；

（5）若固定 μ，当 σ 越小时图形越尖陡（图 2-4）.

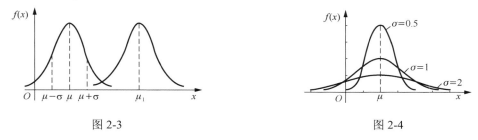

图 2-3　　　　　　　　　　　　　　图 2-4

特别地，当 $\mu = 0$，$\sigma = 1$ 时，称 X 服从**标准正态分布** $N(0,1)$，其概率密度函数和分布函数分别用 $\phi(x), \Phi(x)$ 表示，即有

$$\phi(x) = \frac{1}{\sqrt{2\pi}} \mathrm{e}^{-\frac{x^2}{2}}$$

$$\Phi(x) = \frac{1}{\sqrt{2\pi}} \int_{-\infty}^{x} \mathrm{e}^{-\frac{t^2}{2}} \mathrm{d}t$$

当 $x \geqslant 0$ 时，附表 2 给出了标准正态分布的分布函数 $\Phi(x)$ 的值，由标准正态分布的概率密度函数 $\phi(x)$ 的偶函数性质可知

$$\Phi(-x) = 1 - \Phi(x)$$

定理 2.2　若随机变量 $X \sim N(\mu, \sigma^2)$，其分布函数为 $F(x)$，则

$$F(x) = \Phi\left(\frac{x - \mu}{\sigma}\right)$$

即

$$\frac{X - \mu}{\sigma} \sim N(0,1)$$

上式称为正态分布的标准化.

例 2.15 设随机变量 $X \sim N(1,4)$，求 $F(5)$、$P\{0 < X < 1.6\}$ 及 $P\{|X-1| \leqslant 2\}$.

解 因为 $X \sim N(1,4)$，所以 $\mu = 1$，$\sigma = 2$，所以

$$F(5) = P\{X \leqslant 5\} = P\left\{\frac{X-1}{2} \leqslant \frac{5-1}{2}\right\}$$

$$= \Phi\left(\frac{5-1}{2}\right) = \Phi(2)$$

$$= 0.9772$$

$$P\{0 < X \leqslant 1.6\} = \Phi\left(\frac{1.6-1}{2}\right) - \Phi\left(\frac{0-1}{2}\right) = \Phi(0.3) - \Phi(-0.5)$$

$$= 0.6179 - [1 - \Phi(0.5)]$$

$$= 0.6179 - (1 - 0.6915)$$

$$= 0.3094$$

$$P\{|X-1| \leqslant 2\} = P\{-1 < X \leqslant 3\} = P\left\{\frac{-1-1}{2} \leqslant \frac{X-1}{2} \leqslant \frac{3-1}{2}\right\}$$

$$= P\left\{-1 \leqslant \frac{X-1}{2} \leqslant 1\right\} = \Phi(1) - \Phi(-1)$$

$$= \Phi(1) - [1 - \Phi(1)] = 2\Phi(1) - 1$$

$$= 0.6826$$

例 2.16 某地抽样调查的结果表明，考生的数学成绩（百分制）X 服从正态分布 $N(72, \sigma^2)$，且 96 分以上的考生占考生总数的 2.3%，试求考生的数学成绩为 60～84 分的概率.

解 因为 $X \sim N(72, \sigma^2)$，其中 $\mu = 72$，σ^2 未知，所以

$$P\{X \geqslant 96\} = 1 - P\{X < 96\} = 1 - \Phi\left(\frac{96-72}{\sigma}\right) = 0.023$$

解得 $\Phi\left(\dfrac{24}{\sigma}\right) = 0.977$，查附表 2，可得 $\dfrac{24}{\sigma} = 2$，所以 $\sigma = 12$，故 $X \sim N(72, 12^2)$. 于是

$$P\{60 \leqslant X \leqslant 84\} = \Phi\left(\frac{84-72}{12}\right) - \Phi\left(\frac{60-72}{12}\right)$$

$$= \Phi(1) - \Phi(-1) = 2\Phi(1) - 1$$

$$= 2 \times 0.8413 - 1$$

$$= 0.6826$$

注意 设 $X \sim N(\mu, \sigma^2)$，则

$$P\{\mu - \sigma < X < \mu + \sigma\} = F(\mu + \sigma) - F(\mu - \sigma)$$

$$= \Phi\left(\frac{\mu + \sigma - \mu}{\sigma}\right) - \Phi\left(\frac{\mu - \sigma - \mu}{\sigma}\right)$$

$$= \Phi(1) - \Phi(-1) = 2\Phi(1) - 1$$

$$= 2 \times 0.8413 - 1 = 0.6826$$

$$P\{\mu - 2\sigma < X < \mu + 2\sigma\} = \Phi(2) - \Phi(-2) = 2\Phi(2) - 1 = 0.9544$$
$$P\{\mu - 3\sigma < X < \mu + 3\sigma\} = \Phi(3) - \Phi(-3) = 2\Phi(3) - 1 = 0.9974$$

尽管正态随机变量的取值范围是 $(-\infty, +\infty)$，但它的取值落在 $(\mu - 3\sigma, \ \mu + 3\sigma)$ 内的概率几乎为 100%，落在区间外的概率仅为 0.26%. 这在统计学上称为 **3σ 准则（3 倍标准差原则）**. 在质量管理中，休哈特控制图正是利用 3 倍标准差原则，来判断生产过程是否出现了异常.

2.4 随机变量的函数的概率分布

设 X 是一个随机变量，$g(x)$ 是一个已知函数，那么 $Y = g(X)$ 是随机变量 X 的函数，它也是一个随机变量.

2.4.1 离散型随机变量函数的分布

设离散型随机变量 X 的分布律为 $P\{X = x_k\} = p_k$，$k = 1, 2, \cdots$，$g(x)$ 是一个已知的单值函数，那么 $Y = g(X)$ 也是一个离散型随机变量.

例 2.17 设随机变量 X 的分布律为

X	-1	0	1	2
p_k	0.1	0.4	0.4	0.1

试求 $Y = X^2 + 1$ 的分布律.

解 依题意列表 2-2.

表 2-2 计算结果

X	-1	0	1	2
$Y = X^2 + 1$	2	1	2	5
p_k	0.1	0.4	0.4	0.1

由此得到 $Y = X^2 + 1$ 的分布律为

$Y = X^2 + 1$	1	2	5
p_k	0.4	0.5	0.1

一般地，设离散型随机变量 X 的分布律为

X	x_1	x_2	...	x_n	...
p_k	p_1	p_2	...	p_n	...

则 $Y = g(X)$ 的分布律为

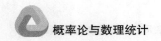

Y	$g(x_1)$	$g(x_2)$	...	$g(x_n)$	...
p_k	p_1	p_2	...	p_n	...

注意 如果 $g(x_1),g(x_2),\cdots,g(x_n),\cdots$ 中有相同的值，则应合并它们对应的概率.

2.4.2 连续型随机变量函数的分布

对于连续型随机变量 X，求 $Y = g(X)$ 的概率密度函数时，首先根据分布函数的定义，求出 Y 的分布函数，即

$$F_Y(y) = P(Y \leqslant y) = P(g(X) \leqslant y)$$

然后求上式对 y 的导数，得到 Y 的概率密度函数 $f_Y(y) = F_Y'(y)$.

例 2.18 设随机变量 X 具有概率密度函数 $f_X(x)$，$-\infty < x < +\infty$，求 $Y = X^2$ 的概率密度函数.

解 设随机变量 X,Y 的分布函数分别为 $F_X(x),F_Y(y)$.

由于 $Y = X^2 \geqslant 0$，因此当 $y < 0$ 时，$F_Y(y) = 0$；

当 $y \geqslant 0$ 时，有

$$F_Y(y) = P(Y \leqslant y) = P(X^2 \leqslant y) = P(-\sqrt{y} \leqslant X \leqslant \sqrt{y}) = F_X(\sqrt{y}) - F_X(-\sqrt{y})$$

将 $F_Y(y)$ 关于 y 求导数，得 Y 的概率密度函数为

$$f_Y(y) = F_Y'(y) = \begin{cases} \dfrac{1}{2\sqrt{y}}\left(f_X(\sqrt{y}) + f_X(-\sqrt{y})\right), & y \geqslant 0 \\ 0, & y < 0 \end{cases}$$

例 2.19 设随机变量 $X \sim N(\mu,\sigma^2)$，求 $Y = \dfrac{X-\mu}{\sigma}$ 的概率密度函数.

解 设 Y 的分布函数和概率密度函数分别为 $F_Y(y),f_Y(y)$，则对 $-\infty < y < +\infty$，

$$F_Y(y) = P\{Y \leqslant y\} = P\left\{\frac{X-\mu}{\sigma} \leqslant y\right\}$$

$$= P\{X \leqslant \sigma y + \mu\} = \int_{-\infty}^{\sigma y + \mu} \frac{1}{\sqrt{2\pi}\sigma} \mathrm{e}^{-\frac{(x-\mu)^2}{2\sigma^2}} \mathrm{d}x$$

将上式对 y 求导数，得

$$f_Y(y) = F_Y'(y) = \frac{1}{\sqrt{2\pi}} \mathrm{e}^{-\frac{y^2}{2}}$$

这正是标准正态分布的概率密度函数，所以 $Y \sim N(0,1)$.

高斯与高斯分布

有一条有趣的定律，叫斯蒂格勒定律，它的内容是"没有任何科学上的发现是以其原有发现者的名字而命名的". 很多错误的命名在深入人心后就难以修改，强制修改可

能会带来学习和交流障碍. 有人认为正态分布又称高斯分布的原因是, 高斯在研究误差理论时首先用正态分布来刻画误差的分布. 其实, 最早发现正态分布公式的是棣莫弗, 但没人称正态分布为棣莫弗分布.

撇开命名的问题, 我们看看高斯在数学上的贡献.

约翰·卡尔·弗里德里希·高斯 (1777—1855), 德国著名数学家、物理学家、天文学家、大地测量学家. 高斯从小就显示出非凡的数学才能, 他独自一人就足以跟法国数学界多位著名数学家抗衡, 有 "数学王子" 的美誉. 人们还公认高斯与阿基米德、牛顿是世界三大数学家.

高斯在 1809 年出版的《天体运动论》一书中证明了最小二乘法, 并将正态分布作为表示误差的分布导入. 这一事件在数学史上产生了深远的影响, 所以后来正态分布被称为高斯分布.

高斯在数学研究上堪称惊才绝艳, 在数论、非欧几何、复变函数、统计数学、超几何级数、椭圆函数论、曲面论等方面都做出了卓越的贡献.

单 元 小 结

一、知识要点

随机变量、分布函数、离散型随机变量及其分布律、两点分布、二项分布、泊松分布、连续型随机变量及其概率密度函数、均匀分布、指数分布、正态分布、离散型随机变量函数的概率分布.

二、常用结论、解题方法

1. 分布函数 $F(x)$ 的性质

（1）单调性：单调不减；

（2）有界性：$0 \leqslant F(x) \leqslant 1$，$F(-\infty) = \lim_{x \to -\infty} F(x) = 0$，$F(+\infty) = \lim_{x \to +\infty} F(x) = 1$；

（3）右连续性：$\lim_{x \to x_0^+} F(x) = F(x_0)$.

2. 离散型随机变量分布律的基本性质

（1）非负性：$p_k \geqslant 0 \, (k = 1, 2, \cdots)$；

（2）归一性：$\sum_k p_k = 1$.

3. 求离散型随机变量 X 的分布律的步骤

（1）求出 X 的所有可能的取值；

（2）求每一个取值对应的概率；

（3）列出表格式的分布律.

4. 概率密度函数的性质

（1） $f(x) \geq 0$ ，$-\infty < x < +\infty$ ；

（2） $\int_{-\infty}^{+\infty} f(x)\mathrm{d}x = 1$.

5. 连续型随机变量的性质

（1）分布函数 $F(x)$ 在 $(-\infty, +\infty)$ 内是连续函数；

（2）在 $f(x)$ 的连续点 x 处 $F'(x) = f(x)$ ；

（3） $P\{a < X < b\} = P\{a \leq X < b\} = P\{a < X \leq b\} = P\{a \leq X \leq b\} = F(b) - F(a) = \int_a^b f(x)\mathrm{d}x$.

6. 连续型随机变量的概率计算中常用的计算公式（ a, b 为任意实数）

（1） $P\{a < X < b\} = P\{a \leq X < b\} = P\{a < X \leq b\} = P\{a \leq X \leq b\} = F(b) - F(a)$ ；

（2） $P\{X \leq a\} = P\{X < a\} = F(a)$ ；

（3） $P\{X \geq a\} = P\{X > a\} = 1 - F(a)$ ；

（4） $P\{X = a\} = 0$.

7. 常见的分布

（1）两点分布. 若 X 服从参数为 p 的 0-1 分布，则 X 的分布律为

X	0	1
p_k	$1 - p$	p

（2）二项分布. 若 $X \sim b(n, p)$ ，则 X 的分布律为

$$P\{X = k\} = \mathrm{C}_n^k p^k (1 - p)^{n-k} \quad (k = 0, 1, \cdots, n)$$

（3）泊松分布. 若 $X \sim P(\lambda)$ ，则 X 的分布律为

$$P\{X = k\} = \frac{\lambda^k \mathrm{e}^{-\lambda}}{k!} \quad (k = 0, 1, 2, \cdots)$$

当 n 较大而 p 较小时，常用泊松分布的概率值近似取代二项分布的概率值，即

$$np = \lambda , \quad \mathrm{C}_n^k p^k (1 - p)^{n-k} \approx \frac{\lambda^k \mathrm{e}^{-\lambda}}{k!}$$

（4）均匀分布 $X \sim U(a, b)$. 其概率密度函数及分布函数分别为

$$f(x) = \begin{cases} \dfrac{1}{b - a}, & a < x < b \\ 0, & \text{其他} \end{cases} , \quad F(x) = \begin{cases} 0, & x \leq a \\ \dfrac{x - a}{b - a}, & a < x < b \\ 1, & x \geq b \end{cases}$$

（5）指数分布 $X \sim E(\lambda)$. 其概率密度函数及分布函数分别为

$$f(x) = \begin{cases} \lambda \mathrm{e}^{-\lambda x}, & x > 0 \\ 0, & x \leq 0 \end{cases} , \quad F(x) = \begin{cases} 1 - \mathrm{e}^{-\lambda x}, & x > 0 \\ 0, & x \leq 0 \end{cases}$$

（6）正态分布 $X \sim N(\mu, \sigma^2)$. 其概率密度函数及分布函数分别为

$$f(x) = \frac{1}{\sqrt{2\pi}\sigma} e^{-\frac{(x-\mu)^2}{2\sigma^2}} \quad (-\infty < x < +\infty)$$

$$F(x) = \frac{1}{\sqrt{2\pi}\sigma} \int_{-\infty}^{x} e^{-\frac{(t-\mu)^2}{2\sigma^2}} dt \quad (-\infty < x < +\infty)$$

（7）标准正态分布 $X \sim N(0,1)$．其概率密度函数及分布函数分别为

$$\phi(x) = \frac{1}{\sqrt{2\pi}} e^{-\frac{x^2}{2}}, \quad \Phi(x) = \frac{1}{\sqrt{2\pi}} \int_{-\infty}^{x} e^{-\frac{t^2}{2}} dt$$

标准化：若 $X \sim N(\mu,\sigma^2)$，则 $\dfrac{X-\mu}{\sigma} \sim N(0,1)$．

8. 正态分布的概率计算中常用的计算公式

（1）$\Phi(-x) = 1 - \Phi(x)$；

（2）$P\{a < X < b\} = P\{a \leqslant X < b\} = P\{a < X \leqslant b\} = P\{a \leqslant X \leqslant b\} = F(b) - F(a) = \Phi\left(\dfrac{b-\mu}{\sigma}\right) - \Phi\left(\dfrac{a-\mu}{\sigma}\right)$；

（3）$P\{X \leqslant a\} = P\{X < a\} = F(a) = \Phi\left(\dfrac{a-\mu}{\sigma}\right)$；

（4）$P\{X \geqslant a\} = P\{X > a\} = 1 - F(a) = 1 - \Phi\left(\dfrac{a-\mu}{\sigma}\right)$．

巩 固 提 升

一、填空题

1. 设随机变量 X 的分布函数为

$$F(x) = P\{X \leqslant x\} = \begin{cases} 0, & x < -1 \\ 0.3, & -1 \leqslant x < 1 \\ 0.8, & 1 \leqslant x < 3 \\ 1, & x \geqslant 3 \end{cases}$$

则 $P\{X = -1\} = $ _____，$P\{X = 1\} = $ _____，$P\{X = 3\} = $ _____．

2. 一个电话交换台每分钟的呼唤次数 X 服从泊松分布：$X \sim P(4)$，则每分钟恰有 5 次呼唤次数的概率 $P\{X = 5\} = $ _____（只列式）．

3. 某运动员连续 6 次做投篮练习，每次投中的概率都为 0.4，设 X 为投中的次数，则 $P\{X \leqslant 2\} = $ _____（只列式）．

4. 设随机变量 X 的分布律为 $P\{X = k\} = \dfrac{a}{N}$（$k = 1, 2, \cdots, N$），则 $a = $ _____．

5. 设连续型随机变量 X 的分布函数为

$$F(x) = \begin{cases} 0, & x < 0 \\ \dfrac{1}{4}x^2, & 0 \leqslant x < 2 \\ 1, & x \geqslant 2 \end{cases}$$

则 X 的概率密度函数为_____．

6. 设连续型随机变量 X 具有概率密度函数

$$f(x)=\begin{cases} kx, & 0\leqslant x<3 \\ 2-\dfrac{x}{2}, & 3\leqslant x\leqslant 4 \\ 0, & \text{其他} \end{cases}$$

则 $k=$ _____.

7. 设随机变量 X 服从参数为 1/8 的指数分布，则 X 的分布函数为 _____.

二、单项选择题

1. 设 $f(x),F(x)$ 分别为 X 的概率密度函数和分布函数，则有（　　）.

A. $P\{X=x\}=f(x)$　　　　　　　　　B. $P\{X=x\}=F(x)$

C. $0\leqslant f(x)\leqslant 1$　　　　　　　　　D. $P\{X=x\}\leqslant F(x)$

2. 设 X 服从 $\lambda=1/9$ 的指数分布，则 $P\{3<X\leqslant 9\}$ 等于（　　）.

A. $F\left(\dfrac{9}{9}\right)-F\left(\dfrac{3}{9}\right)$　　　　　　　　　B. $\dfrac{1}{9}\left(\dfrac{1}{\sqrt[3]{e}}-\dfrac{1}{e}\right)$

C. $\dfrac{1}{\sqrt[3]{e}}-\dfrac{1}{e}$　　　　　　　　　D. $\displaystyle\int_3^9 e^{-\frac{x}{9}}\mathrm{d}x$

3. 设 $X\sim N(2,4)$，且 $aX+b\sim N(0,1)$，则（　　）.

A. $a=2,\ b=-2$　　　　　　　　　B. $a=2,\ b=2$

C. $a=\dfrac{1}{2},\ b=-1$　　　　　　　　　D. $a=\dfrac{1}{2},\ b=1$

4. 设 $X\sim N(10,\sigma^2)$，则随着 σ 的增大，概率 $P\{|X-10|<\sigma\}$ 将会（　　）.

A. 单调递增　　　　B. 单调递减　　　　C. 保持不变　　　　D. 不能确定

5. 设随机变量 X 服从区间 $[3,9]$ 上的均匀分布，则当 $3<a<9<b$ 时，$P\{a\leqslant X\leqslant b\}$ 等于（　　）.

A. $\displaystyle\int_a^9 \dfrac{1}{6}\mathrm{d}x$　　　B. $\displaystyle\int_a^b \dfrac{1}{6}\mathrm{d}x$　　　C. $\displaystyle\int_3^b \dfrac{1}{6}\mathrm{d}x$　　　D. $\displaystyle\int_3^9 \dfrac{1}{6}\mathrm{d}x$

6. 某教科书印刷了 1000 册，因装订等原因造成错误的概率为 0.001，设 X 为这 1000 册书中有错误的册数，则 $X\sim b(1000,0.001)$，用泊松定理得 λ 等于（　　）.

A. 10　　　　　　B. 1　　　　　　C. 0.001　　　　　　D. 0.1

7. 某人午觉醒来后发现手表停了，于是打开收音机等报时（整点报时），那么等待时间不超过 20min 的概率是（　　）.

A. $\dfrac{1}{6}$　　　　　　B. $\dfrac{1}{10}$　　　　　　C. $\dfrac{1}{3}$　　　　　　D. $\dfrac{1}{5}$

三、计算题

1. 张老师开车从家到学校需要通过 3 个设有信号灯的路口，每个信号灯为红或绿与其他信号灯为红或绿相互独立，且红、绿两种信号灯显示的时间相等. 设 X 表示张老师首次遇到红灯前已通过的路口的个数，求 X 的分布律.

2. 社会上定期发行某种奖券，每张奖券面值 1 元，中奖率为 p. 某人每次购买 1 张奖券，如果没有中奖，则下一次再继续购买 1 张，直到中奖为止，求该人购买次数 X 的分布律.

3. 设离散型随机变量 X 的分布律为

X	-4	-2	0	2	4
p_k	$\dfrac{a-1}{4}$	$\dfrac{a+1}{4}$	0.1	0.2	0.2

求：（1）常数 a ；（2） X 的分布函数；（3） $P\{-2 \leqslant X \leqslant 4\}$.

4. 已知随机变量 X 的分布律为

X	-2	-1	0	1	2	4
p_k	0.2	0.1	0.3	0.1	0.2	0.1

试求一元二次方程 $3t^2 + 2Xt + (X+1) = 0$ 有实根的概率.

5. 罐中有 5 个红球，3 个白球，无放回地每次取一球，直到取得红球为止，用 X 表示抽取次数，求 X 的概率分布，并计算 $P\{1 < X \leqslant 3\}$.

6. 随机变量 X 的分布函数为

$$F(x) = P\{X \leqslant x\} = \begin{cases} 0, & x < -1 \\ 0.4, & -1 \leqslant x < 1 \\ 0.8, & 1 \leqslant x < 3 \\ 1, & x \geqslant 3 \end{cases}$$

求 X 的概率分布.

7. 设随机变量 X 的概率密度函数为

$$f(x) = \begin{cases} ax, & 0 \leqslant x < 1 \\ 2 - x, & 1 \leqslant x < 2 \\ 0, & 其他 \end{cases}$$

求：（1）常数 a ；（2） X 的分布函数.

8. 设顾客在某银行窗口等待服务的时间 X （单位：min）的概率密度函数为

$$f(x) = \begin{cases} A\mathrm{e}^{-\frac{x}{5}}, & x > 0 \\ 0, & x \leqslant 0 \end{cases}$$

求：（1）常数 A ；（2） $P\{0 < X < 10\}$ ；（3） $F(x)$.

9. 设随机变量 X 的概率密度函数为

$$f(x) = \begin{cases} A\cos x, & |x| \leqslant \dfrac{\pi}{2} \\ 0, & 其他 \end{cases}$$

求：（1）系数 A ；（2） X 落在区间 $\left(0, \dfrac{\pi}{4}\right)$ 内的概率；（3） X 的分布函数 $F(x)$.

10. 设连续型随机变量 X 的分布函数为

$$F(x) = \begin{cases} A - \mathrm{e}^{-\frac{x^2}{2}}, & x > 0 \\ 0, & x \leqslant 0 \end{cases}$$

求：（1）常数 A ；（2） X 的概率密度函数 $f(x)$.

11. 设某机场每天有 200 架飞机在此降落，任一架飞机在某一时刻降落的概率为 0.02，且设各架飞机降落是相互独立的，则该机场需配备多少条跑道，才能保证某一时刻飞机需立即降落而没有空闲跑道的概率小于 0.01（每条跑道只能允许一架飞机降落）？

12. 某台机器发生故障的概率为 0.01，一台机器的故障由一个人来维修.

（1）若 1 个人负责维修 20 台，求机器发生故障不能及时修理的概率；

（2）3 个人共同负责维修 80 台，求机器发生故障不能及时修理的概率.

13. 公共汽车的车门高度是按男子与车门碰头的机会在 1% 以下来设计的. 设男子身高服从 $N(170,36)$ 的正态分布（单位：cm），则车门的高度应是多少？

14. 一张试卷印有 10 道题目，每个题目均为有 4 个选项的选择题，4 个选项中只有 1 个选项是正确的. 假设某位学生在做每道题时都是随机选择，求该学生每道题都选错的概率和至少答对 6 道题的概率.

15. 若随机变量 X 在区间 $(1,6)$ 内服从均匀分布，求方程 $x^2 + Xx + 1 = 0$ 有实根的概率.

16. 某厂生产的零件直径 X（单位：mm）服从正态分布，$X \sim N(10, 0.1^2)$，合格品规定直径 $X \in (9.8, 10.1)$，计算该厂生产的这种零件的合格率.

17. 设 $X \sim N(1.5, 4)$，求：（1）$P\{X \leqslant 3.5\}$；（2）$P\{X \leqslant -4\}$；（3）$P\{|X| \geqslant 3\}$.

18. 某人上班所需的时间 X 服从 $N(30, 100)$（单位：min），已知上班时间是 8:30，他每天出门的时间是 7:50. 求：

（1）此人某天迟到的概率；

（2）一周内（以 5 天计）此人最多迟到一次的概率.

19. 一家工厂生产的电子管的寿命 X（单位：h）服从参数为 $\mu = 160, \sigma$ 的正态分布，若要 $P\{120 < X \leqslant 200\} \geqslant 0.80$，$\sigma$ 的最大取值为多少？

20. 设随机变量 X 的分布律为

X	0	1	2
p_k	0.3	0.3	0.4

求随机变量 $Y = X^2 - 2X$ 的分布律.

21. 测量一圆的半径为 R，其分布律为

R	0	1	2	3
p_k	0.1	0.4	0.3	0.2

求圆的周长 X 和圆的面积 Y 的分布律.

22. 已知随机变量 X 的分布律为

X	-2	-0.5	0	2	4
p_k	$\dfrac{1}{8}$	$\dfrac{1}{4}$	$\dfrac{1}{8}$	$\dfrac{1}{6}$	$\dfrac{1}{3}$

求以下随机变量的概率分布：

（1）$Y_1 = X + 2$；（2）$Y_2 = -X + 1$；（3）$Y_3 = X^2$.

23. 已知随机变量 $X \sim N(0,1)$，求 $Y = e^X$ 的概率密度函数.

多维随机变量及概率分布

一维随机变量是指随机试验的结果和一维实数之间的某个对应关系. 在许多随机现象中, 一个随机变量很难描述随机试验结果, 往往需要多个随机变量才能准确描述, 即对于每一个试验结果, 同时与多个实数值相对应. 例如, 随机进行树木调查, 可以观测其树高、胸径、树龄等多个数据. 本单元主要介绍二维随机变量及边缘分布和条件分布等.

3.1 二维随机变量及概率分布

3.1.1 二维随机变量及 n 维随机变量

定义 3.1（二维随机变量或二维随机向量） 设随机试验的样本空间为 Ω, $\omega \in \Omega$ 为样本点, 而 $X = X(\omega)$ 和 $Y = Y(\omega)$ 是定义在同一个样本空间 Ω 上的两个随机变量, 则称 (X, Y) 为定义在 Ω 上的二维随机变量或二维随机向量.

定义 3.2 [n 维随机变量或 n 维随机向量（$n > 2$）] 设 $X_1, X_2, \cdots, X_n$ 是定义在同一个样本空间 Ω 上的 n 个随机变量, 则称 $(X_1, X_2, \cdots, X_n)$ 是 Ω 上的 n 维随机变量或 n 维随机向量.

3.1.2 二维随机变量的分布函数

1. 联合分布函数的定义

定义 3.3（联合分布函数） 设 (X, Y) 是二维随机变量, 对任意实数 x, y, 二元函数

$$F(x, y) = P\{(X \leqslant x) \cap (Y \leqslant y)\} \xlongequal{\text{记为}} P\{X \leqslant x, Y \leqslant y\}$$

称为二维随机变量 (X, Y) 的分布函数或称为随机变量 X 和 Y 的**联合分布函数**.

2. 联合分布函数的几何解释

如果把二维随机变量 (X, Y) 看成是平面上随机点的坐标, 那么分布函数 $F(x, y)$ 在 (x, y) 处的函数值就是随机点 (X, Y) 落在直线 $X=x$ 的左侧和直线 $Y=y$ 的下方的无穷矩形域内的概率, 如

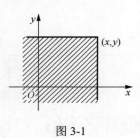

图 3-1

图 3-1 所示.

3. 联合分布函数的性质

（1）**单调性**：$F(x, y)$ 关于 x 和 y 均为单调不减函数，即对任意固定的 y，当 $x_1 < x_2$ 时，有 $F(x_1, y) \leqslant F(x_2, y)$；对任意固定的 x，当 $y_1 < y_2$ 时，有 $F(x, y_1) \leqslant F(x, y_2)$.

（2）**有界性**：对任意的 x, y，有 $0 \leqslant F(x, y) \leqslant 1$，且对任意固定的 y，有

$$F(-\infty, y) = \lim_{x \to -\infty} F(x, y) = 0$$

对任意固定的 x，有

$$F(x, -\infty) = \lim_{y \to -\infty} F(x, y) = 0$$

即

$$F(-\infty, -\infty) = \lim_{(x, y) \to (-\infty, -\infty)} F(x, y) = 0$$

$$F(+\infty, +\infty) = \lim_{(x, y) \to (+\infty, +\infty)} F(x, y) = 1$$

（3）**右连续性**：$F(x, y)$ 关于 x 和 y 都是右连续的，即

$$F(x + 0, y) = F(x, y)$$

$$F(x, y + 0) = F(x, y)$$

（4）对任意的 $a < b, c < d$，有下式成立：

$$P\{a < X \leqslant b, c < Y \leqslant d\} = F(b, d) - F(a, d) - F(b, c) + F(a, c) \geqslant 0$$

4. 边缘分布函数

二维随机变量 (X, Y) 作为一个整体，具有分布函数 $F(x, y)$，其分量 X, Y 也是随机变量，它们的分布函数分别记为 $F_X(x)$ 和 $F_Y(y)$，依次称为 X, Y 的边缘分布函数. 边缘分布函数 $F_X(x)$ 和 $F_Y(y)$ 可以由联合分布函数 $F(x, y)$ 确定：

$$F_X(x) = P\{X \leqslant x\} = P\{X \leqslant x, Y < +\infty\} = F(x, +\infty)$$

$$F_Y(y) = P\{Y \leqslant y\} = P\{X < +\infty, Y \leqslant y\} = F(+\infty, y)$$

3.1.3　二维离散型随机变量及其概率分布

定义 3.4（二维离散型随机变量）　若二维随机变量 (X, Y) 的所有可能取值是有限对或可数无穷对，则称 (X, Y) 为二维离散型随机变量.

定义 3.5（二维离散型随机变量的概率分布）　设二维离散型随机变量 (X, Y) 的所有可能取值为 (x_i, y_j)（$i, j = 1, 2, \cdots$），则称

$$p_{ij} = P\{X = x_i, Y = y_j\} \quad (i, j = 1, 2, \cdots)$$

为二维离散型随机变量 (X, Y) 的概率分布（分布律），或 X 和 Y 的**联合概率分布**（简称**联合分布**）. 与一维情形类似，可以用如下形式表示联合分布，并称其为**联合分布**（或**联合分布表**）.

X \ Y	y_1	y_2	...	y_j	...	$P\{X = x_i\}$
x_1	p_{11}	p_{12}	...	p_{1j}	...	$p_{1\cdot}$
x_2	p_{21}	p_{22}	...	p_{2j}	...	$p_{2\cdot}$
⋮	⋮	⋮		⋮		⋮
x_i	p_{i1}	p_{i2}	...	p_{ij}	...	$p_{i\cdot}$
⋮	⋮	⋮		⋮		⋮
$P\{Y = y_i\}$	$p_{\cdot 1}$	$p_{\cdot 2}$	...	$p_{\cdot j}$	...	1

由概率的定义可知，p_{ij} 具有下列性质.

（1）非负性：$p_{ij} \geqslant 0$ $(i, j = 1, 2, \cdots)$.

（2）归一性：$\displaystyle\sum_{i=1}^{\infty}\sum_{j=1}^{\infty} p_{ij} = 1$.

定义 3.6（边缘概率分布）   由 X 和 Y 的联合分布，可以求出 X, Y 各自的概率分布.

$$P\{X = x_i\} = \sum_{j=1}^{\infty} p_{ij} \quad (i = 1, 2, \cdots)$$

$$P\{Y = y_j\} = \sum_{i=1}^{\infty} p_{ij} \quad (j = 1, 2, \cdots)$$

分别称为 (X, Y) 关于 X 的边缘分布和 (X, Y) 关于 Y 的边缘分布，记 $\displaystyle\sum_{j=1}^{\infty} p_{ij} = p_{i\cdot}(i = 1, 2, \cdots)$ 为

联合分布第 i 行的和，记 $\displaystyle\sum_{i=1}^{\infty} p_{ij} = p_{\cdot j}(j = 1, 2, \cdots)$ 为联合分布第 j 列的和.

例 3.1   已知二维随机变量 (X, Y) 的概率分布如下，求 $P\{X \leqslant 0, Y \geqslant 0\}$ 及 $F(0, 0)$.

X \ Y	-2	0	1
-1	0.3	0.1	0.1
1	0.05	0.2	0
2	0.2	0	0.05

解   由上表可得

$$P\{X \leqslant 0, Y \geqslant 0\} = P\{X = -1, Y = 0\} + P\{X = -1, Y = 1\}$$
$$= 0.1 + 0.1 = 0.2$$
$$F(0, 0) = P\{X \leqslant 0, Y \leqslant 0\}$$
$$= P\{X = -1, Y = -2\} + P\{X = -1, Y = 0\}$$
$$= 0.3 + 0.1 = 0.4$$

例 3.2   已知 10 件产品中有 3 件次品，7 件正品，每次任取一件，连续取两次，记

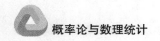

$$X_i = \begin{cases} 1, & \text{第 } i \text{ 次取到次品} \\ 0, & \text{第 } i \text{ 次取到正品} \end{cases}, \quad i = 1, 2$$

分别对不放回抽取与有放回抽取两种情况写出随机变量 (X_1, X_2) 的概率分布. 并且求出在不放回抽取情况下的边缘概率分布.

解 随机变量 (X_1, X_2) 可以取 $(0,0), (0,1), (1,0), (1,1)$ 共 4 个数组.

（1）不放回抽取：

$$P\{X_1 = 0, X_2 = 0\} = P\{X_1 = 0\} \cdot P\{X_2 = 0 \mid X_1 = 0\} = \frac{7}{10} \times \frac{6}{9} = \frac{7}{15}$$

用同样的方法，可以计算出 $P\{X_1 = i, X_2 = j\} (i, j = 0, 1)$，具体结果如下：

X_1 \ X_2	0	1
0	$\dfrac{7}{15}$	$\dfrac{7}{30}$
1	$\dfrac{7}{30}$	$\dfrac{1}{15}$

由上表可知，X_1 只取 0 及 1 两个值，于是有

$$P\{X_1 = 0\} = P\{X_1 = 0, X_2 = 0\} + P\{X_1 = 0, X_2 = 1\} = \frac{7}{15} + \frac{7}{30} = 0.7$$

$$P\{X_1 = 1\} = \sum_{i=0}^{1} P\{X_1 = 1, X_2 = i\} = \frac{7}{30} + \frac{1}{15} = 0.3$$

由 X_2 只取 0 及 1 两个值，于是有

$$P\{X_2 = 0\} = P\{X_1 = 0, X_2 = 0\} + P\{X_1 = 1, X_2 = 0\} = \frac{7}{15} + \frac{7}{30} = 0.7$$

$$P\{X_2 = 1\} = \sum_{i=0}^{1} P\{X_1 = i, X_2 = 1\} = \frac{7}{30} + \frac{1}{15} = 0.3$$

即不放回抽取情况下的边缘概率分布如下：

X_1	0	1
p_k	0.7	0.3

X_2	0	1
p_k	0.7	0.3

（2）有放回抽取：

因为事件 "$X_1 = i$" 与 "$X_2 = j$" 相互独立，所以有

$$P\{X_1 = 0, X_2 = 0\} = P\{X_1 = 0\} \cdot P\{X_2 = 0\} = \left(\frac{7}{10}\right)^2 = 0.49$$

$$P\{X_1 = 0, X_2 = 1\} = P\{X_1 = 1, X_2 = 0\} = \frac{7}{10} \times \frac{3}{10} = 0.21$$

$P\{X_1 = 1, X_2 = 1\} = \dfrac{3}{10} \times \dfrac{3}{10} = 0.09$. 所以 (X_1, X_2) 的概率分布如下：

X_2 X_1	0	1
0	0.49	0.21
1	0.21	0.09

例 3.3 10 只球中有 2 只白球、7 只红球、1 只黑球，从中任取 3 只，用 X 表示取到的白球数，用 Y 表示取到的红球数，求 X 和 Y 的联合分布与边缘分布.

解 因为

$$P\{X=0,Y=0\}=P\{X=0,Y=1\}=P\{X=1,Y=0\}=P\{X=1,Y=3\}$$
$$=P\{X=2,Y=2\}=P\{X=2,Y=3\}=P(\varnothing)=0$$

所以 (X,Y) 的所有可能取值为 $(0,2),(0,3),(1,1),(1,2),(2,0),(2,1)$，其联合分布分别为

$$P\{X=0,Y=2\}=\frac{C_7^2 C_1^1}{C_{10}^3}=\frac{21}{120}, \quad P\{X=0,Y=3\}=\frac{C_7^3}{C_{10}^3}=\frac{35}{120}$$

$$P\{X=1,Y=1\}=\frac{C_2^1 C_7^1 C_1^1}{C_{10}^3}=\frac{14}{120}, \quad P\{X=1,Y=2\}=\frac{C_2^1 C_7^2}{C_{10}^3}=\frac{42}{120}$$

$$P\{X=2,Y=0\}=\frac{C_2^2 C_1^1}{C_{10}^3}=\frac{1}{120}, \quad P\{X=2,Y=1\}=\frac{C_2^2 C_7^1}{C_{10}^3}=\frac{7}{120}$$

X 和 Y 的联合分布与边缘分布为

X $\quad$ Y	0	1	2	3	$P\{X=x_i\}$
0	0	0	$\dfrac{21}{120}$	$\dfrac{35}{120}$	$\dfrac{56}{120}$
1	0	$\dfrac{14}{120}$	$\dfrac{42}{120}$	0	$\dfrac{56}{120}$
2	$\dfrac{1}{120}$	$\dfrac{7}{120}$	0	0	$\dfrac{8}{120}$
$P\{Y=y_j\}$	$\dfrac{1}{120}$	$\dfrac{21}{120}$	$\dfrac{63}{120}$	$\dfrac{35}{120}$	1

3.1.4 二维连续型随机变量及其概率分布

定义 3.7（二维连续型随机变量） 对于二维随机变量 (X,Y)，如果存在非负可积函数 $f(x,y)$，使对任意实数 x,y，有

$$P\{X\leqslant x, Y\leqslant y\}=\int_{-\infty}^{x}\int_{-\infty}^{y}f(u,v)\mathrm{d}u\mathrm{d}v$$

则称随机变量 (X,Y) 为二维连续型随机变量，并称 $f(x,y)$ 为 (X,Y) 的**概率密度**，也称 $f(x,y)$ 为 X,Y 的**联合概率密度**（简称联合密度），简记为 $(X,Y)\sim f(x,y)$.

容易看出，(X,Y) 的概率密度 $f(x,y)$ 满足下面两条性质：

（1） $f(x,y)\geqslant 0$；

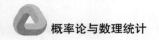

（2）$\int_{-\infty}^{+\infty}\int_{-\infty}^{+\infty} f(x,y)\mathrm{d}x\mathrm{d}y = 1$．

满足以上两条性质的任何一个二元函数 $f(x,y)$，都可作为某个二维随机变量的联合概率密度．

对于二维连续型随机变量 (X,Y)，可以证明：对于平面上的任意可度量的区域 D，均有

$$P\{(X,Y)\in D\} = \iint\limits_{D} f(x,y)\mathrm{d}x\mathrm{d}y$$

$f(x,y)$ 的几何意义为如下：点 (X,Y) 落在任意可度量的区域 D 内的概率等于以曲面 $z = f(x,y)$ 为顶，以区域 D 为底的曲顶柱面体的体积．

定义 3.8（二维连续型随机变量的边缘概率密度） 对于二维随机变量 (X,Y)，作为其分量的随机变量 X（或 Y）的概率密度 $f_X(x)$（或 $f_Y(y)$）称为 (X,Y) 关于 X（或 Y）的**边缘概率密度**（简称边缘密度）．

当 X,Y 的联合概率密度 $f(x,y)$ 已知时，X 和 Y 的边缘概率密度为

$$f_X(x) = \int_{-\infty}^{+\infty} f(x,y)\mathrm{d}y， \qquad f_Y(y) = \int_{-\infty}^{+\infty} f(x,y)\mathrm{d}x$$

例 3.4 设二维随机变量 $(X,Y)\sim f(x,y)$，且

$$f(x,y) = \begin{cases} \lambda, & (x,y)\in D \\ 0, & (x,y)\notin D \end{cases}$$

其中，D 为平面上一个可度量的有界区域，试确定 λ 的值．

解 $\int_{-\infty}^{+\infty}\int_{-\infty}^{+\infty} f(x,y)\mathrm{d}x\mathrm{d}y = \iint\limits_{D}\lambda\mathrm{d}x\mathrm{d}y = \lambda S_D = 1$．因此，$\lambda = \dfrac{1}{S_D}$，其中，$S_D$ 为区域 D 的面积．

下面介绍两种常见的二维连续型随机变量的分布．

（1）均匀分布．

如果二维随机变量 (X,Y) 的概率密度为

$$f(x,y) = \begin{cases} \dfrac{1}{S_D}, & (x,y)\in D \\[2mm] 0, & (x,y)\notin D \end{cases}$$

其中，D 为平面上一个可度量的有界区域，S_D 是区域 D 的面积，则称 (X,Y) 服从区域 D 上的均匀分布，记为 $(X,Y)\sim U(D)$．

（2）正态分布．

若二维随机变量 (X,Y) 的概率密度为

$$f(x,y) = \frac{1}{2\pi\sigma_1\sigma_2\sqrt{1-\rho^2}}\exp\left\{-\frac{1}{2(1-\rho^2)}\left[\left(\frac{x-\mu_1}{\sigma_1}\right)^2 - 2\rho\left(\frac{x-\mu_1}{\sigma_1}\right)\left(\frac{y-\mu_2}{\sigma_2}\right) + \left(\frac{y-\mu_2}{\sigma_2}\right)^2\right]\right\}$$

其中，$\mu_1,\mu_2,\sigma_1,\sigma_2,\rho$ 均为常数，且 $\sigma_1 > 0$，$\sigma_2 > 0$，$|\rho| < 1$，则称 (X,Y) 服从参数为 $\mu_1,\mu_2,\sigma_1,\sigma_2,\rho$ 的二维正态分布，记为 $(X,Y)\sim N(\mu_1,\mu_2,\sigma_1^2,\sigma_2^2,\rho)$．

服从二维正态分布的随机变量 (X,Y) 的概率密度函数的图形（图 3-2）如同一个古钟或草帽．

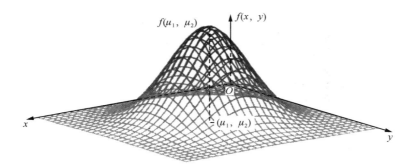

图 3-2

例 3.5　设二维随机变量 (X,Y) 的概率密度为

$$f(x,y)=\begin{cases}c\mathrm{e}^{-(x+y)}, & x\geqslant 0,y\geqslant 0\\ 0, & \text{其他}\end{cases}$$

求：（1）常数 c ；

（2）$P\{0<X<1,0<Y<1\}$.

解　（1）因为 $\int_{-\infty}^{+\infty}\int_{-\infty}^{+\infty}f(x,y)\mathrm{d}x\mathrm{d}y=1$ ，故

$$1=\int_0^{+\infty}\int_0^{+\infty}c\mathrm{e}^{-(x+y)}\mathrm{d}x\mathrm{d}y=c\int_0^{+\infty}\mathrm{e}^{-x}\mathrm{d}x\int_0^{+\infty}\mathrm{e}^{-y}\mathrm{d}y=c$$

于是

$$c=1 .$$

（2）记 $D=\{(x,y)\,|\,0<x<1,0<y<1\}$ ，则有

$$P\{0<X<1,0<Y<1\}$$

$$=P\{(X,Y)\in D\}=\iint\limits_D f(x,y)\mathrm{d}x\mathrm{d}y$$

$$=\iint\limits_D \mathrm{e}^{-x-y}\mathrm{d}x\mathrm{d}y=\int_0^1\mathrm{e}^{-x}\mathrm{d}x\int_0^1\mathrm{e}^{-y}\mathrm{d}y=\left(1-\frac{1}{\mathrm{e}}\right)^2$$

例 3.6　设区域 G 为抛物线 $y=x^2$ 和直线 $y=x$ 所围成的区域，如图 3-3 所示，二维随机变量 (X,Y) 服从区域 G 上的均匀分布．求 X , Y 的联合概率密度和两个边缘概率密度．

解　由于区域 G 的面积为

$$S=\int_0^1(x-x^2)\mathrm{d}x=\frac{1}{6}$$

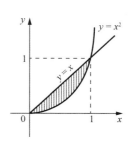

图 3-3

所以 X , Y 的联合概率密度为

$$f(x,y)=\begin{cases}6, & (x,y)\in G\\ 0, & \text{其他}\end{cases}$$

因为当 $0\leqslant x\leqslant 1$ 时，

$$f_X(x)=\int_{-\infty}^{+\infty}f(x,y)\mathrm{d}y=\int_{x^2}^x 6\mathrm{d}y=6(x-x^2)$$

所以 (X,Y) 关于 X 的边缘概率密度为

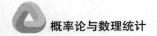
$$f_X(x) = \begin{cases} 6(x - x^2), & 0 \leqslant x \leqslant 1 \\ 0, & \text{其他} \end{cases}$$

因为当 $0 \leqslant y \leqslant 1$ 时，

$$f_Y(y) = \int_{-\infty}^{+\infty} f(x,y)\mathrm{d}x = \int_y^{\sqrt{y}} 6\mathrm{d}x = 6\left(\sqrt{y} - y\right)$$

所以 (X, Y) 关于 Y 的边缘概率密度为

$$f_Y(y) = \begin{cases} 6\left(\sqrt{y} - y\right), & 0 \leqslant y \leqslant 1 \\ 0, & \text{其他} \end{cases}$$

例 3.6 表明，虽然 (X, Y) 服从均匀分布，但它的两个边缘分布却不是一维均匀分布.

 条件概率分布与随机变量的独立性

3.2.1 二维离散型随机变量的条件分布

定义 3.9（条件分布） 设 (X, Y) 是二维离散型随机变量，其概率分布为

$$P\{X = x_i, Y = y_j\} = p_{ij} \quad (i, j = 1, 2, \cdots)$$

边缘分布分别为 $p_{i\cdot}(i = 1, 2, \cdots)$， $p_{\cdot j}(j = 1, 2, \cdots)$.

若 $p_{\cdot j} > 0$ ，则

$$P\{X = x_i \mid Y = y_j\} = \frac{P\{X = x_i, Y = y_j\}}{P\{Y = y_j\}} = \frac{p_{ij}}{p_{\cdot j}} \quad (i = 1, 2, \cdots)$$

称为在 $Y = y_j$ 的条件下随机变量 X 的**条件概率分布**（简称**条件分布**），记为 $p_{i|j}$.

类似地，若 $p_{i\cdot} > 0$ ，则

$$P\{Y = y_j \mid X = x_i\} = \frac{P\{X = x_i, Y = y_j\}}{P\{X = x_i\}} = \frac{p_{ij}}{p_{i\cdot}} \quad (j = 1, 2, \cdots)$$

称为在 $X = x_i$ 的条件下随机变量 Y 的**条件分布**，记为 $p_{j|i}$.

注意 条件分布是一种概率分布，它具有概率分布的一切性质.

例 3.7 已知 (X, Y) 的概率分布如下，求 X 及 Y 的条件概率分布.

X \ Y	−1	1	2
0	$\frac{1}{12}$	0	$\frac{1}{4}$
$\frac{3}{2}$	$\frac{1}{6}$	$\frac{1}{12}$	$\frac{1}{12}$
2	$\frac{1}{4}$	$\frac{1}{12}$	0

解　因为
$$P\{Y=-1\}=\frac{1}{2}\,,\quad P\{Y=1\}=\frac{1}{6}\,,\quad P\{Y=2\}=\frac{1}{3}$$

所以 X 的条件概率分布依次为
$$P\{X=0\,|\,Y=-1\}=\frac{1}{6}\,,\quad P\left\{X=\frac{3}{2}\,\middle|\,Y=-1\right\}=\frac{1}{3}\,,\quad P\{X=2\,|\,Y=-1\}=\frac{1}{2}$$

$$P\{X=0\,|\,Y=1\}=0\,,\quad P\left\{X=\frac{3}{2}\,\middle|\,Y=1\right\}=\frac{1}{2}\,,\quad P\{X=2\,|\,Y=1\}=\frac{1}{2}$$

$$P\{X=0\,|\,Y=2\}=\frac{3}{4}\,,\quad P\left\{X=\frac{3}{2}\,\middle|\,Y=2\right\}=\frac{1}{4}\,,\quad P\{X=2\,|\,Y=2\}=0$$

又因为
$$P\{X=0\}=\frac{1}{3}\,,\quad P\left\{X=\frac{3}{2}\right\}=\frac{1}{3}\,,\quad P\{X=2\}=\frac{1}{3}$$

所以 Y 的条件概率分布依次为
$$P\{Y=-1\,|\,X=0\}=\frac{1}{4}\,,\quad P\{Y=1\,|\,X=0\}=0\,,\quad P\{Y=2\,|\,X=0\}=\frac{3}{4}$$

$$P\left\{Y=-1\,\middle|\,X=\frac{3}{2}\right\}=\frac{1}{2}\,,\quad P\left\{Y=1\,\middle|\,X=\frac{3}{2}\right\}=\frac{1}{4}\,,\quad P\left\{Y=2\,\middle|\,X=\frac{3}{2}\right\}=\frac{1}{4}$$

$$P\{Y=-1\,|\,X=2\}=\frac{3}{4}\,,\quad P\{Y=1\,|\,X=2\}=\frac{1}{4}\,,\quad P\{Y=2\,|\,X=2\}=0$$

3.2.2　二维离散型随机变量的独立性

定义 3.10（相互独立）　设 (X,Y) 是二维离散型随机变量，若对 (X,Y) 的所有可能取值 (x_i,y_j)，有
$$P\{X=x_i,Y=y_j\}=P\{X=x_i\}P\{Y=y_j\}$$

即
$$p_{ij}=p_{i\cdot}p_{\cdot j}\quad(i,j=1,2,\cdots)$$

则称 X 和 Y 相互独立.

例 3.8　设二维随机变量 (X,Y) 的联合分布律为

X ＼ Y	0	1
0	0.4	0.4
1	0.1	0.1

（1）求 X 的边缘分布与 Y 的边缘分布；（2） X 与 Y 是否相互独立？为什么？

解　（1）由二维离散型随机变量边缘分布的定义，得
$$P\{X=0\}=P\{X=0,Y=0\}+P\{X=0,Y=1\}=0.8$$
$$P\{X=1\}=1-P\{X=0\}=0.2$$
$$P\{Y=0\}=P\{X=0,Y=0\}+P\{X=1,Y=0\}=0.5$$

$$P\{Y=1\}=1-P\{Y=0\}=0.5$$

（2）可以验证对任意的 $i,j=1,2$ ，都有 $p_{ij}=p_{i.}p_{.j}$ ，所以 X 与 Y 相互独立.

例 3.9 已知二维随机变量 (X,Y) 的联合分布律为

X \ Y	1	3	5
0	0.06	0.15	m
1	n	0.35	0.21

求常数 m 和 n ，使得 X 和 Y 相互独立.

解 先分别求出 X 和 Y 的边缘分布为

X \ Y	1	3	5	$P\{X=x_i\}$
0	0.06	0.15	m	$0.21+m$
1	n	0.35	0.21	$0.56+n$
$P\{Y=y_j\}$	$0.06+n$	0.5	$0.21+m$	1

根据独立性的定义，要使 X 和 Y 相互独立，须使

$$\begin{cases} 0.5\times(0.21+m)=0.15 \\ 0.5\times(0.56+n)=0.35 \end{cases}$$

解得 $m=0.09$ ，$n=0.14$.

注意 本题可以根据归一性、独立性列出多个方程，选择其中两个联立方程组即可.

3.2.3 二维连续型随机变量的条件分布及其独立性

定义 3.11（条件分布） 设 $f(x,y)$ 为二维连续型随机变量的联合概率密度，则在给定 $\{Y=y\}$ 条件下 X 的条件密度函数为

$$f_{X|Y}(x|y)=\frac{f(x,y)}{f_Y(y)}, \quad -\infty<x<+\infty$$

其中， $f_Y(y)>0$.

在给定 $\{X=x\}$ 条件下 Y 的条件密度函数为

$$f_{Y|X}(y|x)=\frac{f(x,y)}{f_X(x)}, \quad -\infty<y<+\infty$$

其中， $f_X(x)>0$.

定义 3.12（相互独立） 若 (X,Y) 为二维连续型随机变量，那么，X 与 Y 相互独立的充要条件是在 $f(x,y),f_X(x)$ 及 $f_Y(y)$ 的一切公共连续点上都有

$$f(x,y)=f_X(x)\cdot f_Y(y)$$

成立. 其中 $f(x,y)$ 为 (X,Y) 的联合概率密度，$f_X(x)$ 和 $f_Y(y)$ 分别为 X 和 Y 的边缘概率密度.

注意 通过随机变量的联合分布函数和边缘分布函数也可以判断随机变量的独立性（对离散型和连续型随机变量均可）.

设二维随机变量 (X, Y) 的联合分布函数为 $F(x, y)$，X 和 Y 的边缘分布函数分别为 $F_X(x)$ 和 $F_Y(y)$，若对任意的实数 x, y，均有 $F(x, y) = F_X(x) \cdot F_Y(y)$ 成立，则 X 和 Y 相互独立.

例 3.10　若随机变量 X, Y 的联合概率密度为

$$f(x, y) = \begin{cases} 8xy, & 0 \leqslant x \leqslant y \leqslant 1 \\ 0, & \text{其他} \end{cases}$$

试判断 X 与 Y 是否独立.

解　为判断 X 与 Y 是否独立，只需看边缘概率密度 $f_X(x)$ 与 $f_Y(y)$ 的乘积是否等于联合概率密度，为此先求边缘概率密度.

当 $x < 0$ 或 $x > 1$ 时，有

$$f_X(x) = 0$$

当 $0 \leqslant x \leqslant 1$ 时，有

$$f_X(x) = \int_x^1 8xy \, \mathrm{d}y = 8x\left(\frac{1}{2} - \frac{x^2}{2}\right) = 4x(1 - x^2)$$

因此

$$f_X(x) = \begin{cases} 4x(1 - x^2), & 0 \leqslant x \leqslant 1 \\ 0, & \text{其他} \end{cases}$$

同样，当 $y < 0$ 或 $y > 1$ 时，有

$$f_Y(y) = 0$$

当 $0 \leqslant y \leqslant 1$ 时，有

$$f_Y(y) = \int_0^y 8xy \, \mathrm{d}x = 4y^3$$

因此

$$f_Y(y) = \begin{cases} 4y^3, & 0 \leqslant y \leqslant 1 \\ 0, & \text{其他} \end{cases}$$

由此，得

$$f(x, y) \neq f_X(x) f_Y(y)$$

所以 X 与 Y 不独立.

3.3　二维随机变量的函数的概率分布

3.3.1　二维离散型随机变量函数的分布

讨论两个离散型随机变量函数的分布问题，就是已知二维随机变量 (X, Y) 的分布律，求 $Z = \varphi(X, Y)$ 的分布律问题，所用的方法是**表上作业法**.

例 3.11　已知随机变量 (X, Y) 的概率分布如下：

Y X	−1	0	1	2
−1	0.2	0.15	0.1	0.3
2	0.1	0	0.1	0.05

求二维随机变量的函数 Z 的分布：（1）$Z = X + Y$；（2）$Z = XY$.

解 （1）按照从小到大的顺序排列 $X+Y$ 的值，把相同取值的概率相加，可以得到 $Z=X+Y$ 的分布律为

Z	−2	−1	0	1	2	3	4
p_k	0.2	0.15	0.1	0.4	0	0.1	0.05

（2）按照从小到大的顺序排列，把相同取值的概率相加，可以得到 $Z = XY$ 的分布律为

Z	−2	−1	0	1	2	4
p_k	0.4	0.1	0.15	0.2	0.1	0.05

3.3.2 二维连续型随机变量函数的分布

相对于离散型随机变量的情形，多维连续型随机变量函数的求法就比较复杂，这里仅讨论下面的几种情形.

1. $Z = X + Y$ 的分布

设随机变量 (X,Y) 的联合概率密度为 $f(x,y)$，且 X 的边缘概率密度为 $f_X(x)$，Y 的边缘概率密度为 $f_Y(x)$，则随机变量 (X,Y) 的函数 $Z = X + Y$ 的密度函数为

$$f_Z(z) = \int_{-\infty}^{+\infty} f(x,z-x)dx \text{ 或 } f_Z(z) = \int_{-\infty}^{+\infty} f(z-y,y)dy$$

特别地，当随机变量 X 与 Y 相互独立时，有

$$f_Z(z) = \int_{-\infty}^{+\infty} f_X(x)f_Y(z-x)dx \text{ 或 } f_Z(z) = \int_{-\infty}^{+\infty} f_X(z-y)f_Y(y)dy$$

这两个公式称为**卷积公式**.

2. 最大值 $U = \max(X,Y)$ 和最小值 $V = \min(X,Y)$ 的分布

设连续型随机变量 X 与 Y 互相独立，且 X 的分布函数为 $F_X(x)$，Y 的分布函数为 $F_Y(y)$，则

（1）随机变量 $U = \max(X,Y)$ 的分布函数为 $F_U(u) = F_X(u)F_Y(u)$；

（2）随机变量 $V = \min(X,Y)$ 的分布函数为 $F_V(v) = 1 - (1 - F_X(v))(1 - F_Y(v))$.

例 3.12 设随机变量 X 和 Y 相互独立，且均服从标准正态分布，求 $Z = X + Y$ 的概率密度.

解 由卷积公式，得

$$f_Z(z) = F_Z'(z) = \int_{-\infty}^{+\infty} f_X(x)f_Y(z-x)dx$$

$$= \frac{1}{2\pi} \int_{-\infty}^{+\infty} e^{-\frac{x^2}{2}} \cdot e^{-\frac{(z-x)^2}{2}} \, dx$$

$$= \frac{1}{2\pi} e^{-\frac{z^2}{4}} \int_{-\infty}^{+\infty} e^{-\left(x-\frac{z}{2}\right)^2} \, dx$$

令 $t = x - \dfrac{z}{2}$，得

$$f_Z(z) = \frac{1}{2\pi} e^{-\frac{z^2}{4}} \int_{-\infty}^{+\infty} e^{-t^2} \, dt = \frac{1}{2\pi} e^{-\frac{z^2}{4}} \sqrt{\pi} = \frac{1}{2\sqrt{\pi}} e^{-\frac{z^2}{4}}$$

所以 $Z \sim N(0,2)$.

单 元 小 结

一、知识要点

二维随机变量及其分布函数，二维离散型及连续性随机变量的联合分布、边缘分布、条件分布，二维随机变量的独立性，二维随机变量函数的分布，表上作业法.

二、常用结论、解题方法

1．（1）二维离散型随机变量的联合分布与边缘分布为

$X \diagdown Y$	y_1	y_2	...	y_j	...	$P\{X = x_i\}$
x_1	p_{11}	p_{12}	...	p_{1j}	...	$\sum\limits_j p_{1j}$
x_2	p_{21}	p_{22}	...	p_{2j}	...	$\sum\limits_j p_{2j}$
$\vdots$	$\vdots$	$\vdots$		$\vdots$		$\vdots$
x_i	p_{i1}	p_{i2}	...	p_{ij}	...	$\sum\limits_j p_{ij}$
$\vdots$	$\vdots$	$\vdots$		$\vdots$		$\vdots$
$P\{Y = y_j\}$	$\sum\limits_i p_{i1}$	$\sum\limits_i p_{i2}$	...	$\sum\limits_i p_{ij}$	...	1

（2）二维离散型随机变量的联合分布的性质：

① 非负性，即 $p_{ij} \geqslant 0 \ (i,j = 1,2,\cdots)$；

② 归一性，即 $\sum\limits_{i=1}^{\infty} \sum\limits_{j=1}^{\infty} p_{ij} = 1$.

（3）二维离散型随机变量的条件分布：

$$P\{X = x_i \mid Y = y_j\} = \frac{P\{X = x_i, Y = y_j\}}{P\{Y = y_j\}} = \frac{p_{ij}}{p_{\cdot j}} \quad (i = 1,2,\cdots)$$

$$P\{Y = y_j \mid X = x_i\} = \frac{P\{X = x_i, Y = y_j\}}{P\{X = x_i\}} = \frac{p_{ij}}{p_{i\cdot}} \quad (j = 1,2,\cdots)$$

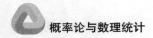

（4）二维离散型随机变量相互独立的判定方法如下：

$$P\{X = x_i, Y = y_j\} = P\{X = x_i\}P\{Y = y_j\}$$

即 $p_{ij} = p_{i\cdot}p_{\cdot j}$ （$i, j = 1, 2, \cdots$）.

2.（1）二维连续型随机变量的概率密度与边缘概率密度主要公式：

$$P\{X \le x, Y \le y\} = \int_{-\infty}^{x}\int_{-\infty}^{y} f(u, v)\mathrm{d}u\mathrm{d}v$$

$$f_X(x) = \int_{-\infty}^{+\infty} f(x, y)\mathrm{d}y，\quad f_Y(y) = \int_{-\infty}^{+\infty} f(x, y)\mathrm{d}x$$

（2）二维连续型随机变量的概率密度的性质：

① $f(x, y) \ge 0$；

② $\int_{-\infty}^{+\infty}\int_{-\infty}^{+\infty} f(x, y)\mathrm{d}x\mathrm{d}y = 1$；

③ $P\{(X, Y) \in D\} = \iint\limits_{D} f(x, y)\mathrm{d}x\mathrm{d}y$.

（3）二维连续型随机变量的条件分布：

$$f_{X|Y}(x|y) = \frac{f(x, y)}{f_Y(y)}，\quad -\infty < x < +\infty，\ 其中，\ f_Y(y) > 0；$$

$$f_{Y|X}(y|x) = \frac{f(x, y)}{f_X(x)}，\quad -\infty < y < +\infty，\ 其中，\ f_X(x) > 0.$$

（4）二维连续型随机变量相互独立的判定方法如下：

$$f(x, y) = f_X(x) \cdot f_Y(y)$$

3. 二维连续型随机变量函数的分布.

（1）$Z = X + Y$ 的分布：

$$f_Z(z) = \int_{-\infty}^{+\infty} f(x, z - x)\mathrm{d}x \ 或 \ f_Z(z) = \int_{-\infty}^{+\infty} f(z - y, y)\mathrm{d}y$$

当随机变量 X 与 Y 相互独立时，有

$$f_Z(z) = \int_{-\infty}^{+\infty} f_X(x)f_Y(z - x)\mathrm{d}x \ 或 \ f_Z(z) = \int_{-\infty}^{+\infty} f_X(z - y)f_Y(y)\mathrm{d}y$$

（2）最大值 $U = \max(X, Y)$ 和最小值 $V = \min(X, Y)$ 的分布：

$$F_U(u) = F_X(u)F_Y(u)，\quad F_V(v) = 1 - (1 - F_X(v))(1 - F_Y(v))$$

巩 固 提 升

一、填空题

1. 已知某位同学计算得(X, Y)的概率分布如下：

X \ Y	0	$\frac{1}{3}$	1
-1	0	$\frac{1}{12}$	$\frac{1}{6}$
0	$\frac{1}{6}$	c	0
2	$\frac{1}{12}$	$\frac{1}{4}$	$\frac{1}{6}$

则常数 $c =$ _____, $P\{X \leqslant 2, Y < 1\} =$ _____, $P\{Y = 1\} =$ _____.

2. 设随机变量 (X,Y) 的联合概率密度为 $f(x,y)$, X 与 Y 独立, 则 $f(x,y) =$ _____.

3. 若 (X,Y) 的概率分布为

X \ Y	0	1	2
0	0.1	0.1	0.3
1	0	0.1	0.4

设 $Z = X + Y$, 则 $P\{Z = 1\} =$ _____, $P\{Z = 2\} =$ _____, $P\{Z = 3\} =$ _____.

二、单项选择题

1. 设 $f(x,y), F(x,y)$ 分别为 (X,Y) 的联合概率密度和联合分布函数, 则有 ( ).

A. $f(x,y) \geqslant 0$ B. $F(x,-\infty) = 1$ C. $0 \leqslant f(x,y) \leqslant 1$ D. $F(x,+\infty) = 0$

2. 若 (X,Y) 的概率分布为

X \ Y	1	2	3
0	0	0.2	0.3
1	0.2	0.1	0.2

则 ( ).

A. X 和 Y 不相互独立   B. $P\{X = 0 | Y = 3\} = \dfrac{1}{6}$

C. $P\{X = 1, Y = 2\} = \dfrac{1}{6}$ D. $P\{X = 0 | Y = 1\} = \dfrac{1}{6}$

3. 设二维随机变量 (X,Y) 在区域 $D = \{(x,y) / 0 < x < y < 1\}$ 内服从均匀分布, 则 (X,Y) 的联合概率密度 $f(x,y) = ($ $)$.

A. $f(x,y) = \begin{cases} \dfrac{1}{2}, & 0 < x < y < 1 \\ 0, & 其他 \end{cases}$ B. $f(x,y) = \begin{cases} 2, & 0 < x < y < 1 \\ 0, & 其他 \end{cases}$

C. $f(x,y) = \begin{cases} 1, & 0 < x < y < 1 \\ 0, & 其他 \end{cases}$ D. $f(x,y) = \begin{cases} xy, & 0 < x < y < 1 \\ 0, & 其他 \end{cases}$

4. 设 $X \sim N(0,1)$, $Y \sim N(0,2)$, 其中 X, Y 相互独立, 则 $X - Y \sim ($ $)$.

A. $N(0,1)$ B. $N(0,2)$ C. $N(0,-1)$ D. $N(0,3)$

三、计算题

1. 设盒内装有 3 个球, 其中有两个球标号为 0, 另一个球标号为 1, 现从盒中任取一球, 记下它的号码后再放回盒中, 第二次又任取一球, 用 X 表示第一次取得的球的号码, 用 Y 表示第二次取得的球的号码, 求 (X,Y) 的概率分布.

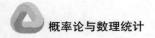

2. 在 10 件产品中有两件一等品，7 件二等品和 1 件次品. 现从 10 件产品中无放回地抽取 3 件，用 X 表示其中的一等品数，Y 表示其中的二等品数.

（1）求 (X,Y) 的概率分布；

（2）求 X,Y 的边缘概率分布；

（3）判断 X 与 Y 是否相互独立.

3. 已知 (X,Y) 的分布律为

X \ Y	1	3	5
0	0.06	0.15	0.09
1	0.14	0.35	0.21

求：（1）在 $X=1$ 的条件下，Y 的条件分布；（2）$P\{X=1|Y=5\}$.

4. 已知 (X,Y) 的分布律为

X \ Y	1	2	3
0	0.3	0.2	0
1	0.1	0.15	0.1
2	0.05	0	0.1

判断 X 和 Y 是否相互独立.

5. 已知二维随机变量 (X,Y) 的概率分布如下：

X \ Y	1	2	3
1	$\frac{1}{9}$	0	0
2	$\frac{2}{9}$	$\frac{1}{9}$	0
3	$\frac{2}{9}$	$\frac{2}{9}$	$\frac{1}{9}$

求：（1）$U=\max\{X,Y\}$ 的概率分布；（2）$V=\min\{X,Y\}$ 的概率分布.

6. 设二维随机变量 (X,Y) 的联合概率密度为

$$f(x,y)=\begin{cases} \mathrm{e}^{-y}, & 0<x<y \\ 0, & 其他 \end{cases}$$

（1）求随机变量 X 的密度函数 $f_X(x)$；

（2）求概率 $P\{X+Y<1\}$.

7. 设二维随机变量 (X,Y) 的概率密度为

$$f(x,y)=\begin{cases} k\mathrm{e}^{-(3x+4y)}, & x>0, y>0 \\ 0, & 其他 \end{cases}$$

（1）求系数 k ；

（2）求 $P\{0 \leqslant X \leqslant 1, 0 \leqslant Y \leqslant 2\}$ ；

（3）证明 X 与 Y 相互独立.

8．设二维随机变量 (X,Y) 在矩形区域 $\{(x,y) \mid a < x < b, c < y < d\}$ 内服从均匀分布.

（1）求 (X,Y) 的概率密度与 X,Y 的边缘概率密度；

（2）判断 X 与 Y 是否相互独立.

9．设随机变量 X,Y 相互独立，且

$$f_X(x) = \begin{cases} \lambda \mathrm{e}^{-\lambda x}, & x > 0 \\ 0, & x \leqslant 0 \end{cases}, \quad f_Y(y) = \begin{cases} \mu \mathrm{e}^{-\mu y}, & y > 0 \\ 0, & y \leqslant 0 \end{cases}$$

求 $Z=X+Y$ 的概率密度.

10．设 X 与 Y 是独立同分布的随机变量，且 $X \sim E(\lambda_1)$ ，$Y \sim E(\lambda_2)$ ．记 $U = \max(X_1, X_2)$ ，$V = \min(X_1, X_2)$ ．试求 U ，V 的密度函数.

随机变量的数字特征

随机变量的分布函数完整地刻画了随机变量的概率性质，描述了随机变量的统计规律性. 对一般的随机变量，要完全确定它的精确分布不是一件容易的事. 不过在许多实际问题中，并不需要知道它的分布函数，只需要知道随机变量的数字特征. 所谓随机变量的数字特征，是指与它的分布函数有联系的某些数，如平均值、离散程度等. 本单元介绍随机变量的常用数字特征：数学期望、方差、相关系数等.

4.1　数 学 期 望

引例　某单位选拔职工参加一分钟定点投篮比赛，现在需对甲、乙两个人的投篮水平进行比较，分别以 X, Y 表示甲、乙两人在一分钟内的投篮得分，他们的概率分布律分别为

X	18	19	20
p_k	0.1	0.6	0.3

Y	18	19	20
p_k	0.2	0.7	0.1

则哪位选手的投篮水平较高？

这个问题的答案不是一眼看得出的. 这说明随机变量的概率分布律虽然完整地描述了随机变量，却不能"集中"地反映它的变化情况. 因此我们有必要找出一些量来更集中、更概括地描述随机变量，这些量多是某种平均值.

假如共进行了 N 次比赛，其中甲、乙得 18 分、19 分、20 分的次数分别是 k_1, k_2, k_3 次与 l_1, l_2, l_3 次，从而 $k_1 + k_2 + k_3 = l_1 + l_2 + l_3 = N$，并且甲的平均得分为

$$\frac{18 \times k_1 + 19 \times k_2 + 20 \times k_3}{N} = 18 \times \frac{k_1}{N} + 19 \times \frac{k_2}{N} + 20 \times \frac{k_3}{N}$$

乙的平均得分为

$$\frac{18 \times l_1 + 19 \times l_2 + 20 \times l_3}{N} = 18 \times \frac{l_1}{N} + 19 \times \frac{l_2}{N} + 20 \times \frac{l_3}{N}$$

这里 $\frac{k_j}{N}, \frac{l_j}{N}$，$j = 1, 2, 3$ 分别表示不同事件发生的频率. 孰知，当试验次数足够大时，事件发生的频率接近于事件 $\{X = k\}$ 的概率 p_k，故当 N 充分大时，随机变量 X 的观测值的算术平均数 $18 \frac{k_1}{N} + 19 \frac{k_2}{N} + 20 \frac{k_3}{N}$ 在一定意义下接近于 $18p_1 + 19p_2 + 20p_3$，即以概率为权的加权平均值，这就是所谓的"数学期望".

4.1.1 离散型随机变量及其函数的数学期望

定义 4.1（离散型随机变量的数学期望）   设离散型随机变量 X 的分布律为
$$P\{X = x_k\} = p_k \quad (k = 1, 2, \cdots)$$
若级数 $\sum\limits_k x_k p_k$ 绝对收敛，则称 $\sum\limits_k x_k p_k$ 为 X 的**数学期望**，简称**期望**或**均值**，记为 EX 或 $E(X)$，即

$$E(X) = \sum_k x_k p_k = x_1 p_1 + x_2 p_2 + \cdots + x_n p_n + \cdots$$

如果级数 $\sum\limits_k x_k p_k$ 不是绝对收敛，即级数 $\sum\limits_k |x_k| p_k$ 发散，则称 X 的数学期望不存在.

由定义 4.1 可知，引例中随机变量 X 的数学期望
$$E(X) = 18 \times 0.1 + 19 \times 0.6 + 20 \times 0.3 = 19.2$$
随机变量 Y 的数学期望
$$E(Y) = 18 \times 0.2 + 19 \times 0.7 + 20 \times 0.1 = 18.9$$
故甲选手的投篮水平较高.

例 4.1   设随机变量 X 的分布律为

X	-30	0	20	30
p_k	0.2	0.3	0.4	0.1

求 X 的数学期望.

解 X 的数学期望为
$$E(X) = -30 \times 0.2 + 0 \times 0.3 + 20 \times 0.4 + 30 \times 0.1 = 5$$

例 4.2（0-1 分布）   设 X 的分布律为

X	0	1
p_k	$1-p$	p

则 $E(X) = 0 \times (1-p) + 1 \times p = p$.

例 4.3（二项分布）   设 $X \sim b(n, p)$，其概率分布为
$$p_k = P\{X = k\} = C_n^k p^k (1-p)^{n-k}, \quad k = 0, 1, 2, \cdots, n$$
则

$$E(X) = \sum_{k=0}^{n} k\, p_k = \sum_{k=0}^{n} k \mathrm{C}_n^k p^k (1-p)^{n-k} = \sum_{k=1}^{n} k \frac{n!}{k!(n-k)!} p^k (1-p)^{n-k}$$

$$= np \sum_{k=1}^{n} \frac{(n-1)!}{(k-1)!(n-k)!} p^{k-1} (1-p)^{n-k} = np \sum_{k=0}^{n-1} \frac{(n-1)!}{k!(n-1-k)!} p^k (1-p)^{n-1-k}$$

$$= np$$

例 4.4（泊松分布） 设 $X \sim P(\lambda)$，其概率分布为

$$p_k = P\{X = k\} = \frac{\lambda^k}{k!} \mathrm{e}^{-\lambda}, \quad \lambda > 0, \quad k = 0, 1, 2, \cdots$$

则

$$E(X) = \sum_{k=0}^{\infty} k\, p_k = \lambda \mathrm{e}^{-\lambda} \sum_{k=1}^{\infty} \frac{\lambda^{k-1}}{(k-1)!} = \lambda \mathrm{e}^{-\lambda} \sum_{k=0}^{\infty} \frac{\lambda^k}{k!} = \lambda$$

例 4.5 设随机变量 X 取值 $x_k = (-1)^k \dfrac{2^k}{k}$，$k = 1, 2, \cdots$，对应的概率为 $p_k = \dfrac{1}{2^k}$. 因为 $p_k \geqslant 0$ 且 $\displaystyle\sum_{k=1}^{\infty} \frac{1}{2^k} = 1$，所以它是概率分布. 尽管级数

$$\sum_{k=1}^{\infty} x_k p_k = \sum_{k=1}^{\infty} (-1)^k \frac{2^k}{k} \cdot \frac{1}{2^k} = \sum_{k=1}^{\infty} (-1)^k \frac{1}{k} = -\ln 2$$

收敛，但是 $\displaystyle\sum_{k=1}^{\infty} |x_k| p_k = \sum_{k=1}^{\infty} \frac{2^k}{k} \cdot \frac{1}{2^k} = \sum_{k=1}^{\infty} \frac{1}{k}$ 发散. 所以按数学期望的定义，X 的数学期望不存在.

定理 4.1 设 X 是随机变量，$g(x)$ 是连续函数，$Y = g(X)$. 若 X 是离散型随机变量，其概率分布为

$$P\{X = x_k\} = p_k \quad (k = 1, 2, \cdots)$$

则 Y 的数学期望为

$$E(Y) = E[g(X)] = \sum_k g(x_k) p_k$$

例 4.6 设随机变量 X 的分布律为

X	-1	1	2
p_k	$\dfrac{1}{4}$	$\dfrac{1}{2}$	$\dfrac{1}{4}$

计算 $E(X^2)$，$E(X^3)$.

解

$$E(X^2) = (-1)^2 \times \frac{1}{4} + 1^2 \times \frac{1}{2} + 2^2 \times \frac{1}{4} = 1\frac{3}{4}$$

$$E(X^3) = (-1)^3 \times \frac{1}{4} + 1^3 \times \frac{1}{2} + 2^3 \times \frac{1}{4} = 2\frac{1}{4}$$

例 4.7 若随机变量 X 是 0-1 分布，则

$$E(X^2) = 1^2 \times p + 0^2 \times (1-p) = p$$

若随机变量 X 服从参数为 λ 的泊松分布，则

$$E(X^2)=\sum_{k=0}^{\infty}k^2p_k=\lambda e^{-\lambda}\sum_{k=1}^{\infty}\frac{k\lambda^{k-1}}{(k-1)!}=\lambda e^{-\lambda}\left[\sum_{k=2}^{\infty}\frac{\lambda^{k-1}}{(k-2)!}+\sum_{k=1}^{\infty}\frac{\lambda^{k-1}}{(k-1)!}\right]$$

$$=\lambda^2 e^{-\lambda}\sum_{k=2}^{\infty}\frac{\lambda^{k-2}}{(k-2)!}+\lambda=\lambda^2+\lambda$$

4.1.2　连续型随机变量及其函数的数学期望

定义 4.2（连续型随机变量的数学期望）　设 X 为连续型随机变量,其概率密度函数为 $f(x)$,如果积分 $\int_{-\infty}^{+\infty}xf(x)\mathrm{d}x$ 绝对收敛,则称 $\int_{-\infty}^{+\infty}xf(x)\mathrm{d}x$ 为 X 的数学期望,记为 $E(X)$,即

$$E(X)=\int_{-\infty}^{+\infty}xf(x)\mathrm{d}x$$

如果广义积分 $\int_{-\infty}^{+\infty}xf(x)\mathrm{d}x$ 不绝对收敛,则称 X 的数学期望不存在.

定理 4.2　设 X 是连续型随机变量,其概率密度函数为 $f(x)$.如果 $g(x)$ 是连续函数,$Y=g(X)$,且积分 $\int_{-\infty}^{+\infty}g(x)f(x)\mathrm{d}x$ 绝对收敛,则 Y 的数学期望为

$$E(Y)=E[g(X)]=\int_{-\infty}^{+\infty}g(x)f(x)\mathrm{d}x$$

例 4.8　设 X 是随机变量,其概率密度函数为

$$f(x)=\begin{cases}1+x, & -1\leqslant x<0\\1-x, & 0\leqslant x\leqslant1\\0, & \text{其他}\end{cases}$$

求 $E(X)$.

解
$$E(X)=\int_{-\infty}^{+\infty}xf(x)\mathrm{d}x=\int_{-1}^{0}x(1+x)\mathrm{d}x+\int_{0}^{1}x(1-x)\mathrm{d}x$$

$$=\int_{-1}^{0}(x+x^2)\mathrm{d}x+\int_{0}^{1}(x-x^2)\mathrm{d}x$$

$$=\left(\frac{1}{2}x^2+\frac{1}{3}x^3\right)\Big|_{-1}^{0}+\left(\frac{1}{2}x^2-\frac{1}{3}x^3\right)\Big|_{0}^{1}=-\left(\frac{1}{2}-\frac{1}{3}\right)+\left(\frac{1}{2}-\frac{1}{3}\right)=0$$

例 4.9　设随机变量 X 服从区间 (a,b) 上的均匀分布,即 $X\sim U(a,b)$,求 $E(X)$ 和 $E(X^2)$.

解　由 $X\sim U(a,b)$,得 X 的概率密度函数为

$$f(x)=\begin{cases}\dfrac{1}{b-a}, & a<x<b\\0, & \text{其他}\end{cases}$$

则

$$E(X)=\int_{-\infty}^{+\infty}xf(x)\mathrm{d}x=\int_{a}^{b}\frac{1}{b-a}x\mathrm{d}x=\frac{1}{b-a}\times\frac{x^2}{2}\Big|_{a}^{b}=\frac{a+b}{2}$$

$$E(X^2)=\int_{-\infty}^{+\infty}x^2f(x)\mathrm{d}x=\int_{a}^{b}\frac{1}{b-a}x^2\mathrm{d}x=\frac{1}{b-a}\times\frac{x^3}{3}\Big|_{a}^{b}=\frac{a^2+ab+b^2}{3}$$

例 4.10　设随机变量 X 服从参数为 λ 的指数分布,即 $X\sim E(\lambda)$,求 $E(X)$ 和 $E(X^2)$.

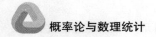

解 由 $X \sim E(\lambda)$，得 X 的概率密度函数为

$$f(x) = \begin{cases} \lambda e^{-\lambda x}, & x \geqslant 0 \\ 0, & x < 0 \end{cases}$$

则

$$E(X) = \int_{-\infty}^{+\infty} x f(x) \mathrm{d}x = \lambda \int_0^{\infty} x e^{-\lambda x} \mathrm{d}x = \frac{1}{\lambda}$$

$$E(X^2) = \int_{-\infty}^{+\infty} x^2 f(x) \mathrm{d}x = \lambda \int_0^{\infty} x^2 e^{-\lambda x} \mathrm{d}x = \frac{2}{\lambda^2}$$

例 4.11 设随机变量 X 服从参数为 μ, σ^2 的正态分布，即 $X \sim N(\mu, \sigma^2)$，求 $E(X)$ 和 $E(X^2)$.

解 由 $X \sim N(\mu, \sigma^2)$，得 X 的概率密度函数为

$$f(x) = \frac{1}{\sqrt{2\pi}\sigma} e^{-\frac{(x-\mu)^2}{2\sigma^2}}, \quad -\infty < x < +\infty$$

故

$$E(X) = \int_{-\infty}^{+\infty} x f(x) \mathrm{d}x = \int_{-\infty}^{+\infty} \frac{x}{\sqrt{2\pi}\sigma} e^{-\frac{(x-\mu)^2}{2\sigma^2}} \mathrm{d}x \ . \ E(X^2) = \int_{-\infty}^{+\infty} x^2 f(x) \mathrm{d}x = \int_{-\infty}^{+\infty} \frac{x^2}{\sqrt{2\pi}\sigma} e^{-\frac{(x-\mu)^2}{2\sigma^2}} \mathrm{d}x$$

令 $t = \dfrac{x-\mu}{\sigma}$，得

$$E(X) = \frac{1}{\sqrt{2\pi}} \int_{-\infty}^{+\infty} (\mu + \sigma t) e^{-\frac{t^2}{2}} \mathrm{d}t = \mu$$

$$E(X^2) = \frac{1}{\sqrt{2\pi}} \int_{-\infty}^{+\infty} (\mu + \sigma t)^2 e^{-\frac{t^2}{2}} \mathrm{d}x = \sigma^2 + \mu^2$$

定理 4.1 与定理 4.2 给出了直接利用随机变量 X 的分布计算函数 $g(X)$ 的数学期望的一个简便方法. 这两个定理的结论可以很容易地推广到两个或两个以上随机变量的函数的情形.

例如，设 g 是二元连续函数，Z 是随机变量 X, Y 的函数 $Z = g(X, Y)$，则 Z 是一个一维随机变量. 若 (X, Y) 为二维离散型随机变量，其分布律为

$$P\{X = x_i, Y = y_j\} = p_{ij}, \quad i, j = 1, 2, \cdots$$

则

$$E(Z) = E[g(X, Y)] = \sum_i \sum_j g(x_i, y_j) p_{ij}$$

若 (X, Y) 为二维连续型随机变量，其概率密度函数为 $f(x, y)$，则

$$E(Z) = E[g(X, Y)] = \int_{-\infty}^{+\infty} \int_{-\infty}^{+\infty} g(x, y) f(x, y) \mathrm{d}x \mathrm{d}y$$

4.1.3 数学期望的性质

设 X, Y 是随机变量，a, b, c 为常数，并假定下面涉及的数学期望均存在，则数学期望有以下性质：

（1）常数的数学期望等于它本身，即 $E(c) = c$；

（2）$E(aX) = aE(X)$；

（3）$E(X \pm Y) = E(X) \pm E(Y)$，简记"和差的期望等于期望的和差"；

（4）若 X 与 Y 相互独立，则 $E(XY) = E(X)E(Y)$.

推论 4.1　$E(aX + bY) = aE(X) + bE(Y)$.

推论 4.2　$E(X_1 \pm X_2 \pm \cdots \pm X_n) = E(X_1) \pm E(X_2) \pm \cdots \pm E(X_n)$.

推论 4.3　设随机变量 $X_1, X_2, \cdots, X_n$ 相互独立，则

$$E(X_1 X_2 \cdots X_n) = E(X_1) E(X_2) \cdots E(X_n)$$

4.1.4　应用实例

例 4.12　设一电路中电流 I（单位以 A 计）与电阻 R（以 Ω 计）是两个相互独立的随机变量，其概率密度分别为

$$g(i) = \begin{cases} 2i, & 0 \leqslant i \leqslant 1 \\ 0, & \text{其他} \end{cases}, \quad h(r) = \begin{cases} \dfrac{r^2}{9}, & 0 \leqslant r \leqslant 3 \\ 0, & \text{其他} \end{cases}$$

试求电压 $V = IR$ 的均值.

解
$$E(V) = E(IR) = E(I)E(R) = \left[\int_{-\infty}^{+\infty} ig(i)\mathrm{d}i \right] \left[\int_{-\infty}^{+\infty} rh(r)\mathrm{d}r \right]$$

$$= \left(\int_0^1 2i^2 \mathrm{d}i \right) \left(\int_0^3 \frac{r^3}{9} \mathrm{d}r \right) = \frac{3}{2}(\mathrm{V})$$

例 4.13　彩票的发行数额巨大，其实质如何呢？请看一则实例：发行彩票 100 万张，每张 5 元. 设一等奖 5 个，奖金各 315000 元；二等奖 95 个，奖金各 5000 元；三等奖 900 个，奖金各 300 元；四等奖 9000 个，奖金各 20 元. 设随机变量 X 表示每张彩票的获奖金额，则 X 的分布律为

X	315000	5000	300	20	0
p_k	$\dfrac{5}{10^6}$	$\dfrac{95}{10^6}$	$\dfrac{900}{10^6}$	$\dfrac{9000}{10^6}$	$*$

其中一等奖的金额本来另行摇出，此地为简便计，用其均值；至于 $*$ 无须细算.

花 5 元买来一张彩票，中奖的期望值为

$$E(X) = 315000 \times \frac{5}{10^6} + 5000 \times \frac{95}{10^6} + 300 \times \frac{900}{10^6} + 20 \times \frac{9000}{10^6} = 2.5 \,(\text{元})$$

即大约能收回一半成本.

例 4.14　在一个人数很多的团体中普查某种疾病，为此要抽验 N 个人的血. 可以用两种方法进行.

（1）分别去验每个人的血，这就需验 N 次；

（2）按 m 个人一组进行分组，把从 m 个人抽来的血混合在一起进行检验.

如果混合血液呈阴性反应，就说明 m 个人的血都呈阴性反应，这样，这 m 个人的血就

只需验一次；若呈阳性，则再对这 m 个人的血液分别进行化验，这样，m 个人的血总共要化验 $m+1$ 次. 假设每个人化验呈阳性的概率为 p，且这些人的试验反应是相互独立的. 试说明当 p 较小时，选取适当的 m，按第二种方法可以减少化验的次数，并明 m 取什么值时最适宜.

解 各人的血呈阴性反应的概率为 $q=1-p$. 因而 m 个人的混合血呈阴性反应的概率为 q^m，m 个人的混合血呈阳性反应的概率为 $1-q^m$.

设以 m 个人为一组时，组内每人化验的次数为 X，则 X 是一个随机变量，其分布律为

X	$\dfrac{1}{m}$	$\dfrac{m+1}{m}$
p_k	q^m	$1-q^m$

X 的数学期望为

$$E(X)=\frac{1}{m}q^m+\left(1+\frac{1}{m}\right)(1-q^m)=1-q^m+\frac{1}{m}$$

N 个人平均需化验的次数为

$$N\left(1-q^m+\frac{1}{m}\right)$$

由此可知，只要选取合适的 m，使得

$$1-q^m+\frac{1}{m}<1$$

则 N 个人平均需化验的次数就小于 N. 当 p 固定时，选取合适的 m，使得 $1-q^m+\dfrac{1}{m}$ 小于 1 且取到最小值，这时就是最好的分组方法. 显然，p 越小，用这种方法越有利.

例如，当 $p=0.1$ 时，取 $m=4$，此时 $1-q^m+\dfrac{1}{m}$ 取得最小值，即以 4 人一组进行分组是最好的分组方法，平均能减少 40% 的工作量.

例 4.15 一辆民航送客车载有 20 位旅客自机场开出，旅客有 10 个车站可以下车. 如果到达一个车站没有旅客下车就不停车. 以 X 表示停车的次数，求平均停车次数 $E(X)$（设每位旅客在各个车站下车是等可能的，并设各位旅客是否下车相互独立）.

解 引入随机变量

$$X_i=\begin{cases}0, & \text{在第 } i \text{ 个车站没有人下车} \\ 1, & \text{在第 } i \text{ 个车站有人下车}\end{cases}, \quad i=1,2,\cdots,10$$

则

$$X=X_1+X_2+\cdots+X_{10}$$

按题意，任一旅客在第 i 站不下车的概率为 0.9，因此 20 位旅客都不在第 i 站下车的概率为 0.9^{20}，在第 i 站有人下车的概率为 $1-0.9^{20}$，即

$$P\{X_i=0\}=0.9^{20}, \quad P\{X_i=1\}=1-0.9^{20}, \quad i=1,2,\cdots,10$$

故 $E(X_i)=1-0.9^{20}$，$i=1,2,\cdots,10$，从而

$$E(X) = E(X_1 + X_2 + \cdots + X_{10})$$
$$= E(X_1) + E(X_2) + \cdots + E(X_{10}) = 10 \times (1 - 0.9^{20}) = 8.784(\text{次})$$

4.2 方　　差

引例　X 与 Y 的分布律分别为

X	-2	-1	0	1	2
p_k	$\dfrac{1}{5}$	$\dfrac{1}{5}$	$\dfrac{1}{5}$	$\dfrac{1}{5}$	$\dfrac{1}{5}$

Y	-9	-8	0	8	9
p_k	$\dfrac{1}{5}$	$\dfrac{1}{5}$	$\dfrac{1}{5}$	$\dfrac{1}{5}$	$\dfrac{1}{5}$

易得 $E(X) = E(Y) = 0$，即 X 与 Y 的平均取值都是 0，它们都在 0 附近波动，但是显然 X 取值的波动比 Y 取值的波动小．这就涉及判断随机变量取值的稳定性，或者说是随机变量取值的离散程度，因此需要引入方差的概念．

4.2.1　方差的定义

定义 4.3（离差）　如果随机变量 X 的数学期望 $E(X)$ 存在，则称 $X - E(X)$ 为随机变量 X 的**离差**或**偏差**．

显然，离差取值有正有负，可以互相抵消．为了消除离差的符号，我们用 $[X - E(X)]^2$ 的均值来衡量随机变量 X 与其均值 $E(X)$ 的偏离程度．

定义 4.4（方差）　设 X 是一个随机变量，如果 $E[X - E(X)]^2$ 存在，则称其为 X 的方差，记为 DX 或 $D(X)$，其算术平方根 $\sqrt{D(X)}$ 称为 X 的**标准差**或**均方差**，记为 σ_X，即

$$D(X) = E[X - E(X)]^2, \quad \sigma_X = \sqrt{D(X)}$$

方差是随机变量的又一重要的数字特征，它刻画了随机变量取值在其中心位置附近的分散程度，是衡量随机变量 X 取值分散程度的一个尺度．由方差的定义可知：

（1）若 X 的取值比较集中（稳定性大），则方差较小；

（2）若 X 的取值比较分散（稳定性小），则方差较大．

4.2.2　方差的计算

若 X 为离散型随机变量，其分布律为

$$P\{X = x_k\} = p_k \quad (k = 1, 2, \cdots)$$

则

$$D(X) = \sum_k [x_k - E(X)]^2 p_k$$

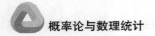

若 X 为连续型随机变量，其概率密度函数为 $f(x)$，则

$$D(X) = \int_{-\infty}^{+\infty} [x_k - E(X)]^2 f(x)\mathrm{d}x$$

由数学期望的性质可得

$$D(X) = E[X - E(X)]^2 = E[X^2 - 2XE(X) + E^2(X)]$$
$$= E(X^2) - 2E(X) \cdot E(X) + E^2(X) = E(X^2) - E^2(X)$$

即

$$D(X) = E(X^2) - E^2(X)$$

例 4.16 设随机变量 X 服从 0-1 分布，其分布律为

X	0	1
p_k	$1-p$	p

求 $D(X)$.

解 由于

$$E(X) = 0 \times (1-p) + 1 \times p = p$$
$$E(X^2) = 1^2 \times p + 0^2 \times (1-p) = p$$

故

$$D(X) = E(X^2) - E^2(X) = p - p^2 = p(1-p)$$

例 4.17 设随机变量 $X \sim P(\lambda)$，求 $D(X)$.

解 随机变量 X 的分布律为

$$p_k = P\{X = k\} = \frac{\lambda^k}{k!}\mathrm{e}^{-\lambda}, \quad \lambda > 0, \quad k = 0,1,2,\cdots$$

由例 4.4 和例 4.7 知 $E(X) = \lambda$，$E(X^2) = \lambda^2 + \lambda$，故

$$D(X) = E(X^2) - E^2(X) = \lambda .$$

例 4.18 设随机变量 $X \sim U(a,b)$，求 $D(X), E(X^2)$.

解 X 的概率密度函数为

$$f(x) = \begin{cases} \dfrac{1}{b-a}, & a < x < b \\ 0, & \text{其他} \end{cases}$$

由例 4.9 知 $E(X) = \dfrac{a+b}{2}$，$E(X^2) = \dfrac{a^2 + ab + b^2}{3}$，故

$$D(X) = E(X^2) - E^2(X) = \frac{(b-a)^2}{12} .$$

例 4.19 设随机变量 $X \sim E(\lambda)$，求 $D(X)$.

解 随机变量 X 的概率密度函数为

$$f(x) = \begin{cases} \lambda\mathrm{e}^{-\lambda x}, & x \geq 0 \\ 0, & x < 0 \end{cases}$$

由例 4.10 知 $E(X) = \dfrac{1}{\lambda}$，$E(X^2) = \dfrac{2}{\lambda^2}$，故

$$D(X) = E(X^2) - E^2(X) = \frac{1}{\lambda^2}$$

例 4.20 设随机变量 $X \sim N(\mu, \sigma^2)$，其中 $\mu, \sigma(\sigma > 0)$ 为常数，求 $D(X)$.

解 X 的概率密度函数为

$$f(x) = \frac{1}{\sqrt{2\pi}\,\sigma} \mathrm{e}^{-\frac{(x-\mu)^2}{2\sigma^2}}, \quad -\infty < x < +\infty$$

由例 4.11 知 $E(X) = \mu$，$E(X^2) = \sigma^2 + \mu^2$，故

$$D(X) = E(X^2) - E^2(X) = \sigma^2$$

例 4.21 设 X 是连续型随机变量，其概率密度函数为

$$f(x) = \begin{cases} x + \dfrac{1}{2}, & 0 < x < 1 \\ 0, & \text{其他} \end{cases}$$

求 X 的数学期望和方差.

解 依题意，有

$$E(X) = \int_{-\infty}^{+\infty} x f(x) \mathrm{d}x = \int_0^1 x \left(x + \frac{1}{2} \right) \mathrm{d}x = \int_0^1 \left(x^2 + \frac{x}{2} \right) \mathrm{d}x$$

$$= \frac{x^3}{3}\bigg|_0^1 + \frac{x^2}{4}\bigg|_0^1 = \frac{7}{12}$$

$$E(X^2) = \int_{-\infty}^{+\infty} x^2 f(x) \mathrm{d}x = \int_0^1 x^2 \left(x + \frac{1}{2} \right) \mathrm{d}x = \int_0^1 \left(x^3 + \frac{x^2}{2} \right) \mathrm{d}x$$

$$= \frac{x^4}{4}\bigg|_0^1 + \frac{x^3}{6}\bigg|_0^1 = \frac{5}{12}$$

故

$$D(X) = E(X^2) - E^2(X) = \frac{5}{12} - \left(\frac{7}{12} \right)^2 = \frac{11}{144}$$

4.2.3 方差的性质

设 X, Y 是随机变量，a, b, c 为常数，并假定下面涉及的方差均存在，则方差有以下性质：

（1）常数的方差等于零，即 $D(c) = 0$；

（2）$D(aX) = a^2 D(X)$，特别地，$D(-X) = D(X)$；

（3）$D(X + c) = D(X)$；

（4）$D(aX + b) = a^2 D(X)$；

（5）$D(X \pm Y) = D(X) + D(Y) \pm 2E\big[(X - EX)(Y - EY)\big]$.

特别地，若 X 与 Y 相互独立，则 $D(X \pm Y) = D(X) + D(Y)$.

推论 4.4 设随机变量 $X_1, X_2, \cdots, X_n$ 相互独立，则

$$D(X_1 + X_2 + \cdots + X_n) = D(X_1) + D(X_2) + \cdots + D(X_n)$$

例 4.22 设随机变量 $X \sim b(n, p)$，求 $D(X)$.

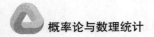

解 由二项分布的定义知，随机变量 X 是 n 重伯努利试验中事件 A 发生的次数，且在每次试验中 A 发生的概率为 p. 故 X 可以表示成 n 个相互独立的服从 0-1 分布的随机变量之和，即

$$X = X_1 + X_2 + \cdots + X_n$$

其中，

$$X_i = \begin{cases} 0, & A在第\ i\ 次试验中不发生 \\ 1, & A在第\ i\ 次试验中发生 \end{cases}$$

$$P\{X_i = 0\} = 1 - p, \quad P\{X_i = 1\} = p, \quad i = 1, 2, \cdots, n, \quad i = 1, 2, \cdots, n$$

故

$$D(X) = D(X_1 + X_2 + \cdots + X_n)$$
$$= D(X_1) + D(X_2) + \cdots + D(X_n) = np(1 - p)$$

例 4.23 设 X 是随机变量，它的数学期望 $E(X)$ 与方差 $D(X)$ 都存在，且 $D(X) \neq 0$，令 $X^* = \dfrac{X - E(X)}{\sqrt{D(X)}}$，证明：$E(X^*) = 0$，$D(X^*) = 1$.

证明 由数学期望和方差的性质，得

$$E(X^*) = E\left(\frac{X - E(X)}{\sqrt{D(X)}}\right) = \frac{E(X) - E(X)}{\sqrt{D(X)}} = 0$$

$$D(X^*) = D\left(\frac{X - E(X)}{\sqrt{D(X)}}\right) = \frac{D[X - (EX)]}{D(X)} = \frac{D(X)}{D(X)} = 1$$

这种将 X 化为 $X^* = \dfrac{X - E(X)}{\sqrt{D(X)}}$ 的过程，称为把随机变量 X 标准化.

4.3 协方差与相关系数

4.3.1 协方差的定义

对于二维随机变量 (X, Y) 来说，均值 $E(X)$ 和 $E(Y)$ 只反映了 X 与 Y 各自的平均值，$D(X)$ 和 $D(Y)$ 只反映了 X 与 Y 各自偏离均值的程度，但不能反映两个随机变量 X 与 Y 之间相互关联的程度. 描述这种相互关联程度的一个特征数就是协方差.

定义 4.5（协方差） 设 (X, Y) 是二维随机变量，若 $E[(X - E(X))(Y - E(Y))]$ 存在，则称其为随机变量 X 与 Y 的协方差，记为 $\mathrm{Cov}(X, Y)$，即

$$\mathrm{Cov}(X, Y) = E[(X - E(X))(Y - E(Y))]$$

由协方差的定义和数学期望的性质可得协方差的简便计算公式：

$$\mathrm{Cov}(X, Y) = E(XY) - E(X)E(Y)$$

特别地，当 X 与 Y 相互独立时，有 $\mathrm{Cov}(X, Y) = 0$.

从协方差的定义可知，X 与 Y 的协方差是 X 的离差与 Y 的离差的乘积的数学期望. 因为离差可以取正值、负值和零，所以协方差也可以取正值、负值和零. 协方差的大小反映了随机变量 X 与 Y 在平均意义上的变化趋势.

4.3.2　协方差的性质

设 a,b,c 为常数，协方差具有下列性质：

（1）$\mathrm{Cov}(X,X) = D(X)$ ；

（2）$\mathrm{Cov}(X,Y) = \mathrm{Cov}(Y,X)$ ；

（3）$\mathrm{Cov}(aX,bY) = ab\mathrm{Cov}(X,Y)$ ；

（4）$\mathrm{Cov}(c,X) = 0$ ；

（5）$\mathrm{Cov}(X_1 + X_2,Y) = \mathrm{Cov}(X_1,Y) + \mathrm{Cov}(X_2,Y)$ ；

（6）当 X 与 Y 相互独立时，有 $\mathrm{Cov}(X,Y) = 0$ ；

（7）$D(X \pm Y) = D(X) + D(Y) \pm 2\mathrm{Cov}(X,Y)$.

特别地，当 X 与 Y 相互独立时，有 $D(X \pm Y) = D(X) + D(Y)$.

例 4.24　已知离散型随机变量 (X,Y) 的概率分布为

X \ Y	-2	0	1
0	0.2	0	0.1
1	0.05	0.1	0
3	0.1	0.3	0.15

求 $\mathrm{Cov}(X,Y)$.

解　经简单计算可得

XY	-6	-2	0	1	3
p_k	0.1	0.05	0.7	0	0.15

则

$$E(XY) = (-6)\times 0.1 + (-2)\times 0.05 + 0\times 0.7 + 1\times 0 + 3\times 0.15 = -0.25$$

X 的边缘分布为

X	0	1	3
p_k	0.3	0.15	0.55

则

$$E(X) = 0\times 0.3 + 1\times 0.15 + 3\times 0.55 = 1.8$$

Y 的边缘分布为

Y	-2	0	1
p_k	0.35	0.4	0.25

则

$$E(Y) = (-2) \times 0.35 + 0 \times 0.4 + 1 \times 0.25 = -0.45$$

因此

$$\text{Cov}(X,Y) = E(XY) - E(X)E(Y) = -0.25 - 1.8 \times (-0.45) = 0.56$$

定理 4.3 设 X 与 Y 是两个随机变量，则

$$\text{Cov}^2(X,Y) \leqslant D(X)D(Y)$$

等号成立当且仅当 X 与 Y 之间有线性关系，即存在常数 a,b，使得

$$P\{Y = aX + b\} = 1$$

4.3.3　相关系数的定义

定义 4.6（相关系数） 设 (X,Y) 为二维随机变量，$D(X) > 0$，$D(Y) > 0$，称

$$\rho_{XY} = \frac{\text{Cov}(X,Y)}{\sqrt{D(X)}\sqrt{D(Y)}}$$

为随机变量 X 和 Y 的相关系数.

当 $\rho_{XY} = 0$ 时，称 X 与 Y 不相关；当 $|\rho_{XY}| = 1$ 时，称 X 与 Y 完全线性相关.

4.3.4　相关系数的性质

相关系数的性质具体如下：

（1）$|\rho_{XY}| \leqslant 1$，当且仅当 X 与 Y 之间有线性关系时等号成立.

（2）若 X 与 Y 相互独立，则 $\rho_{XY} = 0$，即 X 与 Y 不相关.

例 4.25 设离散型随机变量 (X,Y) 的概率分布为

X＼Y	−1	0	1	
0	0	$\frac{1}{3}$	0	$\frac{1}{3}$
1	$\frac{1}{3}$	0	$\frac{1}{3}$	$\frac{2}{3}$
	$\frac{1}{3}$	$\frac{1}{3}$	$\frac{1}{3}$	1

则 $E(X) = \dfrac{2}{3}$，$E(Y) = 0$，$E(XY) = 0$. 从而 $\text{Cov}(X,Y) = 0$. 因此 $\rho_{XY} = 0$. 这说明 X 与 Y 不相关，但是 X 与 Y 显然不相互独立.

注意

（1）相关系数 ρ_{XY} 刻画了随机变量 X 与 Y 之间线性相关的程度. $|\rho_{XY}|$ 的值越大，X 与 Y 线性相关的程度越强；$|\rho_{XY}|$ 的值越小，X 与 Y 线性相关的程度越弱.

（2）当 $\rho_{XY} = 0$ 时，X 与 Y 之间没有线性关系，但是可能有其他函数关系，故不能推出 X 与 Y 独立.

（3）当 $\rho_{XY} > 0$ 时，称 X 与 Y 存在正相关；当 $\rho_{XY} < 0$ 时，称 X 与 Y 存在负相关.

单 元 小 结

一、知识要点

数学期望、方差、标准差、几种常见分布的数学期望和方差、协方差、相关系数、X 与 Y 不相关.

二、常用结论、解题方法

1. 求离散型随机变量及其函数的数学期望的常用公式

（1）$E(X) = x_1 p_1 + x_2 p_2 + \cdots + x_n p_n + \cdots$；

（2）$E[g(X)] = g(x_1) p_1 + g(x_2) p_2 + \cdots + g(x_n) p_n + \cdots$；

（3）$E[g(X, Y)] = \sum_i \sum_j g(x_i, y_j) p_{ij}$.

2. 求连续型随机变量及其函数的数学期望常用公式

（1）$E(X) = \int_{-\infty}^{+\infty} x f(x) \mathrm{d}x$；

（2）$E[g(X)] = \int_{-\infty}^{+\infty} g(x) f(x) \mathrm{d}x$；

（3）$E[g(X, Y)] = \int_{-\infty}^{+\infty} \int_{-\infty}^{+\infty} g(x, y) f(x, y) \mathrm{d}x \mathrm{d}y$.

3. 数学期望的性质

设 X 是随机变量，a, b, c 为常数，并假定下面涉及的数学期望均存在，则数学期望有以下性质：

（1）$E(c) = c$，　$E[E(X)] = E(X)$；

（2）$E(aX) = aE(X)$；

（3）$E(X \pm Y) = E(X) \pm E(Y)$；

（4）$E(X_1 \pm X_2 \pm \cdots \pm X_n) = E(X_1) \pm E(X_2) \pm \cdots \pm E(X_n)$；

（5）$E(aX + bY) = aE(X) + bE(Y)$；

（6）若 X 与 Y 相互独立，则 $E(XY) = E(X)E(Y)$；

（7）设随机变量 $X_1, X_2, \cdots, X_n$ 相互独立，则

$$E(X_1 X_2 \cdots X_n) = E(X_1)E(X_2) \cdots E(X_n)$$

4. 计算方差的公式（离散型、连续型随机变量都适用）

公式一　利用定义计算：

$$D(X) = E[X - E(X)]^2$$

公式二　利用性质计算：

$$D(X) = E(X^2) - E^2(X)$$

对离散型随机变量且 X 的取值较大时，使用公式一较简便，其他情况用公式二.

5. 方差的性质

设 X 是随机变量，a, b, c 为常数，并假定下面涉及的方差均存在，则方差有以下性质：

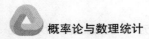

（1） $D(c) = 0$ ；

（2） $D(aX) = a^2 D(X)$ ，特别地， $D(-X) = D(X)$ ；

（3） $D(X + c) = D(X)$ ；

（4） $D(aX + b) = a^2 D(X)$ ；

（5） $D(X \pm Y) = D(X) + D(Y) \pm 2E\big[(X - EX)(Y - EY)\big] = D(X) + D(Y) \pm 2\mathrm{Cov}(X,Y)$ ；

（6）若 X 与 Y 相互独立，则 $D(X \pm Y) = D(X) + D(Y)$ ；

（7）设随机变量 $X_1, X_2, \cdots, X_n$ 相互独立，则

$$D(X_1 + X_2 + \cdots + X_n) = D(X_1) + D(X_2) + \cdots + D(X_n)$$

6. 几种常见分布的数学期望和方差

几种常见分布的数学期望和方差如表 4-1 所示.

表 4-1　几种常见分布的数学期望和方差

分布名称及其表示方法	期望	方差
0-1 分布	$E(X) = p$	$D(X) = p(1-p)$
二项分布 $X \sim b(n, p)$	$E(X) = np$	$D(X) = np(1-p)$
泊松分布 $X \sim P(\lambda)$	$E(X) = \lambda$	$D(X) = \lambda$
均匀分布 $X \sim U(a,b)$	$E(X) = \dfrac{a+b}{2}$	$D(X) = \dfrac{(b-a)^2}{12}$
指数分布 $X \sim E(\lambda)$	$E(X) = \dfrac{1}{\lambda}$	$D(X) = \dfrac{1}{\lambda^2}$
正态分布 $X \sim N(\mu, \sigma^2)$	$E(X) = \mu$	$D(X) = \sigma^2$

7. 协方差的计算公式

（1）用定义： $\mathrm{Cov}(X,Y) = E[(X - E(X))(Y - E(Y))]$ ；

（2）用性质： $\mathrm{Cov}(X,Y) = E(XY) - E(X)E(Y)$ ；

（3）用相关系数： $\mathrm{Cov}(X,Y) = \rho_{XY}\sqrt{D(X)}\sqrt{D(Y)}$.

8. 协方差的性质

设 a, b, c 为常数，协方差具有下列性质：

（1） $\mathrm{Cov}(X,X) = D(X)$ ；

（2） $\mathrm{Cov}(X,Y) = \mathrm{Cov}(Y,X)$ ；

（3） $\mathrm{Cov}(aX, bY) = ab\mathrm{Cov}(X,Y)$ ；

（4） $\mathrm{Cov}(c,X) = 0$ ；

（5） $\mathrm{Cov}(X_1 + X_2, Y) = \mathrm{Cov}(X_1, Y) + \mathrm{Cov}(X_2, Y)$ ；

（6）当 X 与 Y 相互独立时，有 $\mathrm{Cov}(X,Y) = 0$ ；

（7） $D(X \pm Y) = D(X) + D(Y) \pm 2\mathrm{Cov}(X,Y)$ ；

（8）当 X 与 Y 相互独立时，有 $D(X \pm Y) = D(X) + D(Y)$.

9. 相关系数的计算公式

$$\rho_{XY} = \frac{\mathrm{Cov}(X,Y)}{\sqrt{D(X)}\sqrt{D(Y)}}, \quad D(X) > 0, \quad D(Y) > 0$$

巩 固 提 升

一、填空题

1. 设随机变量 X 服从泊松分布，且 $P\{X=1\} = P\{X=2\}$，则 $E(3X-2) = $ _____.

2. 设 X,Y 是两个随机变量，$D(X)=4$，$D(Y)=9$，$\rho_{XY}=0.6$，则 X,Y 的协方差 $\mathrm{Cov}(X,Y) = $ _____.

3. 设 $X \sim U(2,6)$，则 $E(X) = $ _____，$D(X) = $ _____.

4. 设随机变量 $X \sim N(0,1)$，则 $D(2X-1) = $ _____.

二、单项选择题

1. 已知 X 服从二项分布，且 $E(X)=2.4$，$D(X)=1.68$，则二项分布的参数为（ 　　 ）.

　A. $n=4$，$p=0.6$ 　　　　　　　　　　B. $n=6$，$p=0.4$

　C. $n=8$，$p=0.3$ 　　　　　　　　　　D. $n=24$，$p=0.1$

2. 设 X 的分布函数为 $F(x) = \begin{cases} 0, & x < 0 \\ x^4, & 0 \leqslant x \leqslant 1 \\ 1, & x > 1 \end{cases}$，则 $E(X)$ 等于（ 　　 ）.

　A. $\displaystyle\int_0^{+\infty} x^5 \mathrm{d}x$ 　　　　　　　　　　B. $\displaystyle\int_0^1 4x^4 \mathrm{d}x$

　C. $\displaystyle\int_0^1 x^5 \mathrm{d}x + \int_1^{+\infty} x \mathrm{d}x$ 　　　　D. $\displaystyle\int_0^{+\infty} 4x^4 \mathrm{d}x$

3. 设 X,Y 为相互独立的随机变量，$D(X)=1$，$D(Y)=2$，则随机变量 $D(2X-Y)$ 等于（ 　　 ）.

　A. 0 　　　　　　　B. 2 　　　　　　　C. 4 　　　　　　　D. 6

4. 若随机变量 X 和 Y 的协方差 $\mathrm{Cov}(X,Y)=0$，则下列结论正确的是（ 　　 ）.

　A. X 和 Y 相互独立 　　　　　　　　B. $D(X+Y)=DX+DY$

　C. $D(X-Y)=DX-DY$ 　　　　　　　　D. $D(XY)=DX \cdot DY$

5. 由 $D(X+Y)=D(X)+D(Y)$ 可判定（ 　　 ）.

　A. X 与 Y 不相关 　　　　　　　　　B. X 与 Y 相关

　C. X 与 Y 一定独立 　　　　　　　　D. X 与 Y 不一定相关

6. 已知随机变量 X 的数学期望为 $E(X)$，则必有（ 　　 ）.

　A. $E(X^2)=E^2(X)$ 　　　　　　　　　B. $E(X^2) \geqslant E^2(X)$

　C. $E(X^2) \leqslant E^2(X)$ 　　　　　　　D. $E(X^2)+E^2(X)=1$

三、计算题

1. 设随机变量 X 的分布律为

X	-1	0	$\frac{1}{2}$	2
p_k	$\frac{1}{5}$	$\frac{1}{15}$	$\frac{2}{5}$	$\frac{1}{3}$

求 X 的期望.

2. 两个应聘者在指定的时间内打完相同的字，在一页出现的错误字数的分布律分别为

X_1	0	1	2	3
p_k	0.4	0.3	0.2	0.1

X_2	0	1	2
p_k	0.1	0.5	0.4

则哪个应聘者在一页出现的平均错误字数少？

3. 某人每次射击命中目标的概率为 p ，现连续向目标射击，直到第一次命中目标为止，求射击次数的期望.

4. 设随机变量 X 的概率密度函数为

$$f(x) = \begin{cases} 6x(1-x), & 0 \leq x \leq 1 \\ 0, & \text{其他} \end{cases}$$

求 X 的数学期望 $E(X)$.

5. 对球的直径做近似测量，设其值 $X \sim U(2,4)$ ，求球体体积 $V = \frac{\pi}{6}X^3$ 的数学期望.

6. 设随机变量 X 的分布律为

X	-1	0	1	2
p_k	0.1	0.3	0.2	0.4

求 $Y = 2X - 1$ ， $Z = -2X + 3$ 的数学期望.

7. 设随机变量 X 的分布律为

X	-2	0	3
p_k	0.4	0.3	0.3

求 $D(X)$.

8. 设随机变量 X 的概率密度函数为

$$f(x) = \begin{cases} 0, & x \leq 0 \\ x, & 0 < x < 1 \\ a\mathrm{e}^{-x}, & x \geq 1 \end{cases}$$

求：（1）常数 a ；（2） $D(X)$.

9. 设随机变量 X 的概率密度函数为

$$f(x) = \begin{cases} \dfrac{2}{9}x, & 0 < x < 3 \\ 0, & \text{其他} \end{cases}$$

求 $D(X)$，$D(-2X)$．

10. 设连续型随机变量 X 的概率密度函数为

$$f(x) = \begin{cases} ax, & 0 < x < 2 \\ bx + c, & 2 \leqslant x \leqslant 4 \\ 0, & \text{其他} \end{cases}$$

且 $E(X) = 2$，$P\{1 < X < 3\} = 3/4$，求常数 a, b, c 的值．

11. 设连续型随机变量 X 的概率密度函数为

$$f(x) = \begin{cases} ax^2 - bx + c, & 0 < x < 1 \\ 0, & \text{其他} \end{cases}$$

且已知 $E(X) = 0.5$，$D(X) = 0.15$，求 a, b, c 的值．

12. 设随机变量 X, Y 相互独立，且 $E(X) = E(Y) = 4$，$D(X) = 5$，$D(Y) = 1$，求 $E(3X - 2Y)$，$D(X + 2Y)$，$D(2X - 3Y)$．

13. 随机变量 X 的概率密度函数为

$$f(x) = \begin{cases} \mathrm{e}^{-x}, & x > 0 \\ 0, & x \leqslant 0 \end{cases}$$

求数学期望 $E(2X)$ 和 $E(\mathrm{e}^{-2X})$．

14. 设随机变量 X 服从瑞利分布，其概率密度函数为

$$f(x) = \begin{cases} \dfrac{x}{\sigma^2} \mathrm{e}^{-x^2/(2\sigma^2)}, & 0 < x \\ 0, & x \leqslant 0 \end{cases}$$

其中，$\sigma > 0$ 是常数．求 X 的数学期望 $E(X)$ 和方差 $D(X)$．

15. 设随机变量 $X \sim U(0,2)$，求 $E(2X - 1)$，$D(X)$．

16. 设随机变量 X, Y, Z 相互独立，且已知 $X \sim N(2,4)$，$Y \sim E(2)$，$Z \sim U(1,3)$．

（1）设 $W = 2X + 3XYZ - Z + 5$，求 $E(W)$；

（2）设 $V = 3X - 2Y + Z - 4$，求 $D(V)$．

17. 设 (X, Y) 的概率分布为

X \ Y	-1	0	1
0	0.1	0.2	0.1
1	0.2	0.3	0.1

求 $\mathrm{Cov}(X, Y)$．

18. 设随机变量 (X, Y) 的概率密度函数为

$$f(x, y) = \begin{cases} \dfrac{1}{8}(x + y), & 0 \leqslant x \leqslant 2, \ 0 \leqslant y \leqslant 2 \\ 0, & \text{其他} \end{cases}$$

求 $\mathrm{Cov}(X, Y)$，ρ_{XY}，$D(X + Y)$．

单 元

大数定律与中心极限定理

极限定理对概率论和数理统计理论研究及实际应用具有重要意义. 本单元将简要介绍有关随机变量序列的两类极限定理, 即大数定律和中心极限定理. 这两类极限定理在理论研究和应用中都有重要的意义.

5.1 切比雪夫不等式

本节首先学习切比雪夫不等式, 它可以证明切比雪夫大数定律.

定理 5.1 (切比雪夫不等式) 设随机变量 X 具有数学期望 $E(X)$ 和方差 $D(X)$, 则对于任意给定的实数 $\varepsilon > 0$, 恒有

$$P\{|X - E(X)| \geqslant \varepsilon\} \leqslant \frac{D(X)}{\varepsilon^2}$$

或

$$P\{|X - E(X)| < \varepsilon\} \geqslant 1 - \frac{D(X)}{\varepsilon^2}$$

切比雪夫不等式给出了在随机变量的分布未知, 而仅知道数学期望 $E(X)$ 和方差 $D(X)$ 的情况下估计概率 $P\{|X - E(X)| < \varepsilon\}$ 的界限. 从这个不等式也可以看出随机变量 X 的方差 $D(X)$ 越小, 则事件 $\{|X - E(X)| < \varepsilon\}$ 发生的概率就越大, 即 X 的取值越集中于期望 $E(X)$. 这进一步说明了方差的意义.

定义 5.1 (依概率收敛) 设 $\{X_n\}$ 是一个随机变量序列, a 为常数, 若对任意给定的 $\varepsilon > 0$, 有

$$\lim_{n \to \infty} P\{|X_n - a| < \varepsilon\} = 1$$

则称 $\{X_n\}$ 依概率收敛于 a, 记为 $X_n \xrightarrow{P} a$.

定理 5.2 (切比雪夫大数定律) 设 $\{X_n\}$ 是相互独立的随机变量序列, 若每个 X_k 的方差都存在, 且有共同的上界, 即 $D(X_k) \leqslant c \ (k = 1, 2, \cdots)$, 则

$$\frac{1}{n}\sum_{k=1}^{n}X_k \xrightarrow{P} \frac{1}{n}\sum_{k=1}^{n}E(X_k)$$

即对任意的 $\varepsilon > 0$，有

$$\lim_{n\to\infty}P\left\{\left|\frac{1}{n}\sum_{k=1}^{n}X_k - \frac{1}{n}\sum_{k=1}^{n}E(X_k)\right| < \varepsilon\right\} = 1$$

注意　在大数定律的条件下，随机变量序列的算术平均值依概率收敛于其数学期望的算术平均值，即大量测量值的算术平均值具有稳定性.

5.2 大 数 定 律

随机现象的统计规律性只有在相同的条件下进行大量的重复试验或观测才能呈现出来. 在概率的统计定义中，曾给出这样一个事实：一个事件发生的频率具有稳定性，是指当试验的次数无限增大时，事件发生的频率逐渐稳定于某个常数，即事件的概率. 在实践中，这种稳定性就是本节要讨论的大数定律的实际背景.

例如，测量一长度为 a 的物件，以 $X_1, X_2, \cdots X_n$ 分别表示 n 次重复测量的结果，当 n 充分大时，它们的算术平均值 $\overline{X}_n = \frac{1}{n}\sum_{i=1}^{n}X_i$ 对 a 的偏差会比较小，而且 n 越大，这种偏差越小，即 $\overline{X}_n = \frac{1}{n}\sum_{i=1}^{n}X_i$ 随着 n 的增加而逐渐稳定于 a.

这些稳定性现象，从直观上可解释为在大量的随机现象中，个别随机现象所引起的偏差常常会相互抵消、相互补偿而被平均化，从而致使大量随机现象的共同作用的总的平均结果趋于稳定. 大数定律在描述这类现象的过程中，是以研究某些概率接近于 1（或 0）的事件规律的方式进行的. 由此引出了在概率意义下收敛性的概念.

定理 5.3（辛钦大数定律）　设 $\{X_n\}$ 是独立同分布的随机变量序列，其数学期望 $E(X_k) = \mu(k = 1, 2, \cdots)$，则对任意的 $\varepsilon > 0$，有

$$\lim_{n\to\infty}P\left\{\left|\frac{1}{n}\sum_{k=1}^{n}X_k - \mu\right| < \varepsilon\right\} = 1$$

定理 5.4（伯努利大数定律）　设 n_A 是 n 次独立重复试验中事件 A 发生的次数，p 是每次试验中事件 A 发生的概率，则

$$\frac{n_A}{n} \xrightarrow{P} p$$

即对任意的 $\varepsilon > 0$，有

$$\lim_{n\to\infty}P\left\{\left|\frac{n_A}{n} - p\right| < \varepsilon\right\} = 1$$

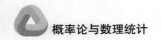

注意 伯努利大数定律说明频率依概率收敛于其概率，在试验次数很大时，可以用事件发生的频率代替其概率. 伯努利大数定律是辛钦大数定律的特殊情形.

5.3 中心极限定理

在客观世界中，许多随机变量是由大量相互独立的偶然因素的综合影响形成的，单就其中每一个因素来说，其在总的影响中所起的作用是很小的，这种随机变量往往服从或近似服从正态分布，这种现象就是中心极限定理的客观背景.

论证随机变量和的极限分布为正态分布的一系列定理都称为**中心极限定理**. 本节只介绍其中两个常用的中心极限定理及其应用.

定理 5.5（独立同分布的中心极限定理） 设 $\{X_k\}$ 是独立同分布的随机变量序列，且具有相同的数学期望和方差：

$$E(X_k) = \mu , \quad D(X_k) = \sigma^2 \neq 0 \quad (k = 1, 2, \cdots)$$

则对任意实数 x，有

$$\lim_{n \to \infty} P\left\{ \frac{\sum_{k=1}^{n} X_k - n\mu}{\sqrt{n\sigma^2}} \leq x \right\} = \Phi(x) = \int_{-\infty}^{x} \frac{1}{\sqrt{2\pi}} e^{-\frac{t^2}{2}} dt$$

上式中，令 $S_n = \sum_{k=1}^{n} X_k$，则有

$$E(S_n) = E\left(\sum_{k=1}^{n} X_k \right) = \sum_{k=1}^{n} E(X_k) = n\mu$$

$$D(S_n) = D\left(\sum_{k=1}^{n} X_k \right) = \sum_{k=1}^{n} D(X_k) = n\sigma^2$$

从而有

$$\frac{S_n - E(S_n)}{\sqrt{D(S_n)}} \overset{\text{近似}}{\sim} N(0,1) ，即 S_n \overset{\text{近似}}{\sim} N(E(S_n), D(S_n))$$

当 n 充分大时，$S_n = \sum_{k=1}^{n} X_k$ 近似服从正态分布.

独立同分布的中心极限定理又称为林德伯格-列维中心极限定理.

例 5.1 一加法器同时收到 20 个噪声电压 $V_k (k = 1, 2, \cdots, 20)$，设它们是相互独立的随机变量，且都在区间 $(0, 10)$ 上服从均匀分布. 记 $V = \sum_{k=1}^{20} V_k$，求 $P\{V > 105\}$ 的近似值.

解   易知 $E(V_k) = 5$，$D(V_k) = \dfrac{100}{12}(k = 1, 2, \cdots, 20)$. 由林德伯格-列维中心极限定理，有

$$\frac{\sum\limits_{k=1}^{20} V_k - 20 \times 5}{\sqrt{100/12}\sqrt{20}} = \frac{V - 100}{\sqrt{100/12}\sqrt{20}}$$

近似服从标准正态分布 $N(0,1)$，于是

$$P\{V > 105\} = P\left\{\frac{V - 100}{\left(10/\sqrt{12}\right)\sqrt{20}} > \frac{105 - 100}{\left(10/\sqrt{12}\right)\sqrt{20}}\right\}$$

$$= P\left\{\frac{V - 100}{\left(10/\sqrt{12}\right)\sqrt{20}} > 0.387\right\}$$

$$= 1 - P\left\{\frac{V - 100}{\left(10/\sqrt{12}\right)\sqrt{20}} \leqslant 0.387\right\}$$

$$\approx 1 - \Phi(0.387)$$

$$= 0.348$$

例 5.2   某汽车销售店每天出售的汽车数服从参数为 $\lambda = 2$ 的泊松分布. 若一年 365 天都经营汽车销售，且每天出售的汽车数是相互独立的，求一年中出售的汽车数在区间 (710,760] 的概率.

解   设 X 为一年的汽车总销量，记 $X_i(i = 1, 2, \cdots, 365)$ 为第 i 天出售的汽车数，则 $X_1, X_2, \cdots, X_{365}$ 相互独立，$X = \sum\limits_{i=1}^{365} X_i$. 由 $X_i \sim P(2)$，得 $D(X_i) = E(X_i) = 2$，从而 $E(X) = 365E(X_i) = 730 = D(X)$，根据独立同分布的中心极限定理，得 $X \overset{近似}{\sim} N(730, 730)$，又 $\sqrt{730} \approx 27$，故

方法一 $P\{710 < X \leqslant 760\} = F(760) - F(710) \approx \Phi(1.11) - \Phi(-0.74)$

$$= 0.8665 - (1 - 0.7703) = 0.6368$$

方法二 $P\{710 < X \leqslant 760\} = P\left\{\dfrac{710 - 730}{\sqrt{730}} < \dfrac{X - 730}{\sqrt{730}} \leqslant \dfrac{760 - 730}{\sqrt{730}}\right\}$

$$\approx \Phi(1.11) - \Phi(-0.74) = 0.8665 - (1 - 0.7703)$$

$$= 0.6368$$

定理 5.6（棣莫弗-拉普拉斯中心极限定理）   设随机变量 X_n $(n = 1, 2, \cdots)$ 服从参数为 n, p $(0 < p < 1)$ 的二项分布，即 $X_n \sim b(n, p)$，则对任意实数 x，有

$$\lim_{n \to \infty} P\left\{\frac{X_n - np}{\sqrt{np(1-p)}} \leqslant x\right\} = \Phi(x) = \int_{-\infty}^{x} \frac{1}{\sqrt{2\pi}} \mathrm{e}^{-\frac{t^2}{2}} \mathrm{d}t$$

棣莫弗-拉普拉斯中心极限定理又称为二项分布中心极限定理.

棣莫弗-拉普拉斯中心极限定理表明，当 n 充分大，$0 < p < 1$ 是一个定值时，二项分布近似于正态分布，即 $X \overset{近似}{\sim} N(np, np(1-p))$，因为 $E(X) = np$，$D(X) = np(1-p)$，所以

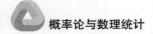

$X \overset{\text{近似}}{\sim} N(E(X), D(X))$. 这个结论跟独立同分布的中心极限定理的结论是一致的，是它的特例.

例 5.3 某网店有一批背包，共 100 个，每个背包没有瑕疵的概率为 0.9. 若每个背包是否有瑕疵是相互独立的，求没有瑕疵的背包数不超过 95 个的概率.

解 设 X 为 100 个背包中没有瑕疵的个数，则 $X \sim b(100, 0.9)$. 根据棣莫弗-拉普拉斯中心极限定理，所求概率为

$$P\{X \leqslant 95\} \approx \varPhi\left(\frac{95 - 100 \times 0.9}{\sqrt{100 \times 0.9 \times 0.1}}\right) \approx \varPhi(1.67) = 0.9525$$

例 5.4 一艘船在某海区航行，已知每遭受一次波浪的冲击，纵摇角大于 3° 的概率 $p = 1/3$. 若船舶遭受了 90000 次波浪冲击，则其中有 29500～30500 次纵摇角度大于 3° 的概率是多少？

解 将这艘船每遭受一次波浪冲击看作一次试验，并假定各次试验是独立的，将在 90000 次波浪冲击中纵摇角度大于 3° 的次数记为 X，则 $X \sim b(90000, 1/3)$，故

$$
\begin{aligned}
P\{29500 \leqslant X \leqslant 30500\} &= P\left\{\frac{29500 - np}{\sqrt{np(1-p)}} \leqslant \frac{X - np}{\sqrt{np(1-p)}} \leqslant \frac{30500 - np}{\sqrt{np(1-p)}}\right\} \\
&\approx \varPhi\left(\frac{30500 - np}{\sqrt{np(1-p)}}\right) - \varPhi\left(\frac{29500 - np}{\sqrt{np(1-p)}}\right) \\
&= \varPhi\left(\frac{5\sqrt{2}}{2}\right) - \varPhi\left(-\frac{5\sqrt{2}}{2}\right) \\
&= 0.9995
\end{aligned}
$$

棣莫弗与拉普拉斯

中心极限定理是指"若干个观测值之和的分布服从或近似服从正态分布". 棣莫弗-拉普拉斯中心极限定理是一种特殊情形，简单来说就是二项分布以正态分布为极限分布. 棣莫弗较早开始做这方面的研究，他发现了正态分布公式（作为二项分布的近似），此后约 40 年，拉普拉斯建立了中心极限定理较一般的形式（即棣莫弗-拉普拉斯中心极限定理）.

棣莫弗（1667—1754），英国数学家. 1697 年当选为伦敦皇家学会会员，他也是巴黎和柏林科学学院院士，曾被委派调解牛顿和莱布尼茨关于微积分的发明权问题. 他的《偶然论》（又译《机遇论》《机会的学说》）与伯努利的《推测术》、拉普拉斯的《概率的分析理论》被人们称为较早期的概率史上的 3 部里程碑性质的著作.

棣莫弗喜欢去咖啡馆，在咖啡馆里教数学课程，接受有关概率、养老金和保险的咨询.

吐德哈特在《概率论史》中曾说："这是毫无疑问的，对于概率论所做出的贡献度中，能够超过棣莫弗的数学家只有拉普拉斯一人."

拉普拉斯（1749—1827），法国数学家、天文学家. 1812 年发表名著《概率的分析理论》，在该书中系统总结了当时的概率论研究成果，论述了概率在选举、审判、调查、气象等方面的应用，提出了包括"拉普拉斯变换"等的一系列新概念和新方法. 概率论的分析化标志着现代概率论的创始.

单 元 小 结

一、知识要点

切比雪夫不等式、依概率收敛、切比雪夫大数定律、伯努利大数定律、独立同分布的中心极限定理（林德伯格-列维中心极限定理）、二项分布中心极限定理（棣莫弗-拉普拉斯中心极限定理）、中心极限定理.

二、常用结论、解题方法

1. 切比雪夫不等式

$$P\{|X - E(X)| \geq \varepsilon\} \leq \frac{D(X)}{\varepsilon^2}$$

或

$$P\{|X - E(X)| < \varepsilon\} \geq 1 - \frac{D(X)}{\varepsilon^2}$$

2. 独立同分布的中心极限定理（林德伯格-列维中心极限定理）

由定理得

$$S_n \overset{近似}{\sim} N(E(S_n), D(S_n))$$

3. 二项分布中心极限定理（棣莫弗-拉普拉斯中心极限定理）

由定理得

$$X \overset{近似}{\sim} N(np, np(1-p))$$

4. 用独立同分布的中心极限定理求概率的步骤

（1）设与问题相关的随机变量 X；

（2）求出 $E(X)$，$D(X)$；

（3）根据中心极限定理，得 $X \overset{近似}{\sim} N(E(X), D(X))$；

（4）列出所求的概率表达式；

（5）把概率转化为分布函数值（F 值）；

（6）标准化得到标准正态分布的函数值（Φ 值），查表、计算. 标准化的表达式为

$$\frac{X - E(X)}{\sqrt{D(X)}}$$

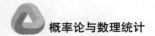

5. 用棣莫弗–拉普拉斯中心极限定理求概率的步骤

（1）设与问题相关的随机变量 X，则 $X \sim b(n, p)$；

（2）列出所求的概率表达式；

（3）标准化得到标准正态分布的函数值（Φ 值），查表、计算. 标准化的表达式为

$$\frac{X - np}{\sqrt{np(1-p)}}$$

巩 固 提 升

一、填空题

1. 设 $X_1, X_2, \cdots, X_n$ 为随机变量序列，a 为常数，则 $\{X_n\}$ 依概率收敛于 a 是指＿＿＿．

2. 新生婴儿中男婴占 55%，则 10000 个婴儿中男婴多于 5400 的概率为＿＿＿＿＿＿．

3. 设随机变量 $X_1, X_2, \cdots, X_n$ 相互独立，$S_n = X_1 + X_2 + \cdots + X_n$，则根据林德伯格–列维中心极限定理，当 n 充分大时，S_n 近似服从正态分布，只要 $X_1, X_2, \cdots, X_n$ ＿＿＿＿＿＿．

二、计算题

1. 某种小汽车氧化氮的排放量的数学期望为 0.9g/km，标准差为 1.9g/km. 某汽车公司有这种小汽车 100 辆，以 $\overline{X}$ 表示这些车辆氧化氮排放量的算术平均值，则当 L 为何值时，$\overline{X} > L$ 的概率不超过 0.01？

2. 某药厂断言，该厂生产的某种药品对于医治一种疑难血液病的治愈率为 0.8. 医院检验员任意抽查 100 位服用此药的病人，如果其中多于 75 人被治愈，就接受这一断言，否则就拒绝这一断言.

（1）若实际上此药品对这种疾病的治愈率是 0.8，问接受这一断言的概率是多少？

（2）若实际上此药品对这种疾病的治愈率是 0.7，问接受这一断言的概率是多少？

3. 一公寓有 200 户住户，1 户住户拥有汽车辆数 X 的分布律为

X	0	1	2
p_k	0.1	0.6	0.3

则需要多少车位，才能使每辆汽车都具有一个车位的概率至少为 0.95？

4. 某个公益团体采用少数服从多数的方式做一项决策，该团体共有 80 人，假定每个人做出正确决策的概率 p 为 0.6，设 80 人中做出正确决策的人数为 X，当做出正确决策的人数过半时集体决策是正确的.

（1）求集体决策是正确的概率 $P\{X > 40\}$. 这个概率大于个人决策正确的概率（0.6）吗？

（2）把 p 改为 0.45，其他条件不变，求集体决策是正确的概率 $P\{X > 40\}$. 这个概率大于个人决策正确的概率（0.45）吗？

5. 在某保险公司里有 10000 人参加保险，每个人每年付 120 元保险费，在一年内一个人死亡的概率为 0.006，每个死亡者的家属可从保险公司领取 10000 元赔偿费. 求：

（1）保险公司没有利润的概率为多少？

（2）保险公司一年的利润大于 5×10^5 元的概率为多少？

单 元

随机样本与抽样分布

数理统计是以概率论为基础，对随机性数据进行收集、整理、分析和推断的理论方法，已广泛应用于实际问题的诸多领域，如农业生产、林业生产、工程技术、医药卫生、经济学和人文社会科学等．因此，数理统计在实际生产中有着广泛的应用背景，且为生产实际决策提供有力的依据和有效的建议．随着计算机技术的发展，数理统计的理论和应用也得到了长足的进展，在科学研究和国民经济各个领域中发挥着重要的作用．因此，学习和研究数理统计不仅可促进随机理论的发展，也是实际工作的需要．本单元介绍总体、随机样本及统计量等基本概念，并着重介绍常用统计量及其抽样分布．

6.1 随 机 样 本

6.1.1 总体与样本

从理论上讲，对随机变量进行大量的观测，被研究的随机变量的概率特征一定能够显现出来，而在实际中进行观测的次数只能是有限的，有时甚至是少量的．因此我们关心的问题是怎样有效地利用收集到的有限资料，尽可能地根据被研究的随机变量的概率特征得出精确而可靠的结论．

在数理统计中，把具有一定共性的研究对象的全体称为**总体**．把构成总体的每一个成员（或元素）称为**个体**．总体中所包含的个体的个数称为**总体容量**．容量有限的总体称为**有限总体**，容量无限的总体称为**无限总体**．总体和个体之间的关系类似于集合与元素的关系．

例如，考察某城市的家庭年收入，则该城市的家庭年收入的集合就是一个总体，其中每一个家庭的年收入就是一个个体．又如，研究某品牌的一批电视机的寿命，则该批电视机的全体构成了一个总体，其中每一台电视机就是一个个体．

当用数理统计的方法来研究总体时，关心的并非每个个体本身，而是每个个体的一项或几项数量指标．例如，在研究某品牌的一批电视机的寿命时，不关心电视机的颜色和质量，关心的只是电视机的寿命．代表总体的指标（如电视机的寿命）是一个随机变量，总体中每个个体是随机变量的一个取值，因此总体可以用一个随机变量来表示. 总体 X 的分布称为**总体分布**.

要了解总体服从何种分布或是分布的参数是多少，最好的方法是将每个个体都进行观察或试验，但实际上这是难以完成的，甚至是不可能完成的. 一方面，若总体是无限的或者总体容量很大，则根本无法做到逐一试验或者需要付出巨大的人力、物力和财力；另一方面，若试验具有破坏性，则大量的试验会造成严重的经济损失和浪费. 例如，要研究电视机的寿命，一旦获得试验的所有结果，这批电视机也全报废了.

怎样才能在付出相对较少资源的情况下大致得知总体的分布情况呢？一般的做法是，按照一定的规则从总体中随机抽取一部分个体进行观测或试验，这个过程称为**抽样**. 根据对这部分个体的观测结果来推断总体的分布情况. 被抽出的这部分个体称为来自总体的一个**样本**. 样本中所含个体的数目称为**样本容量**.

1. 简单随机样本的定义

定义 6.1（简单随机样本） 设总体 X 是具有分布函数 $F(x)$ 的随机变量，从总体 X 抽取 n 个个体，得到 n 个随机变量 $X_1, X_2, \cdots, X_n$，若：

（1）$X_1, X_2, \cdots, X_n$ 与总体 X 同分布；

（2）$X_1, X_2, \cdots, X_n$ 相互独立.

则称 $X_1, X_2, \cdots, X_n$ 为从总体 X 中得到的容量为 n 的简单随机样本，简称样本. 把它们的观测值 $x_1, x_2, \cdots, x_n$ 称为**样本观测值或样本值**.

设 $X_1, X_2, \cdots, X_n$ 为从总体 X 中得到的容量为 n 的简单随机样本，由定义可知，$X_1, X_2, \cdots, X_n$ 有下面两个特性.

（1）代表性： $X_1, X_2, \cdots, X_n$ 均与 X 同分布，即若 X 的分布函数为 $F(x)$，则对每一个 X_i，都有

$$X_i \sim F(x_i), \quad i = 1, 2, \cdots, n$$

（2）独立性： $X_1, X_2, \cdots, X_n$ 相互独立.

由以上两个性质可知，若 X 的分布函数为 $F(x)$，则 $X_1, X_2, \cdots, X_n$ 联合分布函数为

$$F(x_1, x_2, \cdots, x_n) = F(x_1)F(x_2) \cdots F(x_n)$$

若 X 具有概率密度函数为 $f(x)$，则 $X_1, X_2, \cdots, X_n$ 联合概率密度函数为

$$f(x_1, x_2, \cdots, x_n) = f(x_1)f(x_2) \cdots f(x_n)$$

例 6.1 设总体 X 服从均值为 $1/2$ 的指数分布，$X_1, X_2, \cdots, X_n$ 为来自总体 X 的简单随机样本，求 $X_1, X_2, \cdots, X_n$ 的联合概率密度函数和联合分布函数.

解 X 的概率密度函数为

$$f(x) = \begin{cases} 2e^{-2x}, & x > 0 \\ 0, & x \leq 0 \end{cases}$$

其分布函数为

$$F(x) = \begin{cases} 1 - e^{-2x}, & x > 0 \\ 0, & x \leq 0 \end{cases}$$

则 $X_1, X_2, \cdots, X_n$ 的联合概率密度函数为

$$f(x_1, x_2, \cdots, x_n) = f(x_1) f(x_2) \cdots f(x_n) = \begin{cases} 2^n \mathrm{e}^{-2\sum\limits_{i=1}^{n} x_i}, & x_i > 0, \ i = 1, 2, \cdots, n \\ 0, & \text{其他} \end{cases}$$

则 $X_1, X_2, \cdots, X_n$ 的联合分布函数为

$$F(x_1, x_2, \cdots, x_n) = F(x_1) F(x_2) \cdots F(x_n) = \begin{cases} \prod\limits_{i=1}^{n} (1 - \mathrm{e}^{-2x_i}), & x_i > 0, \ i = 1, 2, \cdots, n \\ 0, & \text{其他} \end{cases}$$

2. 样本的二重性

一方面，由于样本是从总体中随机抽取的，抽取前无法预知它们的数值，因此，**样本是随机变量**，用大写的英文字母 $X_1, X_2, \cdots, X_n$ 表示；另一方面，样本在抽取以后经观测就有确定的观测值，因此，**样本又是一组数值**，用小写的英文字母表示 $x_1, x_2, \cdots, x_n$.

例 6.2　某品牌矿泉水的瓶装规定净含量为 500mL，由于随机性，实际上有的矿泉水净含量不是 500mL. 现随机抽取 10 瓶矿泉水测定其净含量，得到下列结果（单位：mL）：

501，502，504，498，500，502，499，497，503，500

总体是某品牌所有的瓶装矿泉水（的净含量），个体是某品牌的每一瓶瓶装矿泉水（的净含量）. 样本是所抽取的 10 瓶矿泉水（的净含量），抽样前表示为 $X_1, X_2, \cdots, X_8$，抽样后是样本观测值 501, 502, 504, 498, 500, 502, 499, 497, 503, 500，样本容量是 10.

在数理统计中，总体或总体的分布是我们研究的目标，而样本是从总体中随机抽取的一部分个体. 通过对这些个体（即样本）进行具体的研究，我们所得到了统计结论及对这些结论的统计解释，都反映或体现着总体的信息，也就是说，这新信息是对总体而言的. 因此，我们总是着眼于总体，而着手于样本，用样本去推断总体. 这种由已知推断未知，用具体推断抽样的思想，对我们后面的学习和研究大有裨益.

▌6.1.2　统计量

样本来自总体，是总体的反映，样本中含有总体各方面的信息，但是这些信息比较分散、杂乱. 为了将分散在样本中有关总体的信息浓缩，以便更好地反映总体的各种特征，需要对样本进行数学上的加工. **一类加工形式**是编制频数/频率表、作直方图和画频率分布曲线等，从中可以获得对总体的初步认识，这里不做介绍. **另一类常用的加工形式**是利用样本构造出适当的函数，不同的样本函数反映总体的不同特征. 这里的样本函数只依赖样本，而不依赖任何未知参数. 因此，引入统计量的概念.

1. 统计量的概念

定义 6.2（统计量）　设 $X_1, X_2, \cdots, X_n$ 是来自总体 X 的样本容量为 n 的一个样本，若样本函数 $g = g(X_1, X_2, \cdots, X_n)$ 中不含任何未知参数，则称 $g(X_1, X_2, \cdots, X_n)$ 为**统计量**.

设 $x_1, x_2, \cdots, x_n$ 是相应于样本 $X_1, X_2, \cdots, X_n$ 的样本值，则称 $g(x_1, x_2, \cdots, x_n)$ 是 $g(X_1, X_2, \cdots, X_n)$ 的观测值.

例如，设 $X_1, X_2, \cdots, X_n$ 是来自总体 X 的样本容量为 n 的样本，$X \sim N(\mu, \sigma^2)$，其中 μ 已

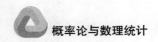

知，σ 未知，则 $\frac{1}{n}\sum\limits_{i=1}^{n}X_i$、$X_1 + X_2 + 3\mu$ 是统计量，而 $\sigma^2(X_1 + X_2)$、$\dfrac{\sum\limits_{i=1}^{n}X_i}{\sigma}$ 不是统计量.

2. 常用统计量

以下设 $X_1, X_2, \cdots, X_n$ 是来自总体 X 的一个样本.

（1）样本均值为

$$\bar{X} = \frac{1}{n}\sum_{i=1}^{n}X_i$$

即

$$\bar{X} = \frac{1}{n}(X_1 + X_2 + \cdots + X_n)$$

（2）样本方差为

$$S^2 = \frac{1}{n-1}\sum_{i=1}^{n}(X_i - \bar{X})^2$$

即

$$S^2 = \frac{1}{n-1}[(X_1 - \bar{X})^2 + (X_2 - \bar{X})^2 + \cdots + (X_n - \bar{X})^2]$$

（3）样本标准差为

$$S = \sqrt{\frac{1}{n-1}\sum_{i=1}^{n}(X_i - \bar{X})^2}$$

（4）样本 k 阶（原点）矩为

$$A_k = \frac{1}{n}\sum_{i=1}^{n}X_i^k \quad (k = 1, 2, \cdots)$$

（5）样本 k 阶中心矩为

$$B_k = \frac{1}{n}\sum_{i=1}^{n}(X_i - \bar{X})^k \quad (k = 1, 2, \cdots)$$

其中，样本二阶中心矩

$$B_2 = \frac{1}{n}\sum_{i=1}^{n}(X_i - \bar{X})^2$$

又称为**未修正的样本方差**，相应的 $S^2 = \dfrac{1}{n-1}\sum\limits_{i=1}^{n}(X_i - \bar{X})^2$ 可称为**修正的样本方差**.

若 $x_1, x_2, \cdots, x_n$ 是样本的观测值，则上述各统计量的观测值分别为

$$\bar{x} = \frac{1}{n}\sum_{i=1}^{n}x_i, \quad s^2 = \frac{1}{n-1}\sum_{i=1}^{n}(x_i - \bar{x})^2, \quad s = \sqrt{\frac{1}{n-1}\sum_{i=1}^{n}(x_i - \bar{x})^2}$$

$$a_k = \frac{1}{n}\sum_{i=1}^{n}x_i^k \quad (k = 1, 2, \cdots), \quad b_k = \frac{1}{n}\sum_{i=1}^{n}(x_i - \bar{x})^k \quad (k = 1, 2, \cdots)$$

这些观测值仍称为样本均值、样本方差、样本标准差、样本 k 阶（原点）矩、样本 k 阶中心矩.

定理 6.1　设总体的期望 $E(X)=\mu$，方差 $D(X)=\sigma^2$，$X_1,X_2,\cdots,X_n$ 是来自总体 X 的一个样本，$\overline{X},S^2$ 分别是样本均值和样本方差，则

$$E(\overline{X})=E(X)=\mu$$

$$D(\overline{X})=\frac{D(X)}{n}=\frac{\sigma^2}{n}$$

$$E(S^2)=D(X)=\sigma^2$$

证明　前两个结果可以由期望和方差的性质直接计算得到，而

$$E(S^2)=E\left[\frac{1}{n-1}\sum_{i=1}^{n}(X_i-\overline{X})^2\right]=E\left[\frac{1}{n-1}\left(\sum_{i=1}^{n}X_i^2-n\overline{X}^2\right)\right]$$

$$=\frac{1}{n-1}\left[\sum_{i=1}^{n}EX_i^2-nE(\overline{X}^2)\right]$$

$$=\frac{1}{n-1}\left[\sum_{i=1}^{n}(\sigma^2+\mu^2)-n\left(\frac{\sigma^2}{n}+\mu^2\right)\right]=\sigma^2$$

例 6.3　从某班级的数学期末考试成绩中随机抽取 10 名同学的成绩如下：

$$90，84，70，63，80，93，85，70，90，75$$

（1）试写出总体、样本、样本观测值、样本容量；

（2）求样本均值、样本方差.

解　总体：该班级所有同学的数学期末考试成绩 X；

样本：所抽取的 10 名同学的数学期末考试成绩：$X_1,X_2,\cdots,X_{10}$；

样本观测值：$90，84，70，63，80，93，85，70，90，75$；

样本容量：$n=10$；

样本均值：$\overline{x}=\dfrac{1}{10}\sum\limits_{i=1}^{10}x_i=\dfrac{1}{10}(90+84+70+63+80+93+85+70+90+75)=80$；

样本方差：$s^2=\dfrac{1}{9}\sum\limits_{i=1}^{10}(x_i-\overline{x})^2\approx102.7$.

6.2　χ^2 分布、t 分布和 F 分布

6.2.1　分位数

设随机变量 X 的分布函数为 $F(x)$，对给定的实数 α（$0<\alpha<1$），若实数 F_α 满足

$$P\{X>F_\alpha\}=\alpha$$

则称 F_α 为随机变量 X 分布的水平 α 的**上侧分位数**.

例如，标准正态分布的上侧分位数 u_α 如图 6-1 所示. 显然，$\Phi(u_\alpha)=1-\alpha$.

一般情况下直接求分位数是困难的，对常用的统计分布，可以在附表 2 中查出.

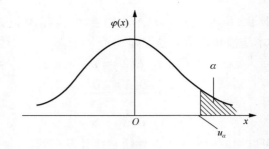

图 6-1

例 6.4 （1）设 $\alpha = 0.05$，求标准正态分布的水平 α 的上侧分位数；

（2）设 $\alpha = 0.025$，求标准正态分布的水平 α 的上侧分位数.

解 （1）$\Phi(u_{0.05}) = 1 - 0.05 = 0.95$，查标准正态表可得 $u_{0.05} = 1.645$；

（2）$\Phi(u_{0.025}) = 1 - 0.025 = 0.975$，查标准正态表可得 $u_{0.025} = 1.96$.

6.2.2　χ^2 分布

定义 6.3（χ^2 分布）　设 $X_1, X_2, \cdots, X_n$ 是取自总体 $X \sim N(0,1)$ 的样本，则称统计量

$$\chi^2 = X_1^2 + X_2^2 + \cdots + X_n^2$$

服从自由度为 n 的 χ^2 分布，记为 $\chi^2 \sim \chi^2(n)$.

χ^2 分布的概率密度函数为

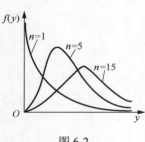

$$f(y) = \begin{cases} \dfrac{1}{2^{\frac{n}{2}}\Gamma\left(\dfrac{n}{2}\right)} y^{\frac{n}{2}-1} \mathrm{e}^{-\frac{y}{2}}, & y > 0 \\ 0, & y \leqslant 0 \end{cases}$$

其中，$\Gamma(p) = \displaystyle\int_0^{+\infty} x^{p-1}\mathrm{e}^{-x}\mathrm{d}x$（$p > 0$）为伽马函数，其图形如图 6-2 所示.

图 6-2

χ^2 分布的性质如下：

（1）若 $\chi^2 \sim \chi^2(n)$，则 $E(\chi^2) = n$，$D(\chi^2) = 2n$；

（2）若 $X \sim \chi^2(m)$ 分布，$Y \sim \chi^2(n)$ 分布，且 X, Y 相互独立，则 $X + Y \sim \chi^2(m+n)$.

定义 6.4（χ^2 分布的上侧分位数）　对给定的实数 α（$0 < \alpha < 1$），若实数 $\chi_\alpha^2(n)$ 满足

$$P\{\chi^2 > \chi_\alpha^2(n)\} = \alpha$$

则称 $\chi_\alpha^2(n)$ 为 χ^2 分布的水平 α 的上侧分位数，简称为上 α 分位数，如图 6-3 所示. 其值可通过查附表 4 得到.

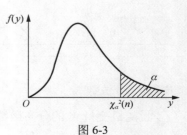

图 6-3

例如，查附表 4 可得 $\chi_{0.05}^2(15) = 24.996$，$\chi_{0.025}^2(6) = 14.449$.

6.2.3　t 分布

t 分布是由英国统计学家戈赛特（Gosset）于 1908 年首次提出的. 戈赛特年轻时在牛津

大学学习数学与化学，曾在一家酿酒厂担任酿酒化学技师，主要从事试验及数据分析相关工作. 由于在试验过程中所接触样本容量都很小，戈赛特发现与传统的正态分布并不相同，特别是尾部概率相差比较大，由此他怀疑是否有另一个分布族的存在，但他的统计学功底不足以解决他发现的问题，于是，戈赛特到皮尔逊（Pearson）那里学习统计学，重点研究少量数据的统计分析问题，1908 年他以"Student"为笔名发表了使他名垂统计史册的论文，打破了当时正态分布一统天下的局面。由于 Gosset 和 Student 的最后一个字母都是 t，故把这个分布取名为" t 分布"，又称"学生氏分布". t 分布的发现开创了小样本统计推断的新纪元.

定义 6.5（自由度为 n 的 t 分布）　若随机变量 X 与 Y 相互独立，且 $X \sim N(0,1)$ ，$Y \sim \chi^2(n)$ ，则称随机变量

$$t = \frac{X}{\sqrt{Y/n}}$$

服从**自由度为 n 的 t 分布**，记为 $t \sim t(n)$.

t 分布的概率密度函数为

$$h(t) = \frac{\Gamma\left(\dfrac{n+1}{2}\right)}{\sqrt{n\pi}\,\Gamma\left(\dfrac{n}{2}\right)}\left(1 + \frac{t^2}{n}\right)^{-\frac{n+1}{2}} \quad (-\infty < t < \infty)$$

其图形关于 $t = 0$ 轴对称，如图 6-4 所示.

t 分布的性质如下：

（1） $t_{1-\alpha}(n) = -t_\alpha(n)$ ；

（2） $\lim\limits_{n \to \infty} f(x) = \frac{1}{\sqrt{2\pi}} e^{-\frac{x^2}{2}}$ ，即当 n 充分大时，t 分布近似于 $N(0,1)$ 分布；当 n 较小时，t 分布与 $N(0,1)$ 分布相差较大.

定义 6.6（t 分布的上侧分位数）　对给定的实数 α （ $0 < \alpha < 1$ ），若实数 $t_\alpha(n)$ 满足

$$P\{t > t_\alpha(n)\} = \alpha$$

则称 $t_\alpha(n)$ 为 t 分布的水平 α 的上侧分位数，简称为上 α 分位数，如图 6-5 所示. 其值可通过查附表 3 得到.

例如，对于 $n = 10$ ，$\alpha = 0.025$ ，查附表 3，可得 $t_{0.025}(10) = 2.2281$.

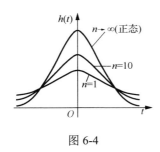

图 6-4

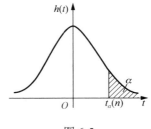

图 6-5

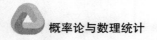

6.2.4　*F* 分布

定义 6.7（*F* 分布）　　若随机变量 X 与 Y 相互独立，且 $X \sim \chi^2(n_1)$，$Y \sim \chi^2(n_2)$，则称随机变量 $F = \dfrac{X / n_1}{Y / n_2}$ 服从第一自由度为 n_1，第二自由度为 n_2 的 *F* 分布，记作 $F \sim F(n_1, n_2)$.

F 分布的概率密度函数为

$$\psi(y) = \begin{cases} \dfrac{\Gamma\left[(n_1 + n_2) / 2\right](n_1 / n_2)^{n_1/2}\, y^{(n_1/2)-1}}{\Gamma(n_1 / 2)\Gamma(n_2 / 2)\left[1 + (n_1 y / n_2)\right]^{(n_1+n_2)/2}}, & y > 0 \\ 0, & \text{其他} \end{cases}$$

其图形如图 6-6 所示.

F 分布的性质如下：

（1）如果 $F \sim F(n_1, n_2)$，则 $\dfrac{1}{F} \sim F(n_2, n_1)$；

（2）$F_{1-\alpha}(n_1, n_2) = \dfrac{1}{F_\alpha(n_2, n_1)}$.

定义 6.8（*F* 分布的上侧分位数）　　对给定的实数 α（$0 < \alpha < 1$），若实数 $F_\alpha(n_1, n_2)$ 满足

$$P\{F > F_\alpha(n_1, n_2)\} = \alpha$$

则称 $F_\alpha(n_1, n_2)$ 为 *F* 分布的水平 α 的上侧分位数，简称为上 α 分位数，如图 6-7 所示. 其值可通过查附表 5 得到.

例如，对于 $n_1 = 5$，$n_2 = 15$，$\alpha = 0.1$，查附表 5 可得 $F_{0.1}(5, 15) = 2.27$.

对于 $n_1 = 7$，$n_2 = 8$，$\alpha = 0.975$，先查附表 5 得 $F_{0.025}(8, 7) = 4.90$，再计算出

$$F_{0.975}(7, 8) = \frac{1}{F_{0.025}(8, 7)} = \frac{1}{4.90} \approx 0.204$$

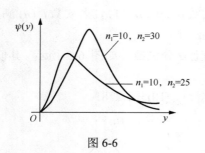

图 6-6

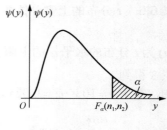

图 6-7

6.3　正态总体的抽样分布

统计量的分布又称为抽样分布. 对于一个统计量来说，求得它的分布是数理统计的基

本问题之一. 在诸多实际应用问题中, 统计研究所遇到的大多数问题是正态总体问题. 即使不是正态总体问题, 但是用正态总体作为它们的近似也能很好地解决问题, 这正是正态总体的特殊地位. 下面讨论正态总体样本的一些分布.

定理 6.2　设总体 $X \sim N(\mu, \sigma^2)$, $X_1, X_2, \cdots, X_n$ 是来自总体 X 的一个样本, $\bar{X}$ 为该样本的样本均值, 则

（1）$\bar{X} \sim N\left(\mu, \dfrac{\sigma^2}{n}\right)$;

（2）$U = \dfrac{\bar{X} - \mu}{\sigma / \sqrt{n}} \sim N(0, 1)$.

定理 6.3　设总体 $X \sim N(\mu, \sigma^2)$, $X_1, X_2, \cdots, X_n$ 是来自总体 X 的一个样本, $\bar{X}$ 与 S^2 分别为该样本的样本均值与样本方差, 则

（1）$\bar{X}$ 与 S^2 相互独立;

（2）$\chi^2 = \dfrac{(n-1)S^2}{\sigma^2} \sim \chi^2(n-1)$.

定理 6.4　设总体 $X \sim N(\mu, \sigma^2)$, $X_1, X_2, \cdots, X_n$ 是来自总体 X 的一个样本, $\bar{X}$ 与 S^2 分别为该样本的样本均值与样本方差, 则

$$t = \frac{\bar{X} - \mu}{S / \sqrt{n}} \sim t(n-1)$$

例 6.5　设随机变量 X, Y 相互独立且均服从标准正态分布, 则 X^2 / Y^2 服从何种分布?

解　由 $X \sim N(0,1)$, $Y \sim N(0,1)$, 得 $X^2 \sim \chi^2(1)$, $Y^2 \sim \chi^2(1)$, 且 X^2 与 Y^2 相互独立, 由 F 分布的定义, 可知

$$\frac{X^2}{Y^2} = \frac{X^2 / 1}{Y^2 / 1} \sim F(1, 1)$$

对于两个正态总体的样本, 有下面的结论.

定理 6.5　设 $X_1, X_2, \cdots, X_m$ 是来自正态总体 $N(\mu_1, \sigma^2)$ 的样本, $Y_1, Y_2, \cdots, Y_n$ 是来自正态总体 $N(\mu_2, \sigma^2)$ 的样本, 且两个正态总体是相互独立的, $\bar{X}, \bar{Y}$ 分别为两组样本的样本均值, S_1^2, S_2^2 分别为两组样本的样本方差, 则

$$\frac{(\bar{X} - \bar{Y}) - (\mu_1 - \mu_2)}{\sqrt{\dfrac{(m-1)S_1^2 + (n-1)S_2^2}{m+n-2}} \sqrt{\dfrac{1}{m} + \dfrac{1}{n}}} \sim t(m + n - 2)$$

证明　由定理 6.2, 可知

$$\bar{X} \sim N\left(\mu_1, \frac{\sigma^2}{m}\right), \quad \bar{Y} \sim N\left(\mu_2, \frac{\sigma^2}{n}\right)$$

又由于 $\bar{X}$ 与 $\bar{Y}$ 是相互独立的, 则有

$$\bar{X} - \bar{Y} \sim N\left(\mu_1 - \mu_2, \frac{\sigma^2}{m} + \frac{\sigma^2}{n}\right)$$

于是有

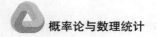

$$\frac{(\bar{X} - \bar{Y}) - (\mu_1 - \mu_2)}{\sigma\sqrt{\dfrac{1}{m} + \dfrac{1}{n}}} \sim N(0,1)$$

由定理 6.3，可知

$$\frac{(m-1)S_1^2}{\sigma^2} \sim \chi^2(m-1) , \quad \frac{(n-1)S_2^2}{\sigma^2} \sim \chi^2(n-1)$$

由于两个总体是相互独立的，所以

$$\frac{(m-1)S_1^2 + (n-1)S_2^2}{\sigma^2} \sim \chi^2(m+n-2)$$

由 t 分布的定义，可知

$$\frac{(\bar{X} - \bar{Y}) - (\mu_1 - \mu_2)}{\sqrt{\dfrac{(m-1)S_1^2 + (n-1)S_2^2}{m+n-2}}\sqrt{\dfrac{1}{m} + \dfrac{1}{n}}} \sim t(m+n-2)$$

定理 6.6 设 $X_1, X_2, \cdots, X_m$ 是来自正态总体 $N(\mu_1, \sigma_1^2)$ 的样本，$Y_1, Y_2, \cdots, Y_n$ 是来自正态总体 $N(\mu_2, \sigma_2^2)$ 的样本，且两个正态总体是相互独立的，S_1^2, S_2^2 分别为两组样本的样本方差，则

$$\frac{S_1^2/\sigma_1^2}{S_2^2/\sigma_2^2} \sim F(m-1, n-1)$$

证明 由定理 6.3、两总体的独立性及 F 分布的定义，知

$$\frac{(m-1)S_1^2/[\sigma_1^2(m-1)]}{(n-1)S_2^2/[\sigma_2^2(n-1)]} \sim F(m-1, n-1)$$

化简即得定理结论.

凯特勒——近代统计学的鼻祖

关于统计学的起源很难集中到一个人或一件事，格兰特、凯特勒、高尔顿、皮尔逊等都被提名为统计学的创始人. 在这里我们不纠结于谁更适合这个称号，而是重点介绍凯特勒留下的功绩.

凯特勒（1796—1874），比利时统计学家、数学家和天文学家. 凯特勒是英国皇家统计协会的创始成员之一，参加过许多学会的创建和运营，开创了近代统计学，并为它的国际性推广发挥了很大的作用.

在做犯罪数字统计、人类的自杀统计、人口统计、婚姻统计、神经病患者统计等时，凯特勒发现表面上杂乱无章的、偶然性占统治地位的社会现象，具有一定的规律性.

凯特勒首次发现人类的身高与胸围围绕着一个平均值上下波动，几乎服从正态分布.

　　凯特勒的研究中最著名的是提出了"平均人"的概念，例如，他认为在身高中，只有平均身高才是真值，脱离了它的值都可以称为"误差". 凯特勒还首次发现"误差"在各种各样的情况下都服从正态分布，这个发现是凯特勒在统计学领域做出的最重要的贡献. 他的研究使人们开始接受"误差分布可以用在人类群体（母群体）的统计性分析中"的想法. 这一发现开创了统计学中正态分布的时代.

单 元 小 结

一、知识要点

　　总体（全集）、个体（元素）、样本（子集）、简单随机样本（满足两个条件）、统计量、常用统计量、分位数、三大抽样分布（χ^2 分布、t 分布、X 分布）、来自单正态总体的抽样分布.

二、常用结论、方法

1. 简单随机样本需要满足的条件

（1）样本 $X_1, X_2, \cdots, X_n$ 与总体 X 同分布；

（2）$X_1, X_2, \cdots, X_n$ 相互独立.

由（1）可得

$$E(X_1) = E(X_2) = \cdots = E(X_n) = E(X)$$
$$D(X_1) = D(X_2) = \cdots = D(X_n) = D(X)$$

2. 常用统计量

$$
\text{常用统计量}
\begin{cases}
\text{样本均值 } \bar{X} = \dfrac{1}{n}\sum_{i=1}^{n} X_i \\[2mm]
\text{样本方差}
\begin{cases}
\text{修正的样本方差 } S^2 = \dfrac{1}{n-1}\sum_{i=1}^{n}(X_i - \bar{X})^2 \\[2mm]
\text{未修正的样本方差 } B_2 = \dfrac{1}{n}\sum_{i=1}^{n}(X_i - \bar{X})^2
\end{cases} \\[4mm]
\text{样本标准差 } S = \sqrt{\dfrac{1}{n-1}\sum_{i=1}^{n}(X_i - \bar{X})^2} \\[2mm]
\text{样本 } k \text{ 阶（原点）矩 } A_k = \dfrac{1}{n}\sum_{i=1}^{n} X_i^k \quad (k = 1, 2, \cdots) \\[2mm]
\text{样本 } k \text{ 阶中心矩 } B_k = \dfrac{1}{n}\sum_{i=1}^{n}(X_i - \bar{X})^k \quad (k = 1, 2, \cdots)
\end{cases}
$$

3. 来自单正态总体的抽样分布（$X \sim N(\mu, \sigma^2)$）

（1）$E(\bar{X}) = E(X)$；

（2）$D(\bar{X}) = \dfrac{1}{n} D(X)$；

（3）$\bar{X} \sim N\left(\mu, \dfrac{\sigma^2}{n}\right)$；

（4）$U = \dfrac{\bar{X} - \mu}{\sigma / \sqrt{n}} \sim N(0, 1)$；

（5）$\bar{X}$ 与 S^2 相互独立；

（6）$\chi^2 = \dfrac{(n-1)S^2}{\sigma^2} \sim \chi^2(n-1)$；

（7）$t = \dfrac{\bar{X} - \mu}{S / \sqrt{n}} \sim t(n-1)$.

巩 固 提 升

一、填空题

1. 若总体 $X \sim N(1,16)$，$X_1, X_2, \cdots, X_8$ 为来自总体 X 的样本，则 $\bar{X} \sim$ ＿＿＿.

2. 设 $X_1, X_2, \cdots, X_n$ 为总体 X 的一个样本，如果 $g(X_1, X_2, \cdots, X_n)$ ＿＿＿＿＿＿，则称 $g(X_1, X_2, \cdots, X_n)$ 为统计量.

3. 设 $X_1, X_2, \cdots, X_n$ 为取自总体 $U(-2,2)$ 的样本，$\bar{X}$ 为样本均值，则 $E(\bar{X}) =$ ＿＿，$D(\bar{X}) =$ ＿＿＿.

4. 简单随机样本满足两个条件：
（1）代表性，样本 $X_1, X_2, \cdots, X_n$ 与所考查的总体具有＿＿＿＿＿＿；
（2）独立性，$X_1, X_2, \cdots, X_n$ 是＿＿＿＿＿＿的随机变量.

二、单项选择题

1. 设样本 X_1, X_2, X_3, X_4 取自正态分布总体 X，且 $E(X) = \mu$ 为已知，而 $D(X) = \sigma^2$ 未知，令 $\bar{X}$ 为样本均值，则下列随机变量中不能作为统计量的是（　　）.

  A．$\bar{X} = \dfrac{1}{4} \sum\limits_{i=1}^{4} X_i$ B．$X_1 + X_4 - 2\mu$

  C．$\dfrac{1}{\sigma^2} \sum\limits_{i=1}^{4} (X_i - \bar{X})^2$ D．$B_2 = \dfrac{1}{4} \sum\limits_{i=1}^{4} (X_i - \bar{X})^2$

2. 设随机变量 X 服从正态分布 $N(0,1)$，对给定的 $\alpha(0 < \alpha < 1)$，数 u_α 满足 $P\{X > u_\alpha\} = \alpha$；若 $P\{|X| < x\} = \alpha$，则 x 等于（　　）.

  A．$u_{\alpha/2}$ B．$u_{1-\alpha/2}$

  C．$u_{(1-\alpha)/2}$ D．$u_{1-\alpha}$

3. 设 $X_1, X_2, \cdots, X_n$ 是来自总体 $N(0,1)$ 的样本，则统计量 χ^2（　　）服从自由度为 n 的 χ^2 分布.

  A．$X_1 + X_2 + \cdots + X_n$ B．$\min\{X_1, X_2, \cdots, X_n\}$

  C．$\dfrac{1}{n-1} \sum\limits_{i=1}^{n} (X_i^2 - \bar{X})$ D．$X_1^2 + X_2^2 + \cdots + X_n^2$

4. 若随机变量 X 与 Y 相互独立，且 $X \sim N(0,1)$，$Y \sim \chi^2(n)$，则称随机变量 $T =$（　　）服从自由度为 n 的 t 分布.

  A. $t = \dfrac{X}{Y/\sqrt{n}}$ B. $t = \dfrac{X}{\sqrt{Y/n}}$ C. $t = \dfrac{X}{Y}$ D. $F = \dfrac{X}{Y^2}$

三、计算题

1. 设总体 $X \sim P(\lambda)$，$X_1, X_2, \cdots, X_n$ 是取自该总体的样本，试求 $(X_1, X_2, \cdots, X_n)$ 的概率分布.

2. 在总体 $N(52, 6.3^2)$ 中随机抽取一个容量为 36 的样本，估计样本均值 $\overline{X}$ 落入 50.8～53.8 范围内的概率.

3. 设 $X \sim N(23, 9)$，$X_1, X_2 \cdots, X_{16}$ 为 X 的一个样本.

（1）求 $\overline{X}$ 所服从的分布；（2）求 $\overline{X} \leqslant 25$ 的概率.

4. 设 $X \sim N(21, 4)$，$X_1, X_2, \cdots, X_{25}$ 为 X 的一个样本，求 $P\{|\overline{X} - 21| \leqslant 0.36\}$.

5. 设总体 $X \sim N(4.2, 25)$，为使样本均值位于区间 $(2.2, 6.2)$ 内的概率不小于 0.95，则样本容量 n 至少应取多大？

6. 在总体 $N(20, 3)$ 中抽取两组样本 $X_1, X_2, \cdots, X_{10}$ 及 $Y_1, Y_2, \cdots, Y_{15}$，$\overline{X}$，$\overline{Y}$ 分别为两组样本的样本均值，求概率 $P\{|\overline{X} - \overline{Y}| > 0.3\}$.

7. 设总体 $X \sim N(0,1)$，$X_1, X_2, \cdots, X_5$ 是来自总体 X 的样本，试求常数 c，使统计量 $\dfrac{c(X_1 + X_2)}{\sqrt{X_3^2 + X_4^2 + X_5^2}}$ 服从 t 分布.

8. 设总体 $X \sim N(\mu, \sigma^2)$，在该总体中抽取一个容量为 16 的样本，这里 μ, σ^2 均未知. 求：

（1）$P\{S^2/\sigma^2 \leqslant 2.041\}$，其中 S^2 为样本方差；

（2）$D(S^2)$.

9. 设 $X_1, X_2, \cdots, X_n$ 和 $Y_1, Y_2, \cdots, Y_n$ 分别取自正态总体 $X \sim N(\mu_1, \sigma^2)$ 和 $Y \sim N(\mu_2, \sigma^2)$ 且相互独立，$\overline{X}$，$\overline{Y}$ 分别为两组样本的样本均值，S_1^2, S_2^2 分别为两组样本的样本方差，则以下统计量服从什么分布？

（1）$\dfrac{(n-1)(S_1^2 + S_2^2)}{\sigma^2}$；　（2）$\dfrac{n[(\overline{X} - \overline{Y}) - (\mu_1 - \mu_2)]^2}{S_1^2 + S_2^2}$.

10. 设 $X_1, X_2, \cdots, X_{15}$ 为取自正态总体 $N(0, \sigma^2)$ 的样本，试求统计量 $Y = \dfrac{2(X_1^2 + X_2^2 + \cdots + X_5^2)}{X_6^2 + X_7^2 + \cdots + X_{15}^2}$ 的分布.

参 数 估 计

单 元

样本推断总体的分布或分布的未知参数称为统计推断. 当总体的分布未知或部分未知时，统计推断就是尽可能充分利用样本所携带的有关总体的信息，对总体的分布做出尽可能精确可靠的推断.

统计推断可以分为两方面的内容：参数估计和假设检验. 参数估计问题是总体的分布已知，但它的某些参数（总体的数字特征也作为参数）却未知，要求对未知参数或未知参数的函数进行估计；假设检验问题是根据样本所提供的信息，对未知的总体分布的某些方面（如总体均值、总体方差、总体分布等）的假设做出合理的判断.本单元主要介绍参数的点估计、区间估计，以及点估计量的优良性标准.

7.1 参数的点估计

▌7.1.1 点估计的概念

设总体 X 的分布函数 $F(x,\theta)$ 的形式已知，但其中的参数 θ 是未知的. 要精确确定 θ 的值是困难的，因此我们只能通过样本所提供的信息来估计 θ 的值.

定义 7.1（点估计） 设 $X_1,X_2,\cdots,X_n$ 是取自总体 X 的一组样本，$x_1,x_2,\cdots,x_n$ 是相应的一组样本值，θ 是总体分布中的未知参数. 构造统计量 $\hat{\theta}(X_1,X_2,\cdots,X_n)$，用它的观测值 $\hat{\theta}(x_1,x_2,\cdots,x_n)$ 来估计未知参数 θ 的值. 称 $\hat{\theta}(X_1,X_2,\cdots,X_n)$ 为 θ 的**估计量**，称 $\hat{\theta}(x_1,x_2,\cdots,x_n)$ 为 θ 的**估计值**. 在不混淆的情况下，把 θ 的估计量和估计值统称为 θ 的估计，并都简记为 $\hat{\theta}$. 这种对未知参数的定值估计称为**参数的点估计**. 因为估计量是样本的函数，所以对于不同的样本值，θ 的估计值 $\hat{\theta}$ 一般是不同的.

下面介绍两种常用的点估计的方法：矩估计法与极大似然估计法.

▌7.1.2 矩估计法

1. 矩估计法的基本思想

矩估计法是由英国统计学家皮尔逊于 1894 年首创的. 由大数定律知,当总体的 k 阶矩存在时,样本的 k 阶矩依概率收敛于总体的 k 阶矩. 因此,可以用样本矩作为同阶总体矩的估计量,这就是矩估计法的基本思想. 这里的矩可以是原点矩,也可以是中心矩. 有关的几个记号表示如下.

总体 k 阶矩:$\mu_k = E(X^k)$;

样本 k 阶矩:$A_k = \dfrac{1}{n}\sum\limits_{i=1}^{n} X_i^k$;

总体 k 阶中心矩:$v_k = E(X - EX)^k$;

样本 k 阶中心矩:$B_k = \dfrac{1}{n}\sum\limits_{i=1}^{n}(X_i - \bar{X})^k$.

2. 矩估计法的定义

定义 7.2(矩估计法) 以样本矩估计相应的同阶总体矩的方法,称为**矩估计法**. 用矩估计法确定的估计量称为**矩估计量**,相应的估计值称为**矩估计值**,矩估计量和矩估计值统称为**矩估计**.

注意 $\hat{\mu}_k = A_k$,$\hat{v}_k = B_k$,$k = 1, 2, \cdots$. 特别地,由 $\hat{\mu}_1 = A_1$,得 $\hat{E}X = \bar{X} = \dfrac{1}{n}\sum\limits_{i=1}^{n} X_i$;由 $\hat{v}_2 = B_2$,得 $\hat{D}X = \dfrac{1}{n}\sum\limits_{i=1}^{n}(X_i - \bar{X})^2$.

3. 矩估计法的解题步骤

(1)假设估计的未知参数有 k 个,那么构造 k 个总体矩等式,以未知参数为自变量,把每个总体矩表示成未知参数的函数,得到一个包含 k 个未知参数 $\theta_1, \theta_2, \cdots, \theta_k$ 的联立方程组,即

$$\begin{cases} \mu_1 = \mu_1(\theta_1, \theta_2, \cdots, \theta_k) \\ \mu_2 = \mu_2(\theta_1, \theta_2, \cdots, \theta_k) \\ \cdots\cdots \\ \mu_k = \mu_k(\theta_1, \theta_2, \cdots, \theta_k) \end{cases} \tag{7.1}$$

(2)解方程组(7.1),求出未知参数 $\theta_1, \theta_2, \cdots, \theta_k$,即

$$\begin{cases} \theta_1 = \theta_1(\mu_1, \mu_2, \cdots, \mu_k) \\ \theta_2 = \theta_2(\mu_1, \mu_2, \cdots, \mu_k) \\ \cdots\cdots \\ \theta_k = \theta_k(\mu_1, \mu_2, \cdots, \mu_k) \end{cases} \tag{7.2}$$

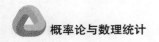

从而

$$
\begin{cases}
\hat{\theta}_1 = \hat{\theta}_1(\hat{\mu}_1, \hat{\mu}_2, \cdots, \hat{\mu}_k) \\
\hat{\theta}_2 = \hat{\theta}_2(\hat{\mu}_1, \hat{\mu}_2, \cdots, \hat{\mu}_k) \\
\qquad \cdots\cdots \\
\hat{\theta}_k = \hat{\theta}_k(\hat{\mu}_1, \hat{\mu}_2, \cdots, \hat{\mu}_k)
\end{cases}
\tag{7.3}
$$

（3）将方程组（7.3）右边包含的总体矩用同阶样本矩替换，即以 A_i 替代 $\hat{\mu}_i$，得

$$
\begin{cases}
\hat{\theta}_1 = \hat{\theta}_1(A_1, A_2, \cdots, A_k) \\
\hat{\theta}_2 = \hat{\theta}_2(A_1, A_2, \cdots, A_k) \\
\qquad \cdots\cdots \\
\hat{\theta}_k = \hat{\theta}_k(A_1, A_2, \cdots, A_k)
\end{cases}
$$

例 7.1　设总体 X 的概率密度函数为

$$
f(x) =
\begin{cases}
\dfrac{2}{\theta^2}(\theta - x), & 0 < x < \theta, \theta > 0 \\
0, & \text{其他}
\end{cases}
$$

$X_1, X_2, \cdots, X_n$ 是来自总体 X 的样本，$\bar{X}$ 为样本均值，求 θ 的矩估计量.

　　解　由题意得

$$
E(X) = \int_0^\theta \frac{2}{\theta^2} x(\theta - x)\mathrm{d}x = \frac{2}{\theta^2}\int_0^\theta (\theta x - x^2)\mathrm{d}x = \frac{1}{3}\theta
$$

即 $\theta = 3E(X)$. 用样本均值代替总体均值，得到 $\hat{\theta} = 3\bar{X}$.

　　例 7.2　设总体 X 的期望为 μ，方差为 σ^2，$X_1, X_2, \cdots, X_n$ 是总体的一组样本，试求总体的期望 μ 和方差 σ^2 的矩估计.

　　解　由

$$
D(X) = E(X^2) - (E(X))^2
$$

可知

$$
E(X^2) = D(X) + (E(X))^2 = \sigma^2 + \mu^2
$$

　　令

$$
\begin{cases}
E(X) = \mu \\
E(X) = \sigma^2 + \mu^2
\end{cases}
$$

解得 $\mu = E(X)$，$\sigma^2 = E(X^2) - [E(X)]^2$，用样本矩替代相应的总体矩，于是

$$
\hat{\mu}_1 = A_1 = \bar{X}, \quad \hat{\sigma}^2 = A_2 - A_1^2 = \frac{1}{n}\sum_{i=1}^{n}(X_i - \bar{X})^2 = \frac{n-1}{n}S_n^2
$$

　　此例表明，总体均值的矩估计是样本均值，总体方差的矩估计是样本的二阶中心矩，且与总体的分布无关.

　　矩估计是一种经典的估计方法，它比较直观，计算简单，即使不知道总体的分布类型，只要知道未知参数与总体各阶矩之间的关系，就可以使用该方法，因此在实际中，矩估计应用很广泛，原则上来讲，矩估计既可以使用原点矩也可以使用中心矩，既可以用低阶矩也可以用高阶矩. 一般情况下，使用原点矩进行估计，而且能用低阶矩处理的就不用高

阶矩.

7.1.3　极大似然估计法

1. 极大似然估计法的基本思想

极大似然估计法也称为最大似然估计法,是一种常用的点估计方法. 1821 年德国数学家高斯首次提出极大似然估计法,1922 年英国统计学家费歇尔重新发现这个方法并进一步展开研究,证明了极大似然估计的一些优良的性质,因此一般将它归功于费歇尔.

极大似然估计法就是固定样本观测值,在参数取值范围内选出一个参数值作为参数的估计值,这个参数值使似然函数取得最大值(相应事件的概率取得最大值).

例 7.3　假定一个箱子里装有许多大小相同的红球和白球,它们的数目比为 3∶1,但不知道哪种颜色的球多. 现在有放回地从箱子中取出 3 只球,恰有 1 只红球,则哪种颜色的球多?

解　设取到的 3 只球中红球的数量为 X ,每次取到红球的概率为 p ,则 $X \sim b(3, p)$,未知参数 p 的可能取值是 $1/4$, $3/4$.

若取 $p = 1/4$,则

$$P\{X = 1\} = C_3^1 \times \frac{1}{4} \times \left(\frac{3}{4}\right)^2 = \frac{27}{64}$$

若取 $p = 3/4$,则

$$P\{X = 1\} = C_3^1 \times \frac{3}{4} \times \left(\frac{1}{4}\right)^2 = \frac{9}{64}$$

当取 $p = 1/4$ 时, $P\{X = 1\}$ 取得最大值,故选取 $\hat{p} = 1/4$,也就是估计白球比红球多.

2. 似然函数的定义

定义 7.3(似然函数)　(1)设离散型总体 X 的概率分布为 $P\{X = x\} = p(x; \theta)$, $\theta \in \Theta$, θ 是未知参数, Θ 是 θ 可能取值的范围. 设 $X_1, X_2, \cdots, X_n$ 是来自总体 X 的样本,样本观测值为 $x_1, x_2, \cdots, x_n$,则 $X_1, X_2, \cdots, X_n$ 的联合分布为

$$P\{X_1 = x_1, X_2 = x_2, \cdots, X_n = x_n\} = \prod_{i=1}^{n} p(x_i; \theta)$$

对确定的观测值 $x_1, x_2, \cdots, x_n$,它是未知参数 θ 的函数,记为

$$L(\theta) = L(x_1, x_2, \cdots, x_n; \theta) = \prod_{i=1}^{n} p(x_i; \theta)$$

并称其为似然函数.

(2)设连续型总体 X 的概率密度函数为 $f(x; \theta)$, $\theta \in \Theta$, θ 为未知参数, Θ 是 θ 可能取值的范围,称

$$L(\theta) = L(x_1, x_2, \cdots, x_n; \theta) = \prod_{i=1}^{n} f(x_i; \theta)$$

为似然函数.

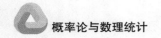

3. 极大似然估计的定义

定义 7.4（极大似然估计） 对于固定样本观测值 $x_1, x_2, \cdots, x_n$，在 θ 取值的可能范围 Θ 内选择一个值作为 θ 的估计值 $\hat{\theta}$，$\hat{\theta}$ 使似然函数取得最大值，即取

$$L(x_1, x_2, \cdots, x_n; \hat{\theta}) = \max_{\theta \in \Theta} L(x_1, x_2, \cdots, x_n; \theta)$$

这样得到的 $\hat{\theta}$ 与样本值 $x_1, x_2, \cdots, x_n$ 有关，常记为 $\hat{\theta} = \hat{\theta}(x_1, x_2, \cdots, x_n)$，称为参数 θ 的**极大似然估计值**，相应的统计量 $\hat{\theta}(X_1, X_2, \cdots, X_n)$ 称为 θ 的**极大似然估计量**.

4. 求极大似然估计的一般方法

（1）写出似然函数

$$L(\theta) = L(x_1, x_2, \cdots, x_n; \theta) = \prod_{i=1}^{n} p(x_i; \theta)$$

或

$$L(\theta) = L(x_1, x_2, \cdots, x_n; \theta) = \prod_{i=1}^{n} f(x_i; \theta)$$

（2）对似然函数两边取对数，得到对数似然函数 $\ln L(\theta)$；

（3）两边对 θ 求导并令其等于零，得 $\dfrac{\mathrm{d}\ln L(\theta)}{\mathrm{d}\theta} = 0$，求出驻点；

（4）判断并求出最大值点，在最大值点的表达式中，将样本值代入就得到参数的极大似然估计量.

注意 上述方法可以推广到含有多个未知参数 $\theta_1, \theta_2, \cdots, \theta_k$ 的情形，这时对数似然函数是多元函数，两边分别对 $\theta_1, \theta_2, \cdots, \theta_k$ 依次求偏导数并令其等于零，即

$$\begin{cases} \dfrac{\partial}{\partial \theta_1} \ln L = 0 \\[2mm] \dfrac{\partial}{\partial \theta_2} \ln L = 0 \\[2mm] \qquad \cdots\cdots \\[2mm] \dfrac{\partial}{\partial \theta_k} \ln L = 0 \end{cases}$$

解上述方程组，即可得到各未知参数 $\theta_i (i = 1, 2, \cdots, k)$ 的极大似然估计值 $\hat{\theta}_i$.

例 7.4 设总体 X 服从指数分布，其概率密度函数为

$$f(x) = \begin{cases} \lambda \mathrm{e}^{-\lambda x}, & x > 0 \\ 0, & x \leq 0 \end{cases}$$

其中，$\lambda > 0$ 为未知参数，$x_1, x_2, \cdots, x_n$ 为总体 X 的一组样本值，求参数 λ 的极大似然估计值.

解 似然函数

$$L(x_1, x_2, \cdots, x_n; \lambda) = \prod_{i=1}^{n} \lambda \mathrm{e}^{-\lambda x_i} = \lambda^n \mathrm{e}^{-\lambda \sum_{i=1}^{n} x_i}$$

则

$$\ln L = n \ln \lambda - \lambda \sum_{i=1}^{n} x_i$$

令 $\dfrac{\mathrm{d} \ln L}{\mathrm{d} \lambda} = \dfrac{n}{\lambda} - \sum_{i=1}^{n} x_i = 0$ 可得参数 λ 的极大似然估计值为

$$\hat{\lambda} = \frac{n}{\sum_{i=1}^{n} x_i} = \frac{1}{\overline{x}}$$

例 7.5 设总体 X 服从正态分布 $N(\mu, \sigma^2)$，其中 μ 和 σ^2 是未知参数，$X_1, X_2, \cdots, X_n$ 为总体 X 的一组样本，求参数 μ 和 σ^2 的极大似然估计.

解 似然函数为

$$L(\mu, \sigma^2) = \prod_{i=1}^{n} \frac{1}{\sqrt{2\pi}\sigma} \cdot \mathrm{e}^{-\frac{(x_i - \mu)^2}{2\sigma^2}} = \left(\frac{1}{2\pi\sigma^2}\right)^{\frac{n}{2}} \cdot \mathrm{e}^{-\frac{\sum_{i=1}^{n}(x_i - \mu)^2}{2\sigma^2}}$$

对数似然函数为

$$\ln L(\mu, \sigma^2) = -\frac{n}{2} \ln 2\pi - \frac{n}{2} \ln \sigma^2 - \frac{\sum_{i=1}^{n}(x_i - \mu)^2}{2\sigma^2}.$$

分别关于 μ, σ^2 求一阶偏导，并令偏导数为 0，有

$$\begin{cases} \dfrac{\partial[\ln L(\mu, \sigma^2)]}{\partial \mu} = \dfrac{1}{\sigma^2} \sum_{i=1}^{n}(x_i - \mu) = 0 \\ \dfrac{\partial[\ln L(\mu, \sigma^2)]}{\partial \sigma^2} = -\dfrac{n}{2\sigma^2} + \dfrac{1}{2(\sigma^2)^2} \sum_{i=1}^{n}(x_i - \mu)^2 = 0 \end{cases}$$

解方程组，得

$$\hat{\mu} = \frac{1}{n} \sum_{i=1}^{n} x_i = \overline{x}, \quad \hat{\sigma}^2 = \frac{1}{n} \sum_{i=1}^{n} (x_i - \overline{x})^2$$

故 μ 和 σ^2 的极大似然估计量为

$$\hat{\mu} = \frac{1}{n} \sum_{i=1}^{n} X_i = \overline{X}, \quad \hat{\sigma}^2 = \frac{1}{n} \sum_{i=1}^{n} (X_i - \overline{X})^2$$

例 7.6 设总体 X 服从均匀分布 $U(0, \theta)$，其中 θ 是未知参数，$X_1, X_2, \cdots, X_n$ 为总体 X 的一组样本，求参数 θ 的极大似然估计.

解 似然函数

$$L(\theta) = \begin{cases} \dfrac{1}{\theta^n}, & 0 < x_i < \theta, \ i = 1, 2, \cdots, n \\ 0, & \text{其他} \end{cases}$$

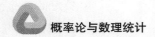

由于 $L(\theta)$ 是关于 θ 的单调递减函数，为使 $L(\theta)$ 达到最大，θ 需尽量小，但是为了使 $L(\theta) > 0$，需要 $\hat\theta \geqslant \max\{x_1, x_2, \cdots, x_n\}$，因而当 $\hat\theta = \max\{x_1, x_2, \cdots, x_n\}$ 时，$L(\theta)$ 达到最大，故 θ 的极大似然估计量为 $\hat\theta = \max\{X_1, X_2, \cdots, X_n\}$。

常用的点估计的方法除本节介绍的矩估计法和极大似然估计法外，还有贝叶斯法。贝叶斯法是一种基于先验信息对参数进行估计的方法，它在社会经济领域中也有很多应用，但比较而言，本节介绍的两种方法更为常用，也更为基础。

7.2 点估计的优良性标准

在前面我们介绍了矩估计法和极大似估计法两种点估计方法，对于同一参数，用不同的估计方法得到的点估计不一定相同，那么究竟使用哪个估计量更好呢？为此，需要建立评价估计量优劣的标准。本节将介绍估计量的无偏性、有效性和相合性。

7.2.1 无偏性

定义 7.5（无偏估计量） 设 $\hat\theta = \hat\theta(X_1, X_2, \cdots, X_n)$ 是未知参数 θ 的估计量，若
$$E(\hat\theta) = \theta$$
则称 $\hat\theta$ 为 θ 的**无偏估计量**，或称估计量 $\hat\theta$ 具有无偏性。否则，称 $\hat\theta$ 为 θ 的**有偏估计量**。

$E(\hat\theta) - \theta$ 称为以 $\hat\theta$ 作为 θ 的估计的系统误差。因此，无偏估计是指样本估计量的数值在参数周围摆动，而无系统误差。

定理 7.1 设 $X_1, X_2, \cdots, X_n$ 为取自总体 X 的样本，总体 X 的均值为 μ，方差为 σ^2，则

（1）样本均值 $\bar X$ 是 μ 的无偏估计量；

（2）样本方差 S^2 是 σ^2 的无偏估计量；

（3）样本二阶中心矩 $B_2 = \dfrac{1}{n}\sum_{i=1}^{n}(X_i - \bar X)^2$ 是 σ^2 的有偏估计量。

证明略。

7.2.2 有效性

一个参数 θ 可能有多个无偏估计量，哪一个更理想呢？我们需要增加评价估计量的标准。设 $\hat\theta_1$ 和 $\hat\theta_2$ 都是 θ 的无偏估计量，如果在样本容量 n 相同的条件下，$\hat\theta_1$ 的观测值比 $\hat\theta_2$ 的观测值更密集在真值 θ 的附近，那么认为 $\hat\theta_1$ 比 $\hat\theta_2$ 更好。取值的密集程度可以用方差来描述，也就是说，无偏估计量中方差小的好。这就是估计量的有效性。

定义 7.6（有效性） 设 $\hat\theta_1 = \hat\theta_1(X_1, X_2, \cdots, X_n)$ 与 $\hat\theta_2 = \hat\theta_2(X_1, X_2, \cdots, X_n)$ 都是参数 θ 的无

偏估计量，若

$$D(\hat{\theta}_1) < D(\hat{\theta}_2)$$

则称 $\hat{\theta}_1$ 比 $\hat{\theta}_2$ 有效.

例 7.7 设 X_1, X_2, X_3, X_4 是从正态总体 $N(\mu, \sigma^2)$ 中抽取的样本，μ 的 3 个估计量为

$$\hat{\mu}_1 = \frac{1}{3}X_1 + \frac{1}{3}X_2 + \frac{1}{6}X_3 + \frac{1}{6}X_4$$

$$\hat{\mu}_2 = \frac{1}{4}(X_1 + X_2 + X_3 + X_4)$$

$$\hat{\mu}_3 = \frac{1}{2}X_1 + \frac{1}{6}X_2 + \frac{1}{6}X_3 + \frac{1}{6}X_4$$

（1）证明：估计量 $\hat{\mu}_1, \hat{\mu}_2, \hat{\mu}_3$ 都是 μ 的无偏估计量；

（2）判断哪一个估计量更有效.

解 （1）由于 X_1, X_2, X_3, X_4 是来自总体的一个样本，因此它们之间相互独立并与总体同分布，所以 $E(X_i) = E(X) = \mu$ （$i = 1, 2, 3, 4$），则

$$E(\hat{\mu}_1) = \frac{1}{3}E(X_1) + \frac{1}{3}E(X_2) + \frac{1}{6}E(X_3) + \frac{1}{6}E(X_4) = \frac{1}{3}\mu + \frac{1}{3}\mu + \frac{1}{6}\mu + \frac{1}{6}\mu = \mu$$

$$E(\hat{\mu}_2) = \frac{1}{4}[E(X_1) + E(X_2) + E(X_3) + E(X_4)] = \frac{1}{4}(\mu + \mu + \mu + \mu) = \mu$$

$$E(\hat{\mu}_3) = \frac{1}{2}E(X_1) + \frac{1}{6}E(X_2) + \frac{1}{6}E(X_3) + \frac{1}{6}E(X_4) = \frac{1}{2}\mu + \frac{1}{6}\mu + \frac{1}{6}\mu + \frac{1}{6}\mu = \mu$$

所以 $\hat{\mu}_1, \hat{\mu}_2, \hat{\mu}_3$ 都是 μ 的无偏估计量.

（2）由于 X_1, X_2, X_3, X_4 相互独立且 $D(X_i) = D(X) = \sigma^2$ （$i = 1, 2, 3, 4$），故

$$D(\hat{\mu}_1) = \frac{1}{9}D(X_1) + \frac{1}{9}D(X_2) + \frac{1}{36}D(X_3) + \frac{1}{36}D(X_4) = \frac{5}{18}\sigma^2$$

$$D(\hat{\mu}_2) = \frac{1}{16}D(X_1) + \frac{1}{16}D(X_2) + \frac{1}{16}D(X_3) + \frac{1}{16}D(X_4) = \frac{1}{4}\sigma^2$$

$$D(\hat{\mu}_3) = \frac{1}{4}D(X_1) + \frac{1}{36}D(X_2) + \frac{1}{36}D(X_3) + \frac{1}{36}D(X_4) = \frac{1}{3}\sigma^2$$

则 $D(\hat{\mu}_2) < D(\hat{\mu}_1) < D(\hat{\mu}_3)$，所以 $\hat{\mu}_2$ 比 $\hat{\mu}_1$ 和 $\hat{\mu}_3$ 更有效.

7.2.3 相合性

无偏性和有效性都是在样本容量 n 固定的条件下讨论的，我们还希望当样本容量增大时，良好估计量的值稳定于待估参数的真值附近，这就需要引入相合性（一致性）这一概念.

定义 7.7（相合性） 设 $\hat{\theta} = \hat{\theta}(X_1, X_2, \cdots, X_n)$ 为未知参数 θ 的估计量，若当 $n \to \infty$ 时 $\hat{\theta} = \hat{\theta}(X_1, X_2, \cdots, X_n)$ 依概率收敛于 θ，则称 $\hat{\theta}$ 为 θ 的相合估计量（或一致估计量）.

注意 估计量的相合性只有样本容量很大时才有意义，实际问题中往往难以符合条件. 因此，在实际问题中一般只使用无偏性和有效性这两条标准.

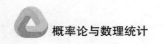

7.3 参数的区间估计

7.3.1 区间估计的概念

前面学习的点估计值是未知参数 θ 的近似值,这个近似值的可信程度是多少不得而知. 本节介绍另一类估计,称为区间估计,即估计未知参数 θ 被某个区间包含,同时给出此区间包含未知参数 θ 真值的可信程度.

定义 7.8(置信区间) 设 θ 为总体分布的未知参数, $X_1, X_2, \cdots, X_n$ 是取自总体 X 的一组样本,对给定的数 $\alpha(0 < \alpha < 1)$,若存在统计量 $\hat{\theta}_1 = \hat{\theta}_1(X_1, X_2, \cdots, X_n)$ 和 $\hat{\theta}_2 = \hat{\theta}_2(X_1, X_2, \cdots, X_n)$,使得

$$P\{\hat{\theta}_1 < \theta < \hat{\theta}_2\} = 1 - \alpha$$

则称随机区间 $(\hat{\theta}_1, \hat{\theta}_2)$ 为 θ 的置信度为 $1 - \alpha$ 的**置信区间**, $\hat{\theta}_1$ 和 $\hat{\theta}_2$ 分别称为**置信下限**和**置信上限**, $1 - \alpha$ 称为**置信度**、**置信概率**或**置信水平**.

注意

(1)置信度 $1 - \alpha$ 的含义:置信区间 $(\hat{\theta}_1, \hat{\theta}_2)$ 是随机区间,其大小依赖于样本观测值,它可能包含 θ,也可能不包含 θ. 若取 $1 - \alpha = 0.95$,重复抽样 100 次,则其中大约有 95 个区间包含 θ 的真值,大约有 5 个区间不包含 θ 的真值.

(2)区间估计的精度可以用置信区间的长度来描述,区间长度越小,精度越高;置信度则看 $1 - \alpha$ 的大小, $1 - \alpha$ 越大,置信度越高,置信区间包含真值的概率越大. 区间估计的精度与置信度是相互制约的,当样本容量固定时,置信度越大,精度越低;反之亦然. 想要既不降低置信度又提高估计精度,只有增大样本容量,为此可能需要投入更多的人力和物力.

7.3.2 单正态总体参数的区间估计

假定 $X \sim N(\mu, \sigma^2)$, $X_1, X_2, \cdots, X_n$ 是取自总体 X 的一组样本.

1. 单正态总体均值的置信区间

1) σ^2 已知时 μ 的置信区间

设 $X_1, X_2, \cdots, X_n$ 取自正态总体 $N(\mu, \sigma^2)$,其中 σ 已知, $\bar{X}$ 为样本均值,置信水平为 $1 - \alpha$. 一般情况下,枢轴量的选取都与参数的点估计量有关. 因 $\bar{X}$ 是 μ 的无偏估计量,故可选取枢轴量为

$$g = \frac{\bar{X} - \mu}{\sigma / \sqrt{n}} \sim N(0, 1) \tag{7.4}$$

显然 g 的分布不依赖于任何未知参数, a 和 b 应满足

$$P\{a \leqslant g \leqslant b\} = \Phi(b) - \Phi(a) = 1 - \alpha$$

经过等价变形，可得

$$P\{\bar{X} - b\sigma/\sqrt{n} \leqslant \mu \leqslant \bar{X} - a\sigma/\sqrt{n}\} = 1 - \alpha$$

由分位数的定义及标准正态分布的对称性可知，在 $\Phi(b) - \Phi(a) = 1 - \alpha$ 的条件下，当 $b = -a = u_{\alpha/2}$ 时，区间长度达到最短，因此给出 μ 的置信水平为 $1 - \alpha$ 的置信区间为

$$(\bar{X} - u_{\alpha/2}\sigma/\sqrt{n}, \bar{X} + u_{\alpha/2}\sigma/\sqrt{n}) \tag{7.5}$$

以下前面 3 个量通常情况下是已知的，后两个一般不直接给出：

$1 - \alpha$ ——置信度，已知；

n ——样本容量，已知；

σ^2 ——总体方差，已知；

$\bar{X}$ ——样本均值，已知或须计算；

$u_{\alpha/2}$ ——标准正态分布的上 $\alpha/2$ 分位点，须查标准正态分布表.

具体查表方法如下：由于 $\Phi(u_{\alpha/2}) = 1 - \alpha/2$，故先在表格中间查概率 $1 - \alpha/2$，然后在左侧和上侧读出 $u_{\alpha/2}$，如图 7-1 所示.

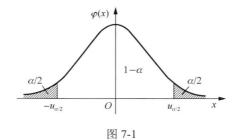

图 7-1

例 7.8　一个车间生产轴承，从某天的产品里随机抽取 5 个，量得直径如下（单位：mm）：

14.6，15.0，14.8，15.2，15.3

如果轴承的直径 X 服从正态分布，$X \sim N(\mu, 0.05^2)$，求平均直径 μ 的置信度为 95% 的置信区间.

解　依题意，有

$$\sigma^2 = 0.05，n = 5，\alpha = 0.05$$

计算得 $\bar{x} = 14.98$，查附表 2，得 $\Phi(1.96) = 0.975$，则 $u_{\alpha/2} = u_{0.025} = 1.96$，于是

$$\frac{\sigma}{\sqrt{n}} u_{\alpha/2} = \sqrt{\frac{0.05}{5}} \times 1.96 = 0.196$$

$$\bar{x} - \frac{\sigma}{\sqrt{n}} u_{\alpha/2} = 14.98 - 0.196 = 14.784$$

$$\bar{x} + \frac{\sigma}{\sqrt{n}} u_{\alpha/2} = 14.98 + 0.196 = 15.176$$

所以平均直径 μ 的置信度为 95% 的置信区间为 $(14.784, 15.176)$.

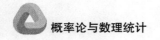

2）σ^2 未知 μ 的置信区间

设 $X_1, X_2, \cdots, X_n$ 为取自正态总体 $N(\mu, \sigma^2)$ 的样本，其中 σ 未知，$\overline{X}, S^2$ 分别为样本均值和样本方差，置信水平为 $1-\alpha$. 在这种情况下，枢轴量不能再选用式（7.4）了，因为式（7.4）中含有未知参数 σ，考虑到样本方差 S^2 是 σ^2 的无偏估计量，故取枢轴量为

$$g = \frac{\overline{X} - \mu}{S/\sqrt{n}} \sim t(n-1) \tag{7.6}$$

对于给定的置信水平 $1-\alpha$，用与前面类似的方法可得 μ 的置信水平为 $1-\alpha$ 的置信区间为

$$\left(\overline{X} - \frac{S}{\sqrt{n}} t_{\alpha/2}(n-1), \quad \overline{X} + \frac{S}{\sqrt{n}} t_{\alpha/2}(n-1) \right) \tag{7.7}$$

其中，S 为样本方差，已知或须计算；$t_{\alpha/2}(n-1)$ 为 t 分布的上 $\alpha/2$ 分位点，须查 t 分布表.

例 7.9 某工厂设计制造了一种易安装的玩具，设计者为了确定成人安装这种玩具的平均时间，现随机让 36 位成人对该玩具进行安装，得到了如下的安装时间（单位：min）：

$$17, \ 13, \ 18, \ 19, \ 17, \ 21, \ 29, \ 22, \ 16$$
$$28, \ 21, \ 15, \ 26, \ 23, \ 24, \ 20, \ 8, \ 17$$
$$17, \ 21, \ 32, \ 18, \ 25, \ 22, \ 16, \ 10, \ 20$$
$$22, \ 19, \ 14, \ 30, \ 22, \ 12, \ 24, \ 28, \ 11$$

试求这种玩具平均安装时间的置信水平为 0.95 的置信区间.

解 由题中数据，得

$$n = 36, \quad \overline{X} = 19.92, \quad S \approx 5.73$$

又由 $1-\alpha = 0.95$，得 $\alpha = 0.05$. 查附表 3，知 $t_{0.025}(35) \approx 2.03$，从而可得

$$19.92 - 2.03 \times \frac{5.73}{\sqrt{36}} < \mu < 19.92 + 2.03 \times \frac{5.73}{\sqrt{36}}$$

即

$$17.98 < \mu < 21.86$$

所以这种玩具的平均安装时间的置信水平为 0.95 的置信区间为 $(17.98, 21.86)$.

2. 单正态总体方差的置信区间

设 $X_1, X_2, \cdots, X_n$ 取自正态总体 $N(\mu, \sigma^2)$，其中 μ 未知，讨论 σ^2 的置信水平为 $1-\alpha$ 的置信区间.

考虑到样本方差 S^2 是 σ^2 的无偏估计量，又由定理 6.3，可知 $\dfrac{(n-1)S^2}{\sigma^2} \sim \chi^2(n-1)$，且该分布不依赖任何未知参数. 由

$$P\left\{ \chi^2_{1-\alpha/2}(n-1) \leqslant \frac{(n-1)S^2}{\sigma^2} \leqslant \chi^2_{\alpha/2}(n-1) \right\} = 1-\alpha$$

得

$$P\left\{\frac{(n-1)S^2}{\chi_{\alpha/2}^2(n-1)} \leqslant \sigma^2 \leqslant \frac{(n-1)S^2}{\chi_{1-\alpha/2}^2(n-1)}\right\} = 1-\alpha$$

所以 σ^2 的置信水平为 $1-\alpha$ 的置信区间为

$$\left(\frac{(n-1)S^2}{\chi_{\alpha/2}^2(n-1)}, \frac{(n-1)S^2}{\chi_{1-\alpha/2}^2(n-1)}\right) \tag{7.8}$$

例 7.10　某厂生产的零件的质量服从正态分布 $N(\mu, \sigma^2)$，现从该厂生产的零件中抽取 9 个，测得其质量如下（单位：g）：

$$45.3, 45.4, 45.1, 45.3, 45.5, 45.7, 45.4, 45.3, 45.6$$

试求总体方差 σ^2 的置信水平为 0.95 的置信区间.

解　经计算，得

$$S^2 \approx 0.0325, \quad (n-1)S^2 \approx 8 \times 0.0325 = 0.26$$

又由 $1-\alpha = 0.95$，得 $\alpha = 0.05$. 查附表 4，知

$$\chi_{0.975}^2(8) = 2.180, \quad \chi_{0.025}^2(8) = 17.535$$

代入式（7.8）中，可得 σ^2 的置信水平为 0.95 的置信区间为 $(0.0148, 0.1193)$.

7.3.3　两个正态总体的置信区间

1. 两个总体均值差 $\mu_1 - \mu_2$ 的置信区间

设 $X_1, X_2, \cdots, X_m$ 是来自正态总体 $N(\mu_1, \sigma_1^2)$ 的样本，$Y_1, Y_2, \cdots, Y_n$ 是来自正态总体 $N(\mu_2, \sigma_2^2)$ 的样本，$\bar{X}, \bar{Y}$ 分别为两组样本的样本均值，S_1^2, S_2^2 分别为两组样本的样本方差，且两个正态总体是相互独立的. 若两个总体的方差 σ_1^2, σ_2^2 已知，求两个总体的均值差 $\mu_1 - \mu_2$ 的置信水平为 $1-\alpha$ 的置信区间.

由正态分布的性质，可知

$$\bar{X} - \bar{Y} \sim N\left(\mu_1 - \mu_2, \frac{\sigma_1^2}{m} + \frac{\sigma_2^2}{n}\right)$$

则取枢轴量为

$$\frac{\bar{X} - \bar{Y} - (\mu_1 - \mu_2)}{\sqrt{\frac{\sigma_1^2}{m} + \frac{\sigma_2^2}{n}}} \sim N(0,1)$$

利用之前的方法可得 $\mu_1 - \mu_2$ 的置信水平为 $1-\alpha$ 的置信区间为

$$\left(\bar{X} - \bar{Y} - u_{\alpha/2}\sqrt{\frac{\sigma_1^2}{m} + \frac{\sigma_2^2}{n}}, \bar{X} - \bar{Y} + u_{\alpha/2}\sqrt{\frac{\sigma_1^2}{m} + \frac{\sigma_2^2}{n}}\right) \tag{7.9}$$

2. 两个总体方差比 σ_1^2 / σ_2^2 的置信区间

由于 $(m-1)S_1^2/\sigma_1^2 \sim \chi^2(m-1)$，$(n-1)S_2^2/\sigma_2^2 \sim \chi^2(n-1)$，且 S_1^2 与 S_2^2 相互独立，则可构造如下枢轴量：

$$\frac{S_1^2/\sigma_1^2}{S_2^2/\sigma_2^2} \sim F(m-1,n-1)$$

对于给定的置信水平 $1-\alpha$，由

$$P\left\{F_{1-\alpha/2}(m-1,n-1) \leqslant \frac{S_1^2/\sigma_1^2}{S_2^2/\sigma_2^2} \leqslant F_{\alpha/2}(m-1,n-1)\right\} = 1-\alpha$$

经过不等式变形，可得 σ_1^2/σ_2^2 的 $1-\alpha$ 置信区间为

$$\left(\frac{S_1^2}{S_2^2} \cdot \frac{1}{F_{\alpha/2}(m-1,n-1)}, \frac{S_1^2}{S_2^2} \cdot \frac{1}{F_{1-\alpha/2}(m-1,n-1)}\right) \tag{7.10}$$

例 7.11 甲、乙两台机床独立加工同一种型号的机器零件，假设两台机床所加工的零件长度分别服从 $N(\mu_1,\sigma_1^2)$ 和 $N(\mu_2,\sigma_2^2)$．现从两台机床加工的零件中分别抽取容量为 9 和 13 的样本，测得样本均值分别为 $\bar{x}=20.93\mathrm{mm}$，$\bar{y}=21.2\mathrm{mm}$，样本方差分别为 $s_x^2=0.221$，$s_y^2=0.342$．

（1）若 $\sigma_1^2=2.45$，$\sigma_2^2=3.57$，求 $\mu_1-\mu_2$ 的置信水平为 0.95 的置信区间；

（2）若 σ_1^2，σ_2^2 未知，求 σ_1^2/σ_2^2 的置信水平为 0.95 的置信区间．

解 （1）经计算，得

$$\bar{x}-\bar{y}=-0.27, \quad \sqrt{\frac{\sigma_1^2}{m}+\frac{\sigma_2^2}{n}}=\sqrt{\frac{2.45}{9}+\frac{3.57}{13}}\approx 0.74$$

由 $1-\alpha=0.95$，得 $\alpha=0.05$．查附表 2，知 $u_{0.025}=1.96$，代入式（7.9）中，可得 $\mu_1-\mu_2$ 的置信水平为 0.95 的置信区间为 $(-1.7204,1.1804)$．

（2）经计算，得 $s_x^2/s_y^2 \approx 0.646$，由 $\alpha=0.05$，查附表 5，知

$$F_{0.025}(8,12)=3.512, \quad F_{0.975}(8,12)=\frac{1}{F_{0.025}(12,8)}=\frac{1}{4.20}\approx 0.238$$

代入式（7.10）中，可得 σ_1^2/σ_2^2 的置信水平为 0.95 的置信区间为 $(0.184,2.714)$．

皮尔逊——现代统计学的创始人

皮尔逊（1857—1936），英国数学家、生物统计学家，数理统计学的创立者，1879年毕业于剑桥大学数学系，1884～1933 年在伦敦大学学院工作．

皮尔逊对生物统计学、气象学、社会达尔文主义理论和优生学做出了重大贡献，是公认的现代统计学的创立者．1894 年，皮尔逊首创的矩估计法目前还被使用．1901 年，皮尔逊与韦尔登、高尔顿一起创办了《生物统计》杂志．他一生勤奋不辍，曾在晚年哀叹："当我们正想专心工作时，我们却太老了．"直到弥留之际，他还坚持看《生物统计》的校样．

单 元 小 结

一、知识要点

点估计、矩估计法、极大似然估计法、估计量的评价标准、无偏性、有效性、一致性、区间估计、置信区间、正态总体参数的区间估计.

二、常用结论、解题方法

1. 估计量的评价标准

（1）无偏估计量. 设 $\hat{\theta} = \hat{\theta}(X_1, X_2, \cdots, X_n)$ 是未知参数 θ 的估计量，若

$$E(\hat{\theta}) = \theta$$

则称 $\hat{\theta}$ 为 θ 的**无偏估计量**，或称估计量 $\hat{\theta}$ 具有无偏性.

（2）有效性. 设 $\hat{\theta}_1 = \hat{\theta}_1(X_1, X_2, \cdots, X_n)$ 与 $\hat{\theta}_2 = \hat{\theta}_2(X_1, X_2, \cdots, X_n)$ 都是参数 θ 的无偏估计量，若

$$D(\hat{\theta}_1) < D(\hat{\theta}_2)$$

则称 $\hat{\theta}_1$ 比 $\hat{\theta}_2$ **有效**.

（3）一致性. 设 $\hat{\theta} = \hat{\theta}(X_1, X_2, \cdots, X_n)$ 为未知参数 θ 的估计量，若当 $n \to \infty$ 时 $\hat{\theta} = \hat{\theta}(X_1, X_2, \cdots, X_n)$ 依概率收敛于 θ，则称 $\hat{\theta}$ 为 θ 的一致估计量（或相合估计量）.

2. 正态总体的均值、方差的置信度为 $1-\alpha$ 的置信区间

正态总体的均值、方差的置信度为 $1-\alpha$ 的置信区间如表 7-1 所示.

表 7-1　正态总体的均值、方差的置信度为 $1-\alpha$ 的置信区间

待估参数	条件	枢轴量	置信区间
μ	σ^2 已知	$\dfrac{\bar{X} - \mu}{\sigma / \sqrt{n}} \sim N(0,1)$	$\left(\bar{X} - \dfrac{\sigma}{\sqrt{n}} u_{\alpha/2}, \bar{X} + \dfrac{\sigma}{\sqrt{n}} u_{\alpha/2} \right)$
μ	σ^2 未知	$\dfrac{\bar{X} - \mu}{S / \sqrt{n}} \sim t(n-1)$	$\left(\bar{X} - \dfrac{S}{\sqrt{n}} t_{\alpha/2}(n-1), \bar{X} + \dfrac{S}{\sqrt{n}} t_{\alpha/2}(n-1) \right)$
σ^2	μ 未知	$\dfrac{(n-1)S^2}{\sigma^2} \sim \chi^2(n-1)$	$\left(\dfrac{(n-1)S^2}{\chi^2_{\alpha/2}(n-1)}, \dfrac{(n-1)S^2}{\chi^2_{1-\alpha/2}(n-1)} \right)$
$\mu_1 - \mu_2$	σ_1^2, σ_2^2 已知	$\bar{X} - \bar{Y} \sim N\left(\mu_1 - \mu_2, \dfrac{\sigma_1^2}{m} + \dfrac{\sigma_2^2}{n} \right)$	$\left(\bar{X} - \bar{Y} - u_{\alpha/2}\sqrt{\dfrac{\sigma_1^2}{m} + \dfrac{\sigma_2^2}{n}}, \bar{X} - \bar{Y} + u_{\alpha/2}\sqrt{\dfrac{\sigma_1^2}{m} + \dfrac{\sigma_2^2}{n}} \right)$
$\dfrac{\sigma_1^2}{\sigma_2^2}$	μ_1, μ_2 未知	$\dfrac{S_1^2 / \sigma_1^2}{S_2^2 / \sigma_2^2} \sim F(m-1, n-1)$	$\left(\dfrac{S_1^2}{S_2^2} \cdot \dfrac{1}{F_{\alpha/2}(m-1, n-1)}, \dfrac{S_1^2}{S_2^2} \cdot \dfrac{1}{F_{1-\alpha/2}(m-1, n-1)} \right)$

巩 固 提 升

一、填空题

1. 设总体 $X \sim N(\mu, \sigma^2)$，μ, σ^2 为未知数，$X_1, X_2, \cdots, X_n$ 来自总体 X 的一组样本，则 μ 的矩估计量

是_____, σ^2 的矩估计量是_____.

2. 设由来自总体 $X \sim N(\mu, 0.9^2)$, 容量为 9 的简单随机样本的样本均值 $\bar{x} = 5$, 则未知参数 μ 的置信度为 0.95 的置信区间是_____.

3. 某单位职工每天的医疗费 $X \sim N(\mu, \sigma^2)$, 现抽查 25 天, 得 $\bar{x} = 150$ 元, $s = 20$ 元, 则职工每天医疗费均值 μ 的置信水平为 0.9 的置信区间是_____.

4. 设总体 X 服从参数为 λ 的泊松分布, 从中抽取样本 $X_1, X_2, \cdots, X_n$, 则 λ 的极大似然估计为_____.

二、单项选择题

1. 以下不是估计量的评价标准的是（　　）.

    A. 归一性   B. 无偏性

    C. 有效性   D. 相合性（一致性）

2. 在总体均值的区间估计中, 正确的是（　　）.

    A. 当置信度 $1-\alpha$ 一定时, 若样本容量增加, 则置信区间长度变长

    B. 当置信度 $1-\alpha$ 一定时, 若样本容量增加, 则置信区间长度变短

    C. 若置信度 $1-\alpha$ 增大, 则置信区间长度变短

    D. 若置信度 $1-\alpha$ 减少, 则置信区间长度变短

3. 假设总体 X 的数学期望 μ 的置信度是 0.95, 置信区间上、下限分别为样本函数 $b(X_1, X_2, \cdots, X_n)$ 与 $a(X_1, X_2, \cdots, X_n)$, 则该区间的意义是（　　）.

    A. $P\{a < \mu < b\} = 0.95$ B. $P\{a < X < b\} = 0.95$

    C. $P\{a < \bar{X} < b\} = 0.95$ D. $P\{a < \bar{X} - \mu < b\} = 0.95$

4. 设总体 $X \sim N(\mu, \sigma^2)$, $X_1, X_2, \cdots, X_n$ 是 X 的一个样本, 则 $\dfrac{(n-1)S^2}{\sigma^2}$ 服从的分布是（　　）.

    A. $N\left(\mu, \dfrac{\sigma^2}{n}\right)$ B. $N(\mu, \sigma^2)$ C. $t(n-1)$ D. $\chi^2(n-1)$

5. 以下说法不正确的是（　　）.

    A. 矩估计法的基本思想是用样本矩估计总体矩

    B. 最大似然估计法是点估计方法中的一种

    C. 样本 k 阶中心矩为 $B_k = \dfrac{1}{n-1} \sum\limits_{i=1}^{n} (X_i - \bar{X})^k$ $(k = 1, 2, \cdots)$

    D. 样本 k 阶中心矩为 $B_k = \dfrac{1}{n} \sum\limits_{i=1}^{n} (X_i - \bar{X})^k$ $(k = 1, 2, \cdots)$

6. 设总体 $X \sim N(\mu, \sigma^2)$, $X_1, X_2, \cdots, X_n$ 是来自总体 X 的一个样本, 则 σ^2 未知时 μ 的区间估计为（　　）.

    A. $\left(\bar{X} - \dfrac{\sigma}{\sqrt{n}} z_{\alpha/2}, \bar{X} + \dfrac{\sigma}{\sqrt{n}} z_{\alpha/2}\right)$

    B. $\left(\dfrac{(n-1)S^2}{\chi^2_{\alpha/2}(n-1)}, \dfrac{(n-1)S^2}{\chi^2_{1-\alpha/2}(n-1)}\right)$

    C. $\left(\bar{X} - \dfrac{S}{\sqrt{n-1}} t_{\alpha/2}(n-1), \bar{X} + \dfrac{S}{\sqrt{n-1}} t_{\alpha/2}(n-1)\right)$

D. $\left(\bar{X} - \dfrac{S}{\sqrt{n}} t_{\alpha/2}(n-1), \bar{X} + \dfrac{S}{\sqrt{n}} t_{\alpha/2}(n-1) \right)$

三、计算题

1. 设总体 X 在 $[0,\theta]$ 上服从均匀分布，θ 未知，$X_1, X_2, \cdots, X_n$ 是来自总体 X 的样本，求 θ 的矩估计量.

2. 设总体 X 的概率函数为

$$f(x;\theta) = \begin{cases} \theta x^{\theta-1}, & 0 < x < 1 \\ 0, & \text{其他} \end{cases}$$

其中，$\theta > 0$ 为待估参数，$X_1, X_2, \cdots, X_n$ 为取自该总体的样本，$\bar{X}$ 为样本均值，求 θ 的矩估计量.

3. 设 X_1, X_2, X_3 是从正态总体 $N(\mu, \sigma^2)$ 中抽取的样本，μ 的两个估计量为

$$\hat{\mu}_1 = \frac{1}{4} X_1 + \frac{1}{8} X_2 + \frac{5}{8} X_3$$

$$\hat{\mu}_2 = \frac{1}{2} X_1 - \frac{1}{14} X_2 + \frac{4}{7} X_3$$

（1）证明：估计量 $\hat{\mu}_1, \hat{\mu}_2$ 都是 μ 的无偏估计量；

（2）判断哪一个估计量更有效.

4. 设 X_1, X_2, X_3 是从正态总体 $N(\mu, \sigma^2)$ 中抽取的样本，μ 的两个估计量为

$$\hat{\mu}_1 = \frac{3}{4} X_1 + \frac{5}{12} X_2 - \frac{1}{6} X_3$$

$$\hat{\mu}_2 = \frac{2}{3} X_1 + \frac{1}{6} X_2 + \frac{1}{6} X_3$$

（1）证明：估计量 $\hat{\mu}_1, \hat{\mu}_2$ 都是 μ 的无偏估计量；

（2）判断哪一个估计量更有效.

5. 设总体 X 服从均匀分布 $U(0, \theta)$，其概率函数为

$$f(x;\theta) = \begin{cases} \dfrac{1}{\theta}, & 0 \leqslant x \leqslant \theta \\ 0, & \text{其他} \end{cases}$$

（1）求 θ 的矩估计量；

（2）当样本观测值为 $0.3, 0.8, 0.27, 0.35, 0.62, 0.55$ 时，求 θ 的矩估计量.

6. 设总体 X 的概率函数为

$$f(x;\theta) = \begin{cases} (\alpha+1)x^{\alpha}, & 0 \leqslant x \leqslant 1 \\ 0, & \text{其他} \end{cases}$$

其中，$\alpha > 1$，求 α 的极大似然估计量及矩估计量.

7. 设总体 X 服从两点分布，概率分布为 $P\{X = i\} = p^i(1-p)^{1-i}$（$i = 0,1$），$0 < p < 1$ 为待估参数，$x_1, x_2, \cdots, x_n$ 为 X 的一组观测值，求 p 的极大似然估计值.

8. 设总体 X 的概率函数为

$$f(x;\theta) = \begin{cases} \theta e^{-\theta x}, & x \geqslant 0 \\ 0, & x < 0 \end{cases}$$

其中，$\theta > 0$ 为待估参数，现从中抽取 10 个观测值，具体数据如下：

$$1050, 1100, 1080, 1200, 1300, 1250, 1340, 1060, 1150, 1150$$

求 θ 的极大似然估计值.

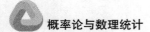

9. 设分别从总体 $N(\mu_1, \sigma^2)$ 和 $N(\mu_2, \sigma^2)$ 中抽取容量为 n_1 和 n_2 的两组独立样本，其样本方差分别为 S_1^2 和 S_2^2. 试证：对于任意常数 $a, b(a+b=1)$，$Z = aS_1^2 + bS_2^2$ 都是 σ^2 的无偏估计量，并确定常数 a, b，使 Z 的方差最小.

10. 一个车间生产滚珠，滚珠直径（单位：mm）服从正态分布，从某天生产的产品中随机抽取 5 件产品，测得直径数据如下：

$$14.6, \quad 15.1, \quad 14.9, \quad 15.2, \quad 15.1$$

已知该天生产的产品直径的方差是 0.05，试找出平均直径的置信水平为 0.95 的置信区间.

11. 已知某种木材的横纹抗压力的试验值（单位：kg/cm^2）服从正态分布，现对 10 个试件进行横纹抗压力测试，得到的数据如下：

$$482, \quad 493, \quad 457, \quad 471, \quad 510, \quad 446, \quad 435, \quad 418, \quad 394, \quad 469$$

试对该木材的平均横纹抗压力进行区间估计（$\alpha = 0.05$）.

12. 已知岩石密度的测量误差服从正态分布，现随机抽测 12 个样品得 $S = 0.2$，求 σ^2 的置信水平为 0.9 的置信区间.

13. 比较甲、乙两种棉花品种的优劣. 假设用它们纺出的棉纱强度分别服从 $N(\mu_1, 2.18^2)$ 和 $N(\mu_2, 1.76^2)$，从两种棉纱中分别抽取样本 $X_1, X_2, \cdots, X_{200}$ 和 $Y_1, Y_2, \cdots, Y_{100}$，其样本均值分别为 5.32 和 5.76. 求 $\mu_1 - \mu_2$ 的置信水平为 0.95 的置信区间.

14. 某车间有两台自动机床加工一类套筒，假设套筒直径（单位：cm）服从正态分布. 现从甲、乙两个班次的产品中分别检查了 5 个和 6 个套筒，得其直径数据如下：

甲班：5.06，5.08，5.03，5.00，5.07；

乙班：4.98，5.03，4.97，4.99，5.02，4.95.

试求甲、乙两班加工的套筒直径的方差比 $\sigma_甲^2 / \sigma_乙^2$ 的置信水平为 0.95 的置信区间.

假 设 检 验

统计推断另一种重要的内容就是假设检验. 对总体 X 的概率分布或分布参数做某种假设, 然后根据抽样得到的样本观测值, 运用数理统计的分析方法, 检验这种假设是否正确, 从而决定接受或拒绝假设, 这样的统计推断过程就是假设检验. 本单元介绍假设检验的基本思想、概念和方法, 主要介绍已知分布类型的参数假设检验问题.

假设检验的基本思想与一般步骤

引例 设一箱子中有红球和白球共 1000 个, 小丽说这里有 990 个红球, 小王从中任意抽一个, 发现是白球, 问小丽的说法是否正确?

先假设 H_0: 箱子中确有 990 个红球.

假定 H_0 正确, 那么从中任意抽一个是白球的概率只有 0.01, 是小概率事件. 小概率事件在一次试验中基本不会发生, 因此, 若小王从中任意抽一个是红球, 则没有理由怀疑假设 H_0 的正确性. 现在小王抽的是白球, 即小概率事件竟然在一次试验中发生了, 这不合理 (违背小概率事件原理), 故有理由拒绝假设 H_0, 即认为小丽的说法不正确.

8.1.1 假设检验的基本思想

假设检验类似于数学反证法. 为了检验一个假设 H_0 是否正确, 首先假设 H_0 正确, 并由此构造统计量, 根据抽样得到的数据对 H_0 做出接受或者拒绝的判定. 如果在假设 H_0 正确的情况下, 样本观测值导致了不合理的现象发生 (小概率事件发生), 就认为 H_0 是错误的, 即拒绝 H_0, 否则应接受 H_0.

假设检验中把小概率事件发生认定为"不合理的", 其实, 小概率事件在一次试验中也有可能发生, 只是可能性小, 所以利用这个原理来判断得出的结论不够可靠, 是可能犯错误的 (后面会介绍两类错误的类型). 需要注意的是, 犯错误的概率是小概率. "小概率事

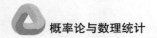

件"的概率越小，H_0 越难以被拒绝，否定 H_0 的说服力越强，通常把这个概率值记为 $\alpha(0 < \alpha < 1)$，称为检验的**显著性水平**. α 常取 0.1，0.05，0.01 这 3 个值.

例 8.1 化肥厂用自动包装机包装化肥，每包的质量服从正态分布，其平均质量为 100kg，标准差为 1.2kg. 某日开工后，为了确定这天包装机的工作是否正常，随机抽取 9 袋化肥，称得其质量如下：

$$99.3, \quad 98.7, \quad 100.5, \quad 101.2, \quad 98.3, \quad 99.7, \quad 99.5, \quad 102.1, \quad 100.5$$

设方差稳定不变，问：这一天包装机的工作是否正常？

对这个问题可做以下分析：

（1）这不是一个参数估计问题；

（2）这是在给定总体服从正态分布 $N(\mu, 1.2^2)$ 和一定量样本信息的条件下，要求对问题"包装机工作是否正常，即 $\mu = 100$ 是否正确"做出回答："是"还是"否"，这类问题是假设检验问题.

为此，我们提出假设

$$H_0 : \mu = \mu_0 = 100$$

这里，H_0 称为**原假设**. 与原假设相对立的假设是

$$H_1 : \mu \neq \mu_0$$

H_1 称为**备择假设**. 于是问题转化为判断 H_0 是否成立. 我们要做的工作是根据样本信息做出接受 H_0 还是拒绝 H_0 的判断. 如果做出的判断是接受 H_0，则认为包装机的工作正常，否则认为包装机的工作不正常，如图 8-1 所示.

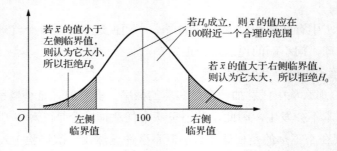

图 8-1

8.1.2 假设检验的基本步骤

1. 提出原假设和备择假设

定义 8.1（原假设和对立假设）　在假设检验中，把要检验的假设 H_0 称为**原假设、零假设**或**基本假设**，把原假设 H_0 的对立面称为**对立假设**或**备择假设**，用 H_1 表示.

例如，设 μ_0 和 σ_0 是已知数，$\mu = E(X)$，$\sigma^2 = D(X)$ 是未知参数，则有：

（1）$H_0 : X$ 服从泊松分布，$H_1 : X$ 不服从泊松分布；

（2）$H_0 : \mu = \mu_0$，$H_1 : \mu \neq \mu_0$；

（3）$H_0 : \mu \leqslant \mu_0$，$H_1 : \mu > \mu_0$；

（4）$H_0:\mu\geqslant\mu_0$，$H_1:\mu<\mu_0$；

（5）$H_0:\sigma^2=\sigma_0^2$，$H_1:\sigma^2<\sigma_0^2$.

在（2）中的 H_1 表示 μ 可能小于 μ_0，也可能大于 μ_0，故与（2）对应的假设检验称为**双侧（边）检验**.

与（3）对应的假设检验称为**右侧（边）检验**.

与（4）、（5）对应的假设检验称为**左侧（边）检验**.

右侧（边）检验和左侧（边）检验统称为**单侧（边）检验**.

在提出原假设的过程中，通常将不应轻易加以否决的假设作为原假设.

2. 选择检验统计量，写出拒绝域的形式

在检验一个假设是否成立时所使用的统计量称为**检验统计量**. 由样本信息对原假设进行判断是通过一个统计量来完成的. 在例 8.1 中，要判断的是原假设 $H_0:\mu=\mu_0=100$ 是否成立，即判断正态总体的均值是否等于 100. 由于样本均值 $\bar X$ 是总体均值 μ 的一个很好的估计量，因此考虑用统计量 $\bar X$ 来判断. 当原假设 H_0 为真时，$\bar X$ 的观测值 $\bar x$ 与 μ_0 的偏差 $|\bar x-\mu_0|$ 不能太大，若偏差 $|\bar x-\mu_0|$ 太大，我们就有理由怀疑 H_0 不真，从而拒绝 H_0. 当 $H_0:\mu=\mu_0=100$ 为真时，统计量 $U=\dfrac{\bar X-\mu_0}{\sigma/\sqrt n}$ 服从标准正态分布 $N(0,1)$，这里，$U=\dfrac{\bar X-\mu_0}{\sigma/\sqrt n}$ 就是检验统计量. 因此可通过衡量 $|u|=\left|\dfrac{\bar x-\mu_0}{\sigma/\sqrt n}\right|$ 的大小来衡量 $|\bar x-\mu_0|$ 的大小. 这时，我们就需要给出一个判断原假设正确与否的准则，即给出原假设被拒绝的样本观测值所在区域，这个区域称为**检验的拒绝域**，用 W 来表示，一般它是样本空间的子集. 例 8.1 的拒绝域可表示为

$$W=\{(x_1,x_2,\cdots,x_n):|u|>c\}$$

与其对立的区域称为**接受域**，表示为

$$\bar W=\{(x_1,x_2,\cdots,x_n):|u|\leqslant c\}$$

如果 $(x_1,x_2,\cdots,x_n)\in W$，则认为 H_0 不成立；如果 $(x_1,x_2,\cdots,x_n)\in\bar W$，则认为 H_0 成立. 由此可见，一个拒绝域 W 唯一确定一个检验法则；反之，一个检验法则也唯一确定一个拒绝域.

3. 选择显著性水平，并给出拒绝域

在检验一个假设 H_0 时，有可能犯以下两类错误：一类是 H_0 为真，但被否定了，这种错误称为**第一类错误**，犯第一类错误的概率记为 α，即

$$\alpha=P\{拒绝\,H_0\,|\,H_0\,为真\}$$

另一类是 H_0 不真，但被接受了，这种错误称为**第二类错误**，犯第二类错误的概率记为 β，即

$$\beta=P\{接受\,H_0\,|\,H_1\,为真\}$$

上面所述的两类错误可表示于表 8-1 中.

表 8-1　假设检验的两类错误

判断	实际情况	
	H_0 为真	H_0 不真
拒绝 H_0	第一类错误	正确
接受 H_0	正确	第二类错误

在检验一个假设 H_0 时，我们希望犯两种错误的概率都尽量小，但对于一定的样本容量 n，一般来说，不能同时做到犯这两类错误的概率都很小．基于这种情况，奈曼与皮尔逊提出了一个原则：在控制犯第一类错误的概率 α 的条件下，使犯第二类错误的概率尽可能小．犯第一类错误的概率 α 称为检验的显著性水平．α 通常比较小，常取 $0.05, 0.01, 0.001$ 等值.

当 H_0 为真时，$U = \dfrac{\bar{X} - \mu_0}{\sigma / \sqrt{n}} \sim N(0,1)$，若要求显著性水平为 α（α 较小），则由标准正态分布的分位点定义，可得

$$P\left\{ \left| \frac{\bar{X} - \mu_0}{\sigma / \sqrt{n}} \right| > u_{\alpha/2} \right\} = \alpha$$

即当 H_0 为真时，$\left| \dfrac{\bar{X} - \mu_0}{\sigma / \sqrt{n}} \right| > u_{\alpha/2}$ 是一个小概率事件．根据实际推断原理"小概率事件在一次试验中几乎是不可能发生的"就可以认为，如果 H_0 为真，则在一次试验中，用样本观测值 $x_1, x_2, \cdots, x_n$ 计算得出的 $\bar{x}$ 满足 $|u| = \left| \dfrac{\bar{x} - \mu_0}{\sigma / \sqrt{n}} \right| > u_{\alpha/2}$ 这一事件几乎是不会发生的．现在如果在一次试验中，$\bar{x}$ 使不等式 $\left| \dfrac{\bar{x} - \mu_0}{\sigma / \sqrt{n}} \right| > u_{\alpha/2}$ 成立，我们就有理由怀疑原假设 H_0 的正确性，因而拒绝 H_0；如果 $\bar{x}$ 不能使 $\left| \dfrac{\bar{x} - \mu_0}{\sigma / \sqrt{n}} \right| > u_{\alpha/2}$ 成立，我们就没有理由拒绝 H_0，因而接受 H_0．在这里拒绝域为

$$W = \left\{ (x_1, x_2, \cdots, x_n) : \left| \frac{\bar{x} - \mu_0}{\sigma / \sqrt{n}} \right| > u_{\alpha/2} \right\}$$

4. 做出判断

在例 8.1 中，取 $\alpha = 0.05$，则查附表 2，知 $u_{0.025} = 1.96$．由该例中的观测值，可计算得出

$$\bar{x} \approx 99.98, \quad u = \frac{3 \times (99.98 - 100)}{1.2} = -0.05$$

于是 $|u| < u_{0.025}$，即 u 值未落入拒绝域内，故不能拒绝原假设，从而接受原假设，即认为包装机在这一天的工作是正常的.

单个正态总体均值与方差的假设检验

8.2.1 单个正态总体均值的假设检验

1. 设总体 $X \sim N(\mu, \sigma^2)$，σ^2 已知，关于 μ 的检验称为 U 检验法

（1）双侧检验. 检验假设 $H_0: \mu = \mu_0$，$H_1: \mu \neq \mu_0$（μ_0 为已知常数）.

选取统计量 $U = \dfrac{\overline{X} - \mu_0}{\sigma / \sqrt{n}}$，当 H_0 为真（即 $\mu = \mu_0$ 正确）时，

$$U = \frac{\overline{X} - \mu_0}{\sigma / \sqrt{n}} \sim N(0,1)$$

对于给定的显著性水平 α（$0 < \alpha < 1$），由标准正态分布分位数的定义知

$$P\{|U| > u_{\alpha/2}\} = \alpha$$

因此 H_0 的拒绝域为 $W = \{|u| > u_{\alpha/2}\}$，如图 8-2 所示.

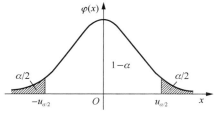

图 8-2

利用样本观测值 $x_1, x_2, \cdots, x_n$ 计算出统计量 $U = \dfrac{\overline{X} - \mu_0}{\sigma / \sqrt{n}}$ 的观测值 $u = \dfrac{\overline{x} - \mu_0}{\sigma / \sqrt{n}}$.

若 $|u| > u_{\alpha/2}$，则拒绝 H_0；否则，接受 H_0. 这种检验法称为 U 检验法.

（2）右侧检验. 检验假设 $H_0: \mu \leqslant \mu_0$，$H_1: \mu > \mu_0$（μ_0 为已知常数），可得 H_0 的拒绝域为

$$W = \{u > u_\alpha\}$$

（3）左侧检验. 检验假设 $H_0: \mu \geqslant \mu_0$，$H_1: \mu < \mu_0$（μ_0 为已知常数），可得 H_0 的拒绝域为

$$W = \{u < -u_\alpha\}$$

例 8.2 正常成年人的脉搏平均为 72 次/min，现在某医院从铁中毒的患者中抽取 6 个人，测得每分钟脉搏为

$$62，69，68，72，64，67$$

假设人每分钟的脉搏次数 $X \sim N(\mu,16)$，则在显著性水平 $\alpha = 0.05$ 下，铁中毒者与正常成年人的脉搏是否有显著性差异？

解 （1）提出假设.

$$H_0 : \mu = 72 = \mu_0, \quad H_1 : \mu \neq \mu_0$$

（2）选择统计量. 由于方差已知，$\sigma^2 = 16$，用 U 检验法，在 H_0 成立时，统计量

$U = \dfrac{\overline{X} - \mu_0}{\sigma / \sqrt{n}} \sim N(0,1)$.

（3）写出拒绝域. 对给定的显著性水平 $\alpha = 0.05$，查附表 2，得 $\Phi(1.96) = 0.975$，则 $u_{\alpha/2} = u_{0.025} = 1.96$，从而得 H_0 的拒绝域为 $W = \{|u| > 1.96\}$.

（4）计算观测值.

$$\overline{x} = \frac{1}{6}(62 + 69 + \cdots + 67) = 67$$

$$|u| = \left| \frac{\overline{x} - \mu_0}{\sigma / \sqrt{n}} \right| = \frac{|67 - 72|}{\sqrt{16}} \times \sqrt{6} \approx 3.06 > 1.96$$

（5）**判断**（下结论）. 因为 $|u| > u_{\alpha/2}$，所以拒绝 H_0，接受 H_1，即在显著性水平 $\alpha = 0.05$ 下，认为铁中毒者的脉搏与正常成年人的脉搏有显著性差异.

2. 设总体 $X \sim N(\mu,\sigma^2)$，σ^2 未知，关于 μ 的检验称为 T 检验法

（1）双侧检验. 检验假设 $H_0 : \mu = \mu_0$，$H_1 : \mu \neq \mu_0$（μ_0 为已知常数）. 若 H_0 为真，

$T = \dfrac{\overline{X} - \mu_0}{S / \sqrt{n}} \sim t(n-1)$，故选取 T 为检验统计量，记其观测值为 t，相应的检验法称为 **T 检验法**. H_0 的拒绝域为 $W = \{|t| > t_{\alpha/2}(n-1)\}$，如图 8-3 所示.

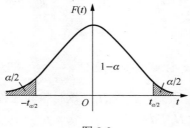

图 8-3

（2）右侧检验. 检验假设 $H_0 : \mu \leqslant \mu_0$，$H_1 : \mu > \mu_0$（$\mu_0$ 为已知常数），可得 H_0 的拒绝域为

$$W = \{t > t_\alpha(n-1)\}.$$

（3）左侧检验. 检验假设 $H_0 : \mu \geqslant \mu_0$，$H_1 : \mu < \mu_0$（$\mu_0$ 为已知常数），可得 H_0 的拒绝域为

$$W = \{t < -t_\alpha(n-1)\}.$$

例 8.3 一个妇幼保健医院随机抽取 10 名冬季出生的新生婴儿，测量其体重（单位：kg）如下：

3.3，3.7，3，2.6，4，3.5，3.6，3.1，2.8，3.4

假定这一年新生婴儿体重服从正态分布，平均质量是 3kg，则冬季出生的新生婴儿体重是否与这年新生婴儿平均体重有显著不同（$\alpha = 0.01$）？

解　（1）**提出假设**.
$$H_0: \mu = 3 = \mu_0, \quad H_1: \mu \neq \mu_0$$

（2）**选择统计量**. 由于方差 σ^2 未知，用 T 检验法，在 H_0 成立时，统计量
$$T = \frac{\bar{X} - \mu_0}{S/\sqrt{n}} \sim t(n-1)$$

（3）**写出拒绝域**. 对给定的显著性水平 $\alpha = 0.01$，查附表 3，得 $t_{0.005}(9) = 3.2498$，从而得 H_0 的拒绝域为
$$W = \{|t| > 3.2498\}$$

（4）**计算观测值**.
$$\bar{x} = \frac{1}{10}(3.3 + 3.7 + \cdots + 3.4) = 3.3$$
$$s^2 = \frac{1}{9}[(3.3-3.3)^2 + (3.7-3.3)^2 + \cdots + (3.4-3.3)^2] \approx 0.184$$
$$|t| = \left|\frac{\bar{x} - \mu_0}{s/\sqrt{n}}\right| = \frac{|3.3-3|}{\sqrt{0.184}} \times \sqrt{10} \approx 2.21 < 3.2498$$

（5）**判断（下结论）**. 因为 $|t| < t_{\alpha/2}(n-1)$，所以接受 H_0，即在显著性水平 $\alpha = 0.01$ 下，认为冬季出生的新生婴儿体重与当年新生婴儿平均体重没有显著不同.

例 8.4　某餐厅推出优惠券后，随机采访就餐者 36 名，得知平均消费额 $\bar{x} = 65$ 元，样本标准差 $s = 10$ 元. 假定就餐者消费额服从正态分布，推出优惠券前就餐者平均消费额为 70 元，则推出优惠券后就餐者平均消费额是否显著降低（$\alpha = 0.05$）？

解　（1）**提出假设**.
$$H_0: \mu = 70 = \mu_0, \quad H_1: \mu < \mu_0$$

（2）**选择统计量**. 由于方差 σ^2 未知，用 T 检验法，在 H_0 成立时，统计量
$$T = \frac{\bar{X} - \mu_0}{S/\sqrt{n}} \sim t(n-1)$$

（3）**写出拒绝域**. 对给定的显著性水平 $\alpha = 0.05$，查附表 3，得 $t_{0.05}(35) = 1.6896$，从而得 H_0 的拒绝域为
$$W = \{t < -1.6896\}$$

（4）**计算观测值**.
$$t = \frac{\bar{x} - \mu_0}{s/\sqrt{n}} = \frac{65-70}{10} \times \sqrt{36} = -3 < -1.6896$$

（5）**判断（下结论）**. 因为 $t < t_\alpha(n-1)$，所以拒绝 H_0，接受 H_1，即在显著性水平 $\alpha = 0.05$ 下，认为推出优惠券后就餐者平均消费额显著降低.

8.2.2 单个正态总体方差的假设检验

设总体 $X \sim N(\mu, \sigma^2)$ ， μ 未知，关于 σ^2 的检验称为 χ^2 检验法.

（1）双侧检验. 检验假设 $H_0: \sigma^2 = \sigma_0^2$ ， $H_1: \sigma^2 \neq \sigma_0^2$ （ σ_0 为已知常数）.

若 H_0 为真，则 $\chi^2 = \dfrac{(n-1)S^2}{\sigma_0^2} \sim \chi^2(n-1)$ ，故选取 χ^2 为检验统计量，相应的检验法称为 χ^2 检验法. H_0 的拒绝域为 $W = \{\chi^2 < \chi_{1-\alpha/2}^2(n-1)\} \cup \{\chi^2 > \chi_{\alpha/2}^2(n-1)\}$ ，如图 8-4 所示.

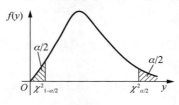

图 8-4

（2）右侧检验. 检验假设 $H_0: \sigma^2 \leqslant \sigma_0^2$ ， $H_1: \sigma^2 > \sigma_0^2$ （ σ_0 为已知常数）， H_0 的拒绝域为

$$W = \{\chi^2 > \chi_\alpha^2(n-1)\}$$

（3）左侧检验. 检验假设 $H_0: \sigma^2 \geqslant \sigma_0^2$ ， $H_1: \sigma^2 < \sigma_0^2$ （ σ_0 为已知常数）， H_0 的拒绝域为

$$W = \{\chi^2 < \chi_{1-\alpha}^2(n-1)\}$$

例 8.5 白糖厂用自动打包机将白糖装入袋中，每袋质量服从方差 $\sigma^2 = 25\text{g}$ 的正态分布，某日开工后测得 9 袋白糖质量的方差 $s^2 = 60$ ，则这天打包机工作是否正常（ $\alpha = 0.05$ ）？

解 （1）提出假设.

$$H_0: \sigma^2 = 25 = \sigma_0^2 ， \quad H_1: \sigma^2 \neq \sigma_0^2$$

（2）**选择统计量**. 由于 μ 未知，用 χ^2 检验法，在 H_0 成立时，统计量为

$$\chi^2 = \frac{(n-1)S^2}{\sigma_0^2} \sim \chi^2(n-1)$$

（3）**写出拒绝域**. 对给定的显著性水平 $\alpha = 0.05$ ，查附表 4，得 $\chi_{0.025}^2(8) = 17.535$ ， $\chi_{0.975}^2(8) = 2.180$ ，从而得 H_0 的拒绝域为

$$W = \{\chi^2 < 2.180\} \cup \{\chi^2 > 17.535\}$$

（4）**计算观测值**.

$$\chi^2 = \frac{(n-1)S^2}{\sigma_0^2} = \frac{8 \times 60}{25} = 19.2 > 17.535$$

（5）**判断（下结论）**. 因为 $\chi^2 > \chi_{\alpha/2}^2(n-1)$ ，所以拒绝 H_0 ，接受 H_1 ，即在显著性水平 $\alpha = 0.05$ 下，认为这天打包机工作不正常.

8.3 两个正态总体均值差与方差比的假设检验

设 $X_1, X_2, \cdots, X_m$ 是来自正态总体 $N(\mu_1, \sigma_1^2)$ 的样本，$Y_1, Y_2, \cdots, Y_n$ 是来自正态总体 $N(\mu_2, \sigma_2^2)$ 的样本，$\bar{X}, \bar{Y}$ 分别为两组样本的样本均值，S_1^2, S_2^2 分别为两组样本的样本方差，且两个样本是相互独立的，下面分几种情况来讨论两个正态总体参数差异的假设检验.

8.3.1 两个正态总体均值差的假设检验

关于两个正态总体均值差的假设检验，考虑如下 3 种检验问题：

① $H_0: \mu_1 - \mu_2 \leqslant 0$ ； $H_1: \mu_1 - \mu_2 > 0$.

② $H_0: \mu_1 - \mu_2 \geqslant 0$ ； $H_1: \mu_1 - \mu_2 < 0$.

③ $H_0: \mu_1 - \mu_2 = 0$ ； $H_1: \mu_1 - \mu_2 \neq 0$.

这里主要分两种情形进行讨论.

1. σ_1, σ_2 已知时两样本均值差的 U 检验

在 $\mu_1 - \mu_2$ 的点估计 $\bar{X} - \bar{Y}$ 的分布已知时，即

$$\bar{X} - \bar{Y} \sim N\left(\mu_1 - \mu_2, \frac{\sigma_1^2}{m} + \frac{\sigma_2^2}{n}\right)$$

可选用检验统计量

$$U = \frac{\bar{X} - \bar{Y}}{\sqrt{\dfrac{\sigma_1^2}{m} + \dfrac{\sigma_2^2}{n}}}$$

当 $\mu_1 = \mu_2$ 时，$U \sim N(0,1)$，类似于之前的讨论，可得对于检验问题①，检验的拒绝域为

$$W = \{u > u_\alpha\}$$

对于检验问题②，检验的拒绝域为

$$W = \{u < -u_\alpha\}$$

对于检验问题③，检验的拒绝域为

$$W = \{|u| > u_{\alpha/2}\}$$

2. $\sigma_1 = \sigma_2 = \sigma$ 未知时两样本均值差的 T 检验

在 $\sigma_1 = \sigma_2 = \sigma$ 但未知时，可知 $\bar{X} - \bar{Y} \sim N\left(\mu_1 - \mu_2, \left(\dfrac{1}{m} + \dfrac{1}{n}\right)\sigma^2\right)$，由于

$$\frac{(m-1)S_1^2}{\sigma^2} \sim \chi^2(m-1) , \quad \frac{(n-1)S_2^2}{\sigma^2} \sim \chi^2(n-1)$$

所以

$$\frac{1}{\sigma^2}\left[\sum_{i=1}^{m}(X_i-\bar{X})^2+\sum_{i=1}^{n}(Y_i-\bar{Y})^2\right]\sim\chi^2(m+n-2)$$

记

$$S_t^2=\frac{1}{m+n-2}\left[\sum_{i=1}^{m}(X_i-\bar{X})^2+\sum_{i=1}^{n}(Y_i-\bar{Y})^2\right]$$

则有

$$\frac{(\bar{X}-\bar{Y})-(\mu_1-\mu_2)}{S_t\sqrt{\dfrac{1}{m}+\dfrac{1}{n}}}\sim t(m+n-2)$$

故选取检验统计量为

$$T=\frac{\bar{X}-\bar{Y}}{S_t\sqrt{\dfrac{1}{m}+\dfrac{1}{n}}}$$

当 $\mu_1=\mu_2$ 时，$T\sim t(m+n-2)$，则对于检验问题①，检验的拒绝域为

$$W=\{t>t_\alpha(m+n-2)\}$$

对于检验问题②，检验的拒绝域为

$$W=\{t<-t_\alpha(m+n-2)\}$$

对于检验问题③，检验的拒绝域为

$$W=\{|t|>t_{\alpha/2}(m+n-2)\}$$

例 8.6 设 A、B 两台车床加工同一种轴，现在要测量轴的椭圆度，设 A 车床加工的轴的椭圆度 $X\sim N(\mu_1,0.0006)$，B 车床加工的轴的椭圆度 $Y\sim N(\mu_2,0.0038)$. 现从 A、B 两台车床加工的轴中分别测量 $m=200$，$n=150$ 根轴的椭圆度，并计算得样本均值分别为 $\bar{x}=0.081\text{mm}$，$\bar{y}=0.060\text{mm}$，问：这两台车床加工的轴的椭圆度是否有显著性差异（$\alpha=0.05$）？

解 （1）**提出假设**.

$$H_0:\mu_1=\mu_2;\quad H_1:\mu_1\ne\mu_2$$

（2）**选择统计量**. 选择检验统计量 $U=\dfrac{\bar{X}-\bar{Y}}{\sqrt{\dfrac{\sigma_1^2}{m}+\dfrac{\sigma_2^2}{n}}}$，在 H_0 成立的前提下，有

$$U=\frac{\bar{X}-\bar{Y}}{\sqrt{\dfrac{\sigma_1^2}{m}+\dfrac{\sigma_2^2}{n}}}\sim N(0,1)$$

（3）**写出拒绝域**. 对给定的显著性水平 $\alpha=0.05$，查附表 2，得临界值 $u_{\alpha/2}=u_{0.025}=1.96$，从而得 H_0 的拒绝域为

$$W=\{|u|>u_{\alpha/2}\}$$

（4）**计算观测值**. 根据样本数据计算检验统计量的值 $|u|\approx3.95>1.96$.

（5）**判断（下结论）**. 因为 $|u|\approx3.95>1.96$，所以拒绝 H_0，即认为这两台车床加工的轴的椭圆度有显著性差异.

例 8.7 对某种食物在处理前与处理后分别抽样分析其含脂率，得到的数据如下：

处理前：0.19，0.18，0.21，0.30，0.41，0.12，0.27；

处理后：0.15，0.13，0.07，0.24，0.19，0.06，0.08，0.12.

假设这种食物在处理前后的含脂率都服从正态分布，且方差不变，试推断这种食物在处理前后含脂率的平均值有无显著变化（$\alpha = 0.05$）.

解 （1）**提出假设**. 设这种食物在处理前后的含脂率分别用 X 和 Y 表示，且都服从正态分布，方差不变. 现提出假设

$$H_0: \mu_1 = \mu_2; \quad H_1: \mu_1 \neq \mu_2$$

（2）**选择统计量**. 选择检验统计量为

$$T = \frac{\overline{X} - \overline{Y}}{S_t \sqrt{\frac{1}{m} + \frac{1}{n}}}$$

（3）**写出拒绝域**. 对给定的显著性水平 $\alpha = 0.05$，查附表 3，得临界值

$$t_{\alpha/2}(m + n - 2) = t_{0.025}(13) = 2.1604$$

$$W = \{|t| > t_{\alpha/2}(m + n - 2)\}$$

（4）**计算观测值**. 根据样本数值分别求出处理前与处理后的样本均值和样本方差如下：

$$m = 7, \quad \overline{x} = 0.24, \quad s_1^2 \approx 0.0091; \quad n = 8, \quad \overline{y} = 0.13, \quad s_2^2 \approx 0.0039$$

从而得 $s_t = \sqrt{0.0063}$，统计量的值 $|t| \approx 2.68 > 2.1604$.

（5）**判断（下结论）**. 因为 $|t| \approx 2.68 > 2.1604$，所以拒绝 H_0，即认为这种食物在处理前后含脂率的平均值有显著变化.

8.3.2 两个正态总体方差比的假设检验

关于方差考虑如下 3 种检验问题：

（1）$H_0: \sigma_1^2 \leq \sigma_2^2$；$H_1: \sigma_1^2 > \sigma_2^2$.

（2）$H_0: \sigma_1^2 \geq \sigma_2^2$；$H_1: \sigma_1^2 < \sigma_2^2$.

（3）$H_0: \sigma_1^2 = \sigma_2^2$；$H_1: \sigma_1^2 \neq \sigma_2^2$.

此处 μ_1, μ_2 均未知，我们可建立如下的检验统计量 $F = \dfrac{S_1^2}{S_2^2}$. 当 $\sigma_1^2 = \sigma_2^2$ 时，$F \sim$

$F(m-1, n-1)$，由此给出 3 种检验问题对应的拒绝域依次为

$$W_{(1)} = \{F > F_\alpha(m-1, n-1)\}$$

$$W_{(2)} = \{F < F_{1-\alpha}(m-1, n-1)\}$$

$$W_{(3)} = \{F > F_{\alpha/2}(m-1, n-1) \text{ 或 } F < F_{1-\alpha/2}(m-1, n-1)\}$$

例 8.8 用甲、乙两台机床加工某种零件，零件的直径服从正态分布，总体方差反映了机床的加工精度情况，为判断两台机床的加工精度有无差异，现从各自加工的零件中分别抽取 7 个零件和 8 个零件，测得直径数据如下：

甲机床：16.2，16.4，15.8，15.5，16.7，15.6，15.8；

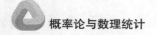

乙机床：15.9，16.0，16.4，16.1，16.5，15.8，15.7，15.0.

试根据以上数据判断甲、乙两台机床的加工精度有无差异（$\alpha = 0.05$）.

解　（1）**提出假设**. 这是一个双侧假设检验问题，由题意提出假设

$$H_0 : \sigma_1^2 = \sigma_2^2 ; \quad H_1 : \sigma_1^2 \neq \sigma_2^2$$

（2）**选择统计量**. 选择检验统计量为

$$F = \frac{S_1^2}{S_2^2}$$

（3）**写出拒绝域**. 由 $\alpha = 0.05$，查附表 5，知

$$F_{0.025}(6,7) \approx 5.12 , \quad F_{0.975}(6,7) = \frac{1}{F_{0.025}(7,6)} \approx \frac{1}{5.70} \approx 0.175$$

所以其拒绝域为

$$W = \{F \leqslant 0.175 \text{ 或 } F \geqslant 5.12\}$$

（4）**计算观测值**. 此处，$m = 7$，$n = 8$，并由题中数据计算得 $s_1^2 \approx 0.1967$，$s_2^2 \approx 0.2164$. 于是，

$$F = \frac{0.1967}{0.2164} \approx 0.9090$$

（5）**判断（下结论）**. 因为 $F \approx 0.9090$，样本未落入拒绝域，所以接收 H_0，即可以认为两台机床的加工精度没有差异.

单 元 小 结

一、知识要点

假设检验的基本思想、假设检验的两类错误、原假设与对立假设、显著性检验、双侧（边）检验、单侧（边）检验、左侧（边）检验、右侧（边）检验、拒绝域、U 检验法、T 检验法、χ^2 检验法.

二、常用结论及解题方法

1. 假设检验的基本步骤

（1）提出假设.

（2）选择统计量.

（3）写出拒绝域.

（4）计算观测值.

（5）判断（下结论）.

2. 单个正态总体的假设检验

单个正态总体的假设检验如表 8-2 所示.

表 8-2 单个正态总体的假设检验

检验参数	条件	H_0	H_1	检验统计量	H_0 的拒绝域 W
数学期望（均值）	σ^2 已知	$\mu = \mu_0$	$\mu \neq \mu_0$	$U = \dfrac{\bar{X} - \mu_0}{\sigma_0 / \sqrt{n}} \sim N(0,1)$	$\{\lvert u \rvert > u_{\alpha/2}\}$
		$\mu \leqslant \mu_0$	$\mu > \mu_0$		$\{u > u_\alpha\}$
		$\mu \geqslant \mu_0$	$\mu < \mu_0$		$\{u < -u_\alpha\}$
	σ^2 未知	$\mu = \mu_0$	$\mu \neq \mu_0$	$T = \dfrac{\bar{X} - \mu_0}{S / \sqrt{n}} \sim t(n-1)$	$\{\lvert t \rvert > t_{\alpha/2}(n-1)\}$
		$\mu \leqslant \mu_0$	$\mu > \mu_0$		$\{t > t_\alpha(n-1)\}$
		$\mu \geqslant \mu_0$	$\mu < \mu_0$		$\{t < -t_\alpha(n-1)\}$
方差	μ 未知	$\sigma^2 = \sigma_0^2$	$\sigma^2 \neq \sigma_0^2$	$\chi^2 = \dfrac{(n-1)S^2}{\sigma_0^2} \sim \chi^2(n-1)$	$\{\chi^2 < \chi_{1-\alpha/2}^2(n-1)\}$ $\cup \{\chi^2 > \chi_{\alpha/2}^2(n-1)\}$
		$\sigma^2 \leqslant \sigma_0^2$	$\sigma^2 > \sigma_0^2$		$\{\chi^2 > \chi_\alpha^2(n-1)\}$
		$\sigma^2 \geqslant \sigma_0^2$	$\sigma^2 < \sigma_0^2$		$\{\chi^2 < \chi_{1-\alpha}^2(n-1)\}$

注：（1）表中 μ_0, σ_0^2 是已知数.

（2）表中 H_0 中的 $\leqslant$ 或 $\geqslant$ 改成 $=$，所得的拒绝域不变.

3. 两个正态总体的假设检验

关于两个正态总体的均值差和方差比的假设检验汇总列于表 8-3 中.

表 8-3 两个正态总体的均值差和方差比的假设检验

检验法	条件	假设		检验统计量	拒绝域
		H_0	H_1		
U 检验	σ_1, σ_2 已知	$\mu_1 - \mu_2 \leqslant 0$	$\mu_1 - \mu_2 > 0$	$U = \dfrac{\bar{X} - \bar{Y}}{\sqrt{\dfrac{\sigma_1^2}{m} + \dfrac{\sigma_2^2}{n}}}$	$u > u_\alpha$
		$\mu_1 - \mu_2 \geqslant 0$	$\mu_1 - \mu_2 < 0$		$u < -u_\alpha$
		$\mu_1 - \mu_2 = 0$	$\mu_1 - \mu_2 \neq 0$		$\lvert u \rvert > u_{\alpha/2}$
T 检验	σ_1, σ_2 未知 $\sigma_1 = \sigma_2$	$\mu_1 - \mu_2 \leqslant 0$	$\mu_1 - \mu_2 > 0$	$T = \dfrac{\bar{X} - \bar{Y}}{S_t \sqrt{\dfrac{1}{m} + \dfrac{1}{n}}}$	$t > t_\alpha(m+n-2)$
		$\mu_1 - \mu_2 \geqslant 0$	$\mu_1 - \mu_2 < 0$		$t < -t_\alpha(m+n-2)$
		$\mu_1 - \mu_2 = 0$	$\mu_1 - \mu_2 \neq 0$		$\lvert t \rvert > t_{\alpha/2}(m+n-2)$
F 检验	μ_1, μ_2 未知	$\sigma_1^2 \leqslant \sigma_2^2$	$\sigma_1^2 > \sigma_2^2$	$F = \dfrac{S_1^2}{S_2^2}$	$F > F_\alpha(m-1, n-1)$
		$\sigma_1^2 \geqslant \sigma_2^2$	$\sigma_1^2 < \sigma_2^2$		$F < F_{1-\alpha}(m-1, n-1)$
		$\sigma_1^2 = \sigma_2^2$	$\sigma_1^2 \neq \sigma_2^2$		$F < F_{1-\alpha/2}(m-1, n-1)$ 或 $F > F_{\alpha/2}(m-1, n-1)$

巩 固 提 升

一、单项选择题

1. 假设检验中一般情况下（　　）.

   A. 只可能犯第一类错误   B. 只可能犯第二类错误

   C. 两类错误都可能犯   D. 两类错误都不可能犯

2. 在假设检验中，显著性水平 α 的意义是（   ）.
   A. 原假设 H_0 成立，经检验被拒绝的概率
   B. 原假设 H_0 成立，经检验不能被拒绝的概率
   C. 原假设 H_0 不成立，经检验被拒绝的概率
   D. 原假设 H_0 不成立，经检验不能被拒绝的概率

3. 在假设检验中，记 H_0 为原假设，则犯第一类错误的是（   ）.
   A. H_0 成立而接受 H_0 B. H_0 成立而拒绝 H_0
   C. H_0 不成立而接受 H_0 D. H_0 不成立而拒绝 H_0

4. 在假设检验中，记 H_0 为原假设，则犯第二类错误的是（   ）.
   A. H_0 成立而接受 H_0 B. H_0 成立而拒绝 H_0
   C. H_0 不成立而接受 H_0 D. H_0 不成立而拒绝 H_0

二、计算题

1. 设某城市的少年儿童确诊患近视的年龄 $X \sim N(\mu, 16)$，今随机抽取 9 名近视少年儿童，其确诊年龄如下：

$$11，16，10，6，8，12，10，15，11$$

试判断确诊患近视的平均年龄是否为 10 岁（ $\alpha = 0.05$ ）.

2. 一个车间生产轴承，从某天生产的产品里随机抽取 5 个，量得直径（单位：mm）如下：

$$14.7，15.1，15，15.3，15.4$$

如果轴承的直径 $X \sim N(\mu, 0.05^2)$，判断平均直径是否等于 15mm（ $\alpha = 0.01$ ）.

3. 已知纤维的纤度在正常条件下服从正态分布，且标准差为 0.048，从某天生产的产品中随机抽取 5 根，测得其纤度分别为

$$1.32，1.55，1.36，1.40，1.44$$

问：这一天生产的纤维的纤度的总体标准差是否正常（取 $\alpha = 0.05$ ）？

4. 某种材料的折断力 X 服从正态分布，即 $X \sim N(\mu, \sigma^2)$，根据经验 $\mu = 570$. 现在更换了生产设备，抽取样本，测量其折断力，得数据如下：

$$572，570，577，568，596$$
$$576，584，572，581，566$$

（1）判断折断力的均值有无显著变化（ $\alpha = 0.1$ ）；
（2）判断折断力的均值有无显著变化（ $\alpha = 0.05$ ）；
（3）假定 μ 未知，判断折断力的方差是否等于 60（ $\alpha = 0.05$ ）.

5. 为检测某种新血清是否能抑制白细胞过多症，选择已患该病的老鼠 9 只，并将其中 5 只注射此种血清，另外 4 只则不然，从试验开始，9 只老鼠的存活年限数据如下：

接受血清：2.1，5.3，1.4，4.6，0.9；

未接受血清：1.9，0.5，2.8，3.1.

假定两个总体均服从正态分布且方差相同，问：在显著性水平 $\alpha = 0.05$ 的条件下，此种血清是否有效？

6. 有甲、乙两台车床生产同一种型号的滚珠，根据经验，可以认为这两台车床生产的滚珠的直径都服从正态分布. 现从甲、乙两台车床生产的滚珠中分别随机抽取 8 个和 9 个滚珠，测得滚珠直径如下：

甲车床：15.0，14.5，15.2，15.5，14.8，15.1，15.2，14.8；

乙车床：15.2，15.0，14.8，15.2，15.0，15.0，14.8，15.1，14.8.

问：是否可以认为乙车床生产的滚珠的直径的方差比甲车床生产的滚珠的直径的方差小（ $\alpha = 0.05$ ）？

方差分析与回归分析

在农业科学试验中，希望通过对不同作物的品种、不同种类的肥料及施肥量的试验结果分析，从中找出最适宜该地区农作物生产的作物品种、肥料种类及施肥量，从而提高农作物的产量. 方差分析是通过数据分析，主要了解哪些因素对指标产生显著影响的方法. 该方法首先应用于农业，现已广泛应用于工业、生物科学及医学等诸多实际应用领域.

在实际问题中，普遍存在着变量之间的关系. 变量之间关系一般可分为确定性关系和非确定性关系两类. 确定性关系可用函数关系表示，而非确定性关系则不然. 例如，人的身高和体重的关系、人的血压和年龄的关系、某产品的广告投入与销售额之间的关系等. 虽然它们之间是关联的，但是它们之间的关系又不能用普通函数来表示. 称这类非确定性关系为相关关系. 具有相关关系的变量虽然不具有确定的函数关系，但是可以借助函数关系来表示变量之间的统计规律，这种近似地表示变量之间的相关关系的函数被称为回归函数. 回归分析是研究两个或两个以上变量相关关系的一种重要的统计方法.

本单元主要介绍单因素方差分析、双因素方差分析的基本原理和一元线性回归模型的参数估计、检验及相应的预测问题.

9.1 单因素试验的方差分析

方差分析在实际应用中是在一定情况下的统计假设试验. 方差分析的对象是试验所得数据，目的是对客观规律的发现和揭示. 单因素方差分析涉及因素、水平及单因素试验 3 个层次，所谓因素是指对研究对象具有影响的某一指标、变量；所谓水平是指影响因素在不同状态和变化下的划分等级或组别；所谓单因素试验是指每次试验只考虑一个因素的试验. 以下将举例说明单因素方差分析的工作原理，以便更好地理解和认识单因素方差分析.

例 9.1 让 4 名学生前后做 3 份试卷，得到如表 9-1 所示的分数，试在显著性水平 $\alpha = 0.05$ 下检验 3 份试卷的测试效果是否有显著差异.

表 9-1　学生测试分数表

测试序号	测试试卷		
	试卷 A	试卷 B	试卷 C
学生 1	71.7	73.4	72.3
学生 2	71.5	72.6	72.1
学生 3	70.1	72.3	70.8
学生 4	70.6	72.2	71.6

假设 3 份试卷测试分数分布的均值分别为 μ_1,μ_2,μ_3，即要检验 $\mu_1=\mu_2=\mu_3$ 是否成立，若成立，则表明试卷测试效果无显著差异；否则，认为试卷测试效果有显著差异.

需要检验的假设可以这样表示：

$$H_0:\mu_1=\mu_2=\mu_3,\quad H_1:\mu_1,\mu_2,\mu_3 \text{ 不全相等}$$

9.1.1　基本概念

在方差分析中，将要考查对象的某种特征称为**试验指标**，影响试验指标的条件称为**因素**. 因素可分为两类：一类是人们可以控制的；一类是人们无法控制的. 例如，教学方法、每月的测验次数、反应温度、溶液浓度等是可以控制的，而学生的知识基础、课外学习时间、测量误差、气象条件等一般是难以控制的. 以下讨论的因素都指可控因素，因素所处的状态称为**该因素的水平**. 如果在一项试验中只有一个因素在改变，则这样的试验称为**单因素试验**，如果多于一个因素在改变，就称为**多因素试验**. 习惯用大写字母 $A,B,C,\cdots$ 等表示因素，而用 $A_1,A_2,A_3,\cdots$ 等表示 A 因素的水平.

在例 9.1 的试验中，试验指标是试卷测试效果，因素是试卷类型，3 份不同的试卷类型表示试卷的 3 个水平，这个试验称为三水平单因素试验.

方差分析的假设如下：

（1）正态性假设，每个总体均服从正态分布；

（2）等方差性假设，每个正态总体的方差 σ^2 相等；

（3）从每个总体中抽取的样本相互独立.

从试验得到的观测值之间存在着差异，该差异的来源有两个方面：一方面是因素的不同水平，称为因子水平的误差；另一方面是样本的随机误差，称为随机误差. 例如，不同类型的试卷导致分数不同，是因子水平的误差；同一种类型的试卷对不同学生有所不同，这是随机误差. 上述两个方面所产生的差异分别对应着两个不同的方差：水平间的方差和水平内的方差. 前者既包含了系统性因素（水平的变化），也包括了随机性因素，而后者只包含随机因素.

9.1.2　单因素方差分析的数学模型

设单因素 A 有 s 个水平 $A_1,A_2,\cdots,A_s$，在水平 $A_j(j=1,2,\cdots,s)$ 下进行 $n_j(n_j\geqslant 2)$ 次独立试验，得到如表 9-2 所示的结果.

表 9-2　单因素方差分析数据结构

因素 A		A_1	A_2	$\cdots$	A_s
观测序号	1	x_{11}	x_{12}	$\cdots$	x_{1s}
	2	x_{21}	x_{22}	$\cdots$	x_{2s}
	$\vdots$	$\vdots$	$\vdots$	$\vdots$	$\vdots$
	n_i	$x_{n_1 1}$	$x_{n_2 2}$	$\cdots$	$x_{n_s s}$
观测结果	样本总和	$T_{\cdot 1}$	$T_{\cdot 2}$	$\cdots$	$T_{\cdot s}$
	样本均值	$\bar{x}_{\cdot 1}$	$\bar{x}_{\cdot 2}$	$\cdots$	$\bar{x}_{\cdot s}$
	总体均值	μ_1	μ_2	$\cdots$	μ_s

假定各水平 $A_j(j=1,2,\cdots,s)$ 下的样本 $x_{ij}\sim N(\mu_j,\sigma^2)$ $(i=1,2,\cdots,n_j;\ j=1,2,\cdots,s)$，且相互独立，$x_{ij}-\mu_j$ 可看成随机误差，记为 $x_{ij}-\mu_j=\varepsilon_{ij}$，则

$$\begin{cases} x_{ij}=\mu_j+\varepsilon_{ij}, & i=1,2,\cdots,n_j; j=1,2,\cdots,s \\ \varepsilon_{ij}\sim N(0,\sigma^2), \text{各} \varepsilon_{ij} \text{相互独立} \end{cases} \tag{9.1}$$

式中，μ_j 与 σ^2 均为未知参数. 式（9.1）称为**单因素试验方差分析的数学模型**.

方差分析的任务是检验该模型中 s 个总体 $N(\mu_1,\sigma^2),\cdots,N(\mu_s,\sigma^2)$ 的均值是否相等，即检验假设

$$\begin{cases} H_0:\mu_1=\mu_2=\cdots=\mu_s \\ H_1:\mu_1,\mu_2,\cdots,\mu_s \text{不全相等} \end{cases}$$

记

$$\mu=\frac{1}{n}\sum_{j=1}^{s}n_j\mu_j$$

μ 表示 $\mu_1,\mu_2,\cdots,\mu_s$ 的加权平均，μ 称为**总平均值**，其中 $n=\sum_{j=1}^{s}n_j$ 为数据总数.

$$\delta_j=\mu_j-\mu \quad (j=1,2,\cdots,s)$$

其中，δ_j 表示在水平 A_j 下的总体平均值 μ_j 与总平均值 μ 的差异，习惯上将 δ_j 称为**水平 A_j 的效应**. 利用这些记号，上述数学模型可改写成：

$$\begin{cases} x_{ij}=\mu+\delta_j+\varepsilon_{ij},\ i=1,2,\cdots,n_j; j=1,2,\cdots,s \\ \sum_{j=1}^{s}n_j\delta_j=0 \\ \varepsilon_{ij}\sim N(0,\sigma^2), \text{各} \varepsilon_{ij} \text{相互独立} \end{cases} \tag{9.2}$$

上述假设等价于假设：

$$H_0:\delta_1=\delta_2=\cdots=\delta_s=0, \quad H_1:\delta_1,\delta_2,\cdots,\delta_s \text{不全为零}$$

9.1.3　平方和分解

为了将数据之间的差异定量表示出来，引入下列记号：

$$x_{\cdot j}=\sum_{i=1}^{n_j}x_{ij}, \quad \text{表示在水平 } A_j \text{ 下的数据和（样本总和）；}$$

$$\overline{x}_{\cdot j} = \frac{1}{n_j}\sum_{i=1}^{n_j} x_{ij}\,,\quad 表示在水平\ A_j\ 下的样本均值;$$

$$\overline{x} = \frac{1}{n}\sum_{j=1}^{s}\ \sum_{i=1}^{n_j} x_{ij} = \frac{1}{s}\sum_{j=1}^{s}\overline{x}_{\cdot j}\,,\quad 表示在因素\ A\ 下的所有水平的\textbf{样本总均值}.$$

为了分析样本之间产生差异的原因,从而确定因素 A 的影响是否显著,引入偏差平方和 S_T 来度量各个体间的差异程度,即

$$S_T = \sum_{j=1}^{s}\ \sum_{i=1}^{n_j}(x_{ij}-\overline{x})^2$$

S_T 能反映全部试验数据之间的差异,又称为**总偏差平方和**.

因为

$$(x_{ij}-\overline{x})^2 = (x_{ij}-\overline{x}_{\cdot j}+\overline{x}_{\cdot j}-\overline{x})$$
$$= (x_{ij}-\overline{x}_{\cdot j})^2 + (\overline{x}_{\cdot j}-\overline{x})^2 + 2(x_{ij}-\overline{x}_{\cdot j})(\overline{x}_{\cdot j}-\overline{x})$$

根据 $\overline{x}_{\cdot j}$ 和 $\overline{x}$ 的定义,知

$$\sum_{j=1}^{s}\ \sum_{i=1}^{n_j}(x_{ij}-\overline{x}_{\cdot j})(\overline{x}_{\cdot j}-\overline{x}) = 0$$

所以

$$S_T = \sum_{j=1}^{s}\ \sum_{i=1}^{n_j}(x_{ij}-\overline{x})^2$$
$$= \sum_{j=1}^{s}\ \sum_{i=1}^{n_j}(x_{ij}-\overline{x}_{\cdot j})^2 + \sum_{j=1}^{s}n_j(\overline{x}_{\cdot j}-\overline{x})^2 + 2\sum_{j=1}^{s}\ \sum_{i=1}^{n_j}(x_{ij}-\overline{x}_{\cdot j})(\overline{x}_{\cdot j}-\overline{x})$$
$$= \sum_{j=1}^{s}\ \sum_{i=1}^{n_j}(x_{ij}-\overline{x}_{\cdot j})^2 + \sum_{j=1}^{s}n_j(\overline{x}_{\cdot j}-\overline{x})^2$$

记

$$S_E = \sum_{j=1}^{s}\ \sum_{i=1}^{n_j}(x_{ij}-\overline{x}_{\cdot j})^2$$

$$S_A = \sum_{j=1}^{s}\ \sum_{i=1}^{n_j}(\overline{x}_{\cdot j}-\overline{x})^2 = \sum_{j=1}^{s}n_j(\overline{x}_{\cdot j}-\overline{x})^2$$

则

$$S_T = S_E + S_A$$

其中, S_E 表示在水平 A_j 下样本值与该水平下的样本均值之间的差异,它是由随机误差引起的,称为**组内(偏差)平方和**,也称为**误差(偏差)平方和**; S_A 反映在每个水平下的样本均值与样本总均值的差异,它是由因素 A 取不同水平引起的,称为**组间(偏差)平方和**,也称为**因素 A 的效应平方和**;等式 $S_T = S_E + S_A$ 称为**平方和分解式**,它说明总平方和可分解成误差平方和与因素 A 的效应平方和.

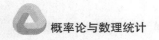

9.1.4 S_E 与 S_A 的统计特性

当 H_0 成立时，设 $x_{ij} \sim N(\mu, \sigma^2)$ $(i = 1, 2, \cdots, n_j; j = 1, 2, \cdots, s)$ 且相互独立，利用抽样分布的有关定理，可以证明：

（1）$\dfrac{S_T}{\sigma^2} \sim \chi^2(n-1)$；

（2）$\dfrac{S_E}{\sigma^2} \sim \chi^2(n-s)$；

（3）$\dfrac{S_A}{\sigma^2} \sim \chi^2(s-1)$；

（4）S_E 与 S_A 相互独立.

9.1.5 假设检验问题

当 H_0 为真时，$F = \dfrac{S_A/(s-1)}{S_E/(n-s)} = \dfrac{(n-s)S_A}{(s-1)S_E} \sim F(s-1, n-s)$，这就是方差分析中的检验统计量. 因为当 H_0 不真时，S_A 值偏大，从而 F 值偏大，所以对于给定的显著性水平 α：

（1）若 $F \geqslant F_\alpha(s-1, n-s)$，则拒绝 H_0，表示因素 A 的各水平下的效应有显著差异；

（2）若 $F < F_\alpha(s-1, n-s)$，则接受 H_0，表示因素 A 的各水平下的效应无显著差异.

上面的分析结果可汇总成方差分析表的形式，如表 9-3 所示.

表 9-3 单因素方差分析表（一）

方差来源	平方和	自由度	均方和	F 值
因素 A	S_A	$s-1$	$\bar{S}_A = \dfrac{S_A}{s-1}$	$F = \bar{S}_A / \bar{S}_E$
误差 E	S_E	$n-s$	$\bar{S}_E = \dfrac{S_E}{n-s}$	
总和 T	S_T	$n-1$		

当 $F \geqslant F_{0.05}(s-1, n-s)$ 时，称为差异显著；

当 $F \geqslant F_{0.01}(s-1, n-s)$ 时，称为差异非常显著.

在实际分析中，常采用如下简便算法和记号：

$$T._j = \sum_{i=1}^{n_j} x_{ij} \quad (j = 1, 2, \cdots, s), \quad T.. = \sum_{j=1}^{s} \sum_{i=1}^{n_j} x_{ij}$$

$$S_T = \sum_{j=1}^{s} \sum_{i=1}^{n_j} x_{ij}^2 - \frac{T..^2}{n}, \quad S_A = \sum_{j=1}^{s} \frac{T._j^2}{n_j} - \frac{T..^2}{n}, \quad S_E = S_T - S_A$$

例 9.2 某汽车轮胎厂做试验：测试由 4 种材料制造的轮胎对地面的磨损率有无显著影响. 由 4 种材料制造的轮胎与地面高速摩擦累计达到 100h 后测得其磨损率如表 9-4 所示. 求在显著性水平 $\alpha = 0.05$ 下不同制造材料的 4 种轮胎的磨损率是否有显著差异.

表 9-4　轮胎磨损率测试结果

测试序号	磨损率			
	材料 1	材料 2	材料 3	材料 4
1	11.0	8.5	7.4	6.0
2	9.3	10.6	9.8	8.3
3	8.7	12.3	8.6	6.5
4	10.3	9.4	10.8	7.2
5	8.2	10.1	7.1	
6	9.5		9.0	

解　需检验假设
$$H_0 : \mu_1 = \mu_2 = \mu_3 = \mu_4 , \quad H_1 : \mu_1, \mu_2, \mu_3, \mu_4 \text{ 不全相等}$$
依题意，可知 $s = 4$ ， $n_1 = 6$ ， $n_2 = 5$ ， $n_3 = 6$ ， $n_4 = 4$ ， $n = 21$ ，则

$$S_T = \sum_{j=1}^{s} \sum_{i=1}^{n_j} x_{ij}^2 - \frac{T_{\cdot\cdot}^2}{n} \approx 51.01238$$

$$S_A = \sum_{j=1}^{s} \frac{T_{\cdot j}^2}{n_j} - \frac{T_{\cdot\cdot}^2}{n} \approx 24.73605$$

$$S_E = S_T - S_A = 26.27633$$

得方差分析表 9-5.

表 9-5　单因素方差分析表（二）

方差来源	平方和	自由度	均方和	F 值
因素 A	24.73605	3	8.245349	5.334494
误差 E	26.27633	17	1.545667	
总和 T	51.01238	20		

因 $F = 5.334494 \geqslant F_{0.05}(3, 17) = 3.196777$ ，故在 $\alpha = 0.05$ 水平下拒绝 H_0 ，即认为不同制造材料的 4 种轮胎的磨损率有显著差异.

9.2　双因素试验的方差分析

9.2.1　有交互作用的双因素方差分析

设有两个因素 A, B 作用于试验的指标，因素 A 有 r 个水平 $A_1, A_2, \cdots, A_r$ ，因素 B 有 s 个水平 $B_1, B_2, \cdots, B_s$ ，现对因素 A, B 的水平的每对组合 (A_i, B_j) （ $i = 1, 2, \cdots, r; \ j = 1, 2, \cdots, s$ ）都做 $t(t \geqslant 2)$ 次试验（称为**等重复试验**），得到指标 x_{ijk} （ $i = 1, 2, \cdots, r; \ j = 1, 2, \cdots, s; \ k = 1, 2, \cdots, t$ ），如表 9-6 所示.

表 9-6　有交互作用的双因素方差分析的数据结构

因素 A	因素 B			
	B_1	B_2	...	B_s
A_1	$x_{111}, x_{112}, \cdots, x_{11t}$	$x_{121}, x_{122}, \cdots, x_{12t}$	...	$x_{1s1}, x_{1s2}, \cdots, x_{1st}$
$\vdots$	$\vdots$	$\vdots$	$\vdots$	$\vdots$
A_r	$x_{r11}, x_{r12}, \cdots, x_{r1t}$	$x_{r21}, x_{r22}, \cdots, x_{r2t}$	...	$x_{rs1}, x_{rs2}, \cdots, x_{rst}$

1. 基本假设

（1）$x_{ijk} \sim N(\mu_{ij}, \sigma^2)$ $(i=1,2,\cdots,r; j=1,2,\cdots,s; k=1,2,\cdots,t)$，$\mu_{ij}, \sigma^2$ 未知；

（2）每个总体的方差相同；

（3）x_{ijk} 相互独立.

2. 数学模型

因为 $x_{ijk} \sim N(\mu_{ij}, \sigma^2)$，所以

$$\begin{cases} x_{ijk} = \mu_{ij} + \varepsilon_{ijk}, & i=1,2,\cdots,r; j=1,2,\cdots,s; k=1,2,\cdots,t \\ \varepsilon_{ijk} \sim N(0,\sigma^2), & \text{各} \varepsilon_{ijk} \text{相互独立} \end{cases} \tag{9.3}$$

这就是有交互作用的双因素方差分析的数学模型.

记

$$\mu = \frac{1}{rs} \sum_{i=1}^{r} \sum_{j=1}^{s} \mu_{ij} \quad (\mu \text{ 称为总平均})$$

$$\mu_{i\cdot} = \frac{1}{s} \sum_{j=1}^{s} \mu_{ij} \quad (i=1,2,\cdots,r)$$

$$\mu_{\cdot j} = \frac{1}{r} \sum_{i=1}^{r} \mu_{ij} \quad (j=1,2,\cdots,s)$$

$$\alpha_i = \mu_{i\cdot} - \mu \quad (i=1,2,\cdots,r, \ \alpha_i \text{ 称为水平 } \boldsymbol{A_i} \text{ 的效应})$$

$$\beta_j = \mu_{\cdot j} - \mu \quad (j=1,2,\cdots,s, \ \beta_j \text{ 称为水平 } \boldsymbol{B_j} \text{ 的效应})$$

$$\gamma_{ij} = \mu_{ij} - \mu_{i\cdot} - \mu_{\cdot j} + \mu \quad (i=1,2,\cdots,r; \ j=1,2,\cdots,s)$$

其中，γ_{ij} 称为水平 $\boldsymbol{A_i}$ 和水平 $\boldsymbol{B_j}$ 的交互效应，这是由 A_i 与 B_j 搭配的联合作用引起的.于是

$$\mu_{ij} = \mu + \alpha_i + \beta_j + \gamma_{ij} \quad (i=1,2,\cdots,r; \ j=1,2,\cdots,s)$$

显然

$$\sum_{i=1}^{r} \alpha_i = 0, \quad \sum_{j=1}^{s} \beta_j = 0$$

$$\sum_{i=1}^{r} \gamma_{ij} = 0 \quad (j=1,2,\cdots,s)$$

$$\sum_{j=1}^{s} \gamma_{ij} = 0 \quad (i=1,2,\cdots,r)$$

因此，双因素方差分析的数学模型式（9.3）可写成

$$\begin{cases} x_{ijk} = \mu + \alpha_i + \beta_j + \gamma_{ij} + \varepsilon_{ijk} \\ \sum_{i=1}^{r} \alpha_i = 0, \ \sum_{j=1}^{s} \beta_j = 0, \ \sum_{i=1}^{r} \gamma_{ij} = \sum_{j=1}^{s} \gamma_{ij} = 0 \\ \varepsilon_{ijk} \sim N(0, \sigma^2), \ \text{各} \varepsilon_{ijk} \text{相互独立} \\ i = 1, 2, \cdots, r; j = 1, 2, \cdots, s; k = 1, 2, \cdots, t \end{cases} \qquad (9.4)$$

其中，$\mu, \alpha_i, \beta_j, \gamma_{ij}, \sigma^2$ 都为未知参数.

检验假设：

$$H_{01}: \alpha_1 = \alpha_2 = \cdots = \alpha_r = 0 , \quad H_{11}: \alpha_1, \alpha_2, \cdots, \alpha_r \text{不全为零}$$

$$H_{02}: \beta_1 = \beta_2 = \cdots = \beta_s = 0 , \quad H_{12}: \beta_1, \beta_2, \cdots, \beta_s \text{不全为零}$$

$$H_{03}: \gamma_{11} = \gamma_{12} = \cdots = \gamma_{rs} = 0 , \quad H_{13}: \gamma_{11}, \gamma_{12}, \cdots, \gamma_{rs} \text{不全为零}$$

3. 平方和分解

类似于单因素情况，对这些问题的检验方法也是建立在偏差平方和的分解上的，记

$$\overline{x} = \frac{1}{rst} \sum_{i=1}^{r} \sum_{j=1}^{s} \sum_{k=1}^{t} x_{ijk}$$

$$\overline{x}_{ij\cdot} = \frac{1}{t} \sum_{k=1}^{t} x_{ijk} \quad (i = 1, 2, \cdots, r; \ j = 1, 2, \cdots, s)$$

$$\overline{x}_{i\cdot\cdot} = \frac{1}{st} \sum_{j=1}^{s} \sum_{k=1}^{t} x_{ijk} \quad (i = 1, 2, \cdots, r)$$

$$\overline{x}_{\cdot j\cdot} = \frac{1}{rt} \sum_{i=1}^{r} \sum_{k=1}^{t} x_{ijk} \quad (j = 1, 2, \cdots, s)$$

$$S_T = \sum_{i=1}^{r} \sum_{j=1}^{s} \sum_{k=1}^{t} (x_{ijk} - \overline{x})^2$$

其中，S_T 称为**总偏差平方和**（或总变差）.

平方和的分解式为

$$S_T = S_E + S_A + S_B + S_{A \times B}$$

其中，

$$S_E = \sum_{i=1}^{r} \sum_{j=1}^{s} \sum_{k=1}^{t} (x_{ijk} - \overline{x}_{ij\cdot})^2$$

$$S_A = st \sum_{i=1}^{r} (\overline{x}_{i\cdot\cdot} - \overline{x})^2$$

$$S_B = rt \sum_{j=1}^{s} (\overline{x}_{\cdot j\cdot} - \overline{x})^2$$

$$S_{A \times B} = t \sum_{i=1}^{r} \sum_{j=1}^{s} (\overline{x}_{ij\cdot} - \overline{x}_{i\cdot\cdot} - \overline{x}_{\cdot j\cdot} + \overline{x})^2$$

其中，S_E 仍称为**误差平方和**；S_A 与 S_B 分别称为**因素 A 的效应平方和**与**因素 B 的效应平方和**；$S_{A \times B}$ 称为 **A, B 交互效应平方和**.

4. 假设检验问题

取显著性水平为 α，当假设 H_{01} 为真时，有

$$F_A = \frac{S_A/(r-1)}{S_E/(rs(t-1))} \sim F(r-1, rs(t-1))$$

当假设 H_{02} 为真时，有

$$F_B = \frac{S_B/(s-1)}{S_E/(rs(t-1))} \sim F(s-1, rs(t-1))$$

当假设 H_{03} 为真时，有

$$F_{A\times B} = \frac{S_{A\times B}/((r-1)(s-1))}{S_E/(rs(t-1))} \sim F((r-1)(s-1), rs(t-1))$$

对给定的显著性水平 α，假设 H_{01}, H_{02}, H_{03} 的拒绝域分别如下：

$$F_A \geqslant F_\alpha(r-1,\ rs(t-1))$$

$$F_B \geqslant F_\alpha(s-1,\ rs(t-1))$$

$$F_{A\times B} \geqslant F_\alpha((r-1)(s-1),\ rs(t-1))$$

上述分析结果可以用方差分析表表示，如表 9-7 所示.

表 9-7　有交互作用的双因素方差分析表

方差来源	平方和	自由度	均方和	F 值
因素 A	S_A	$r-1$	$\bar{S}_A = \dfrac{S_A}{r-1}$	$F_A = \dfrac{\bar{S}_A}{\bar{S}_E}$
因素 B	S_B	$s-1$	$\bar{S}_B = \dfrac{S_B}{s-1}$	$F_B = \dfrac{\bar{S}_B}{\bar{S}_E}$
交互作用	$S_{A\times B}$	$(r-1)(s-1)$	$\bar{S}_{A\times B} = \dfrac{S_{A\times B}}{(r-1)(s-1)}$	$F_{A\times B} = \dfrac{\bar{S}_{A\times B}}{\bar{S}_E}$
误差	S_E	$rs(t-1)$	$\bar{S}_E = \dfrac{S_E}{rs(t-1)}$	
总和	S_T	$rst-1$		

实际分析中，常采用下列简便算法和记号：

$$T_{\cdots} = \sum_{i=1}^{r} \sum_{j=1}^{s} \sum_{k=1}^{t} x_{ijk}$$

$$T_{ij\cdot} = \sum_{k=1}^{t} x_{ijk} \quad (i=1,2,\cdots,r;\ j=1,2,\cdots,s)$$

$$T_{i\cdots} = \sum_{j=1}^{s} \sum_{k=1}^{t} x_{ijk} \quad (i=1,2,\cdots,r)$$

$$T_{\cdot j\cdot} = \sum_{i=1}^{r} \sum_{k=1}^{t} x_{ijk} \quad (j=1,2,\cdots,s)$$

即有

$$S_T = \sum_{i=1}^{r} \sum_{j=1}^{s} \sum_{k=1}^{t} x_{ijk}^2 - \frac{T_{\cdots}^2}{rst}$$

$$S_A = \frac{1}{st} \sum_{i=1}^{r} T_{i \cdots}^2 - \frac{T_{\cdots}^2}{rst}$$

$$S_B = \frac{1}{rt} \sum_{j=1}^{s} T_{\cdot j \cdot}^2 - \frac{T_{\cdots}^2}{rst}$$

$$S_{A \times B} = \frac{1}{t} \sum_{i=1}^{r} \sum_{j=1}^{s} T_{ij \cdot}^2 - \frac{T_{\cdots}^2}{rst} - S_A - S_B$$

$$S_E = S_T - S_A - S_B - S_{A \times B}$$

例 9.3　一个水稻研究所做水稻种植试验,考察 3 种不同肥料(因素 A)与 2 种不同水稻品种(因素 B),有 $3 \times 2 = 6$(种)试验,每种试验做两次,选择 12 块土质、环境、形状、面积等条件十分相似的地作为试验用地,试验结果如表 9-8 所示.

表 9-8　不同肥料、不同水稻品种产量表

因素 A	产量	
(肥料种类)	甲种水稻	乙种水稻
I	224 216	190 185
II	193 211	207 200
III	210 198	197 194

在显著性水平 $\alpha = 0.05$ 下检验:(1)使用不同肥料对应的水稻产量是否有显著差异;(2)不同品种的水稻产量是否有显著差异;(3)交互作用的效应是否显著.

解　根据已知的观测数据,得

$$r = 3, \quad s = 2, \quad t = 2$$

$$S_T = \sum_{i=1}^{r} \sum_{j=1}^{s} \sum_{k=1}^{t} x_{ijk}^2 - \frac{T_{\cdots}^2}{rst} \approx 1472.917$$

$$S_A = \frac{1}{st} \sum_{i=1}^{r} T_{i \cdots}^2 - \frac{T_{\cdots}^2}{rst} \approx 34.66667$$

$$S_B = \frac{1}{rt} \sum_{j=1}^{s} T_{\cdot j \cdot}^2 - \frac{T_{\cdots}^2}{rst} \approx 520.0833$$

$$S_{A \times B} = \frac{1}{t} \sum_{i=1}^{r} \sum_{j=1}^{s} T_{ij \cdot}^2 - \frac{T_{\cdots}^2}{rst} - S_A - S_B \approx 610.6667$$

$$S_E = S_T - S_A - S_B - S_{A \times B} \approx 307.5$$

可得方差分析如表 9-9 所示.

表 9-9　不同肥料、不同水稻品种交互作用的双因素方差分析表

方差来源	平方和	自由度	均方和	F 值
因素 A(肥料种类)	34.66667	2	17.33333	0.338211
因素 B(水稻品种)	520.0833	1	520.0833	10.14797

续表

方差来源	平方和	自由度	均方和	F 值
交互作用 $A \times B$	610.6667	2	305.3333	5.957724
误差	307.5	6	51.25	—
总和	1472.917	11	—	—

因为

$$F_A \approx 0.338211 < F_{0.05}(2,6) = 5.14$$
$$F_B \approx 10.14797 > F_{0.05}(1,6) = 5.99$$
$$F_{A \times B} \approx 5.957724 > F_{0.05}(2,6) = 5.14$$

所以认为使用不同肥料对应的水稻产量没有显著差异，不同品种的水稻产量差异显著，且交互作用的效应显著.

9.2.2 无交互作用的双因素方差分析

在前面的双因素试验中，如果知道 A, B 两因素无交互作用，或已知交互作用对试验指标影响很小，就可以不考虑交互作用，对两个因素的每一对水平的组合只做一次试验，即不重复试验，所得结果如表 9-10 所示.

表 9-10　无交互作用的双因素方差分析的数据结构

因素 A	因素 B			
	B_1	B_2	$\cdots$	B_s
A_1	x_{11}	x_{12}	$\cdots$	x_{1s}
A_2	x_{21}	x_{22}	$\cdots$	x_{2s}
$\vdots$	$\vdots$	$\vdots$	$\vdots$	$\vdots$
A_r	x_{r1}	x_{r2}	$\cdots$	x_{rs}

1. 基本假设

（1） $x_{ij} \sim N(\mu_{ij}, \sigma^2)\ (i = 1, 2, \cdots, r;\ j = 1, 2, \cdots, s)$， μ_{ij}, σ^2 未知；

（2）每个总体的方差相同；

（3） x_{ij} 相互独立.

2. 数学模型

由基本假设， $x_{ij} \sim N(\mu_{ij}, \sigma^2)$， μ_{ij}, σ^2 未知，记 $x_{ij} - \mu_{ij} = \varepsilon_{ij}$，则

$$\varepsilon_{ij} = x_{ij} - \mu_{ij} \sim N(0, \sigma^2)$$

故 $x_{ij} - \mu_{ij}$ 可看成随机误差，从而得到以下数学模型：

$$\begin{cases} x_{ij} = \mu_{ij} + \varepsilon_{ij} & (i = 1, 2, \cdots, r;\ j = 1, 2, \cdots, s) \\ \varepsilon_{ij} \sim N(0, \sigma^2), & \mu_{ij}, \sigma^2 \text{未知} \\ \text{各} \varepsilon_{ij} \text{相互独立} \end{cases} \quad (9.5)$$

记

$$\mu = \frac{1}{rs}\sum_{i=1}^{r}\sum_{j=1}^{s}\mu_{ij} \quad (\mu \text{ 称为总平均})$$

$$\mu_{i\cdot} = \frac{1}{s}\sum_{j=1}^{s}\mu_{ij} \quad (i=1,2,\cdots,r)$$

$$\mu_{\cdot j} = \frac{1}{r}\sum_{i=1}^{r}\mu_{ij} \quad (j=1,2,\cdots,s)$$

$$\alpha_i = \mu_{i\cdot} - \mu \quad (i=1,2,\cdots,r, \quad \alpha_i \text{ 称为水平 } \boldsymbol{A_i} \text{ 的效应})$$

$$\beta_j = \mu_{\cdot j} - \mu \quad (j=1,2,\cdots,s, \quad \beta_j \text{ 称为水平 } \boldsymbol{B_j} \text{ 的效应})$$

则

$$\sum_{i=1}^{r}\alpha_i = 0, \quad \sum_{j=1}^{s}\beta_j = 0$$

由于不存在交互作用，因此

$$\mu_{ij} = \mu + \alpha_i + \beta_j$$

从而上述数学模型（9.5）可化为

$$\begin{cases} x_{ij} = \mu + \alpha_i + \beta_j + \varepsilon_{ij} \quad (i=1,2,\cdots,r; j=1,2,\cdots,s) \\ \sum_{i=1}^{r}\alpha_i = 0, \ \sum_{j=1}^{s}\beta_j = 0 \\ \varepsilon_{ij} \sim N(0,\sigma^2), \quad \text{各} \varepsilon_{ij} \text{相互独立} \end{cases} \tag{9.6}$$

这是**无交互作用的双因素方差分析的数学模型**.

要检验的假设有以下两个：

$$\begin{cases} H_{01}: \alpha_1 = \alpha_2 = \cdots = \alpha_r = 0 \\ H_{11}: \alpha_1, \alpha_2, \cdots, \alpha_r \text{不全为零} \end{cases}$$

$$\begin{cases} H_{02}: \beta_1 = \beta_2 = \cdots = \beta_s = 0 \\ H_{12}: \beta_1, \beta_2, \cdots, \beta_s \text{不全为零} \end{cases} \tag{9.7}$$

3. 平方和分解

记

$$\bar{x} = \frac{1}{rs}\sum_{i=1}^{r}\sum_{j=1}^{s}x_{ij}$$

$$\bar{x}_{i\cdot} = \frac{1}{s}\sum_{j=1}^{s}x_{ij}$$

$$\bar{x}_{\cdot j} = \frac{1}{r}\sum_{i=1}^{r}x_{ij}$$

平方和分解公式为

$$S_T = S_A + S_B + S_E$$

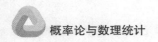

其中,

$$S_T = \sum_{i=1}^{r} \sum_{j=1}^{s} (x_{ij} - \overline{x})^2$$

$$S_A = s \sum_{i=1}^{r} (\overline{x}_{i\cdot} - \overline{x})^2$$

$$S_B = r \sum_{j=1}^{s} (\overline{x}_{\cdot j} - \overline{x})^2$$

$$S_E = \sum_{i=1}^{r} \sum_{j=1}^{s} (x_{ij} - \overline{x}_{i\cdot} - \overline{x}_{\cdot j} + \overline{x})^2$$

其中,S_T 称为总平方和,S_A 与 S_B 分别称为因素 **A** 的效应平方和与因素 **B** 的效应平方和,S_E 称为误差平方和.

4. 假设检验问题

取显著性水平为 α,当假设 H_{01} 为真时,有

$$F_A = \frac{S_A/(r-1)}{S_E/((r-1)(s-1))} = \frac{(s-1)S_A}{S_E} \sim F((r-1), (r-1)(s-1))$$

当假设 H_{02} 为真时,有

$$F_B = \frac{S_B/(s-1)}{S_E/((r-1)(s-1))} = \frac{(r-1)S_B}{S_E} \sim F((s-1), (r-1)(s-1))$$

对给定的显著性水平 α,假设 H_{01}, H_{02} 的拒绝域分别为

$$F_A \geqslant F_\alpha((r-1), (r-1)(s-1))$$

$$F_B \geqslant F_\alpha((s-1), (r-1)(s-1))$$

上述分析结果可以用方差分析表表示,如表 9-11 所示.

表 9-11　无交互作用的双因素方差分析表（一）

方差来源	平方和	自由度	均方和	F 值
因素 A	S_A	$r-1$	$\overline{S}_A = \dfrac{S_A}{r-1}$	$F_A = \dfrac{\overline{S}_A}{\overline{S}_E}$
因素 B	S_B	$s-1$	$\overline{S}_B = \dfrac{S_B}{s-1}$	$F_B = \dfrac{\overline{S}_B}{\overline{S}_E}$
误差	S_E	$(r-1)(s-1)$	$\overline{S}_E = \dfrac{S_E}{(r-1)(s-1)}$	
总和	S_T	$rs-1$		

例 9.4　某调查机构做一个年收入的调查,得到 3 种不同职业（因素 A）与 4 种不同学历（因素 B）的人群的平均年收入,如表 9-12 所示.

表 9-12　不同职业、不同学历人群年平均收入表　　　　　　　　单位:万元

因素 A（职业）	年平均收入			
	专科（学历）	本科（学历）	硕士研究生（学历）	博士研究生（学历）
职业 I	3.6	4.8	9.6	14.2

因素 A（职业）	年平均收入			
	专科（学历）	本科（学历）	硕士研究生（学历）	博士研究生（学历）
职业 II	5.0	10.0	15.0	24.0
职业 III	6.0	9.0	12.0	13.0

在显著性水平 $\alpha = 0.05$ 下检验：（1）不同职业人群的平均年收入是否有显著差异；（2）不同学历人群的平均年收入是否有显著差异.

解　根据已知的观测数据，得

$$r = 3, \quad s = 4$$

可得方差分析如表 9-13 所示.

表 9-13　无交互作用的双因素方差分析表（二）

方差来源	平方和	自由度	均方和	F 值
因素 A（职业）	61.00667	2	30.50333	4.104201
因素 B（学历）	252.9967	3	84.33222	11.34684
误差	44.59333	6	7.432222	
总和	358.5967	11		

因为

$$F_A \approx 4.104201 < F_{0.05}(2, 6) = 5.14$$
$$F_B \approx 11.34684 > F_{0.05}(3, 6) = 4.76$$

所以认为所调查的 3 种不同职业人群的平均年收入没有显著差异，不同学历人群的平均年收入有显著差异.

9.3　一元线性回归分析

在很多实际问题中，我们经常需要研究一些变量之间的关系，如人的身高和足长、人的血压与年龄、商品的销售量与价格、圆的周长与半径等. 变量之间的关系大致可分为两类，一类是确定性关系，确定性关系可用函数关系表示，如圆的周长与半径. 另一类是相关关系，即变量之间是有关联的，但是它们之间的关系不能用函数来表示. 例如，人的身高和足长有一定的关系，一般情况下，足长越长，身高越高，但我们不能由足长严格计算出身高. 回归分析是研究相关关系的一种非常有效的方法，通常的思路是根据得到的数据，研究变量之间的相关关系，并给出变量之间关系的表达式，即回归方程.

9.3.1　一元线性回归的概率模型

设 y 与 x 之间有相关关系，称 x 为**自变量**（预报变量），y 为**因变量**（响应变量）. 为了研究 y 与 x 之间的关系，我们通过试验得到一些观测数据，将这些数据在平面直角坐标系中进行描点，得到的图表称为**散点图**. 如果根据散点图可以看出这些点大致分布在一条直线附近，就可以用如下的相关关系表示 y 与 x 之间的关系：

$$y = \beta_0 + \beta_1 x + \varepsilon \qquad (9.8)$$

其中，ε 是误差项，通常假定 $\varepsilon \sim N(0, \sigma^2)$. 式（9.8）中 β_0 和 β_1 都是未知的，需要通过独立观测数据来估计. 将观测数据 (x_i, y_i) 代入式（9.8），得到如下模型：

$$y_i = \beta_0 + \beta_1 x_i + \varepsilon_i \quad (i = 1, 2, \cdots, n) \qquad (9.9)$$

其中，ε_i 独立同分布于 $N(0, \sigma^2)$. 通过最小二乘法，得到参数 β_0 和 β_1 的估计 $\hat{\beta}_0$ 和 $\hat{\beta}_1$，从而得到方程：

$$\hat{y} = \hat{\beta}_0 + \hat{\beta}_1 x \qquad (9.10)$$

称式（9.10）为**经验回归方程**.

9.3.2 最小二乘估计

下面我们将利用最小二乘法对参数 β_0 和 β_1 进行估计，得到的估计量 $\hat{\beta}_0$ 和 $\hat{\beta}_1$ 称为 β_0 和 β_1 的**最小二乘估计**. 最小二乘法的基本思想是用回归方程拟合真实数据使误差达到最小. 记

$$Q(\beta_0, \beta_1) = \sum_{i=1}^{n} [y_i - (\beta_0 + \beta_1 x_i)]^2$$

则求 β_0 和 β_1 的最小二乘估计的问题就转化为求 $Q(\beta_0, \beta_1)$ 的最小值问题.

将 $Q(\beta_0, \beta_1)$ 分别关于 β_0 和 β_1 求偏导，并令其等于 0，得

$$\begin{cases} \dfrac{\partial Q(\beta_0, \beta_1)}{\partial \beta_0} = -2 \sum_{i=1}^{n} (y_i - \beta_0 - \beta_1 x_i) = 0 \\ \dfrac{\partial Q(\beta_0, \beta_1)}{\partial \beta_1} = -2 \sum_{i=1}^{n} (y_i - \beta_0 - \beta_1 x_i) x_i = 0 \end{cases} \qquad (9\text{-}11)$$

经计算，得

$$\hat{\beta}_0 = \bar{y} - \hat{\beta}_1 \bar{x}$$

$$\hat{\beta}_1 = \frac{S_{xy}}{S_{xx}} = \frac{\sum_{i=1}^{n} (x_i - \bar{x})(y_i - \bar{y})}{\sum_{i=1}^{n} (x_i - \bar{x})^2} = \frac{\sum_{i=1}^{n} x_i y_i - \dfrac{1}{n} \left(\sum_{i=1}^{n} x_i \right) \left(\sum_{i=1}^{n} y_i \right)}{\sum_{i=1}^{n} x_i^2 - \dfrac{1}{n} \left(\sum_{i=1}^{n} x_i \right)^2}$$

其中，$S_{xy} = \sum_{i=1}^{n} (x_i - \bar{x})(y_i - \bar{y})$，$S_{xx} = \sum_{i=1}^{n} (x_i - \bar{x})^2$.

例 9.5 为了解某种维尼纶纤维的耐水性能，安排了一组试验，测得其甲醇浓度 x 及相应的缩醇化度 y 的数据如表 9-14 所示.

试建立 y 关于 x 的回归方程.

表 9-14 某种维尼纶纤维的甲醇浓度 x 及相应的缩醇化度 y 的数据

x	18	20	22	24	26	28	30
y	26.86	28.35	28.75	28.87	29.75	30.00	30.36

试建立 y 关于 x 的回归方程.

解 首先要找到回归方程的形式，通过 7 组数据画出散点图，如图 9-1 所示.

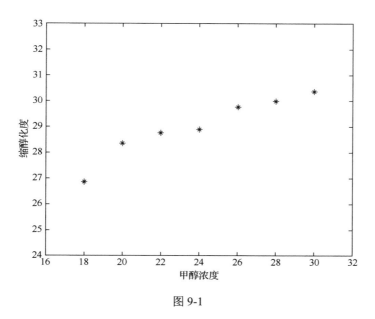

图 9-1

由图 9-1 可见，数据基本分布在一条直线附近，因此用回归方程（9.10）拟合较为合适．通过所给数据，计算得

$$\sum_{i=1}^{7} x_i = 168 , \quad \sum_{i=1}^{7} y_i = 202.94 , \quad \sum_{i=1}^{7} x_i y_i = 4900.16 , \quad \sum_{i=1}^{7} x_i^2 = 4144$$

$$S_{xy} = \sum_{i=1}^{7} x_i y_i - \frac{1}{7}\left(\sum_{i=1}^{7} x_i\right)\left(\sum_{i=1}^{7} y_i\right) = 4900.16 - \frac{1}{7} \times 168 \times 202.94 = 29.6$$

$$S_{xx} = \sum_{i=1}^{7} x_i^2 - \frac{1}{7}\left(\sum_{i=1}^{7} x_i\right)^2 = 4144 - \frac{1}{7} \times 168^2 = 112$$

于是有

$$\hat{\beta}_1 = \frac{S_{xy}}{S_{xx}} = \frac{29.6}{112} \approx 0.2643 , \quad \hat{\beta}_0 = \overline{y} - \hat{\beta}_1 \overline{x} \approx 22.6482$$

从而得到的回归方程为

$$\hat{y} = 22.6482 + 0.2643x$$

9.3.3　回归方程的显著性检验

对于一元回归模型（9.8），回归方程的显著性检验就是检验假设：

$$H_0 : \beta_1 = 0 ; \quad H_1 : \beta_1 \neq 0$$

当原假设成立时，就认为 y 和 x 之间不存在线性关系．

数据的波动可以用**总偏差平方和** $S_{总}$ 表示，其中，

$$S_{总} = \sum_{i=1}^{n} (y_i - \overline{y})^2$$

由式（9.11）可得

$$S_{\text{总}} = \sum_{i=1}^{n}(y_i - \overline{y})^2 = \sum_{i=1}^{n}(y_i - \hat{y}_i + \hat{y}_i + \overline{y})^2$$

$$= \sum_{i=1}^{n}(y_i - \hat{y}_i)^2 + \sum_{i=1}^{n}(\hat{y}_i - \overline{y})^2 + 2\sum_{i=1}^{n}(y_i - \hat{y}_i)(\hat{y}_i - \overline{y})$$

$$= \sum_{i=1}^{n}(y_i - \hat{y}_i)^2 + \sum_{i=1}^{n}(\hat{y}_i - \overline{y})^2$$

记

$$S_{\text{剩}} = \sum_{i=1}^{n}(y_i - \hat{y}_i)^2$$

称 $S_{\text{剩}}$ 为**剩余平方和**，剩余平方和是由试验误差及其他未加控制的因素引起的．记

$$S_{\text{回}} = \sum_{i=1}^{n}(\hat{y}_i - \overline{y})^2$$

称 $S_{\text{回}}$ 为**回归平方和**，回归平方和是由变量 x 的变化引起的，通过 x 对 y 的线性影响反映出来，并且

$$\begin{aligned}
S_{\text{回}} &= \sum_{i=1}^{n}(\hat{y}_i - \overline{y})^2 = \sum_{i=1}^{n}(\hat{\beta}_0 + \hat{\beta}_1 x_i - \overline{y})^2 \\
&= \sum_{i=1}^{n}(\hat{\beta}_1 x_i - \hat{\beta}_1 \overline{x})^2 = \hat{\beta}_1^2 \sum_{i=1}^{n}(x_i - \overline{x})^2 \\
&= \hat{\beta}_1^2 S_{xx}
\end{aligned} \tag{9.12}$$

显然，

$$S_{\text{总}} = S_{\text{剩}} + S_{\text{回}}$$

通过上面的分析可以看出，数据的波动可看成由两部分构成：一部分是由试验误差引起的，一部分是由 y 和 x 之间的线性关系引起的．$\dfrac{S_{\text{回}}}{S_{\text{剩}}}$ 越大，表明 y 和 x 之间有线性关系的程度越大，这样就可拒绝原假设.

定理 9.1　对于模型（9.9），有以下结论成立：

（1）$\dfrac{S_{\text{剩}}}{\sigma^2} \sim \chi^2(n-2)$；

（2）当原假设成立时，有 $\dfrac{S_{\text{回}}}{\sigma^2} \sim \chi^2(1)$；

（3）$S_{\text{剩}}$ 与 $S_{\text{回}}$ 相互独立.

关于定理 9.1 的证明，此处省略．记

$$F = \frac{S_{\text{回}}}{S_{\text{剩}} / (n-2)}$$

选取检验统计量为 A_j，由定理 9.1 可知，当原假设成立时，$F \sim F(1, n-2)$．因此，对于显著性水平为 α 的检验，其拒绝域为

$$W = \{F > F_\alpha(1, n-2)\}$$

上述讨论可用方差分析表 9-15 表示.

表 9-15　一元线性回归方程的方差分析表

来源	平方和	自由度	均方和	F 比
回归	$S_回$	1	$\mathrm{MS}_回 = S_回$	$F = \dfrac{\mathrm{MS}_回}{\mathrm{MS}_剩}$
剩余	$S_剩$	$n-2$	$\mathrm{MS}_剩 = \dfrac{S_剩}{n-2}$	
总和	$S_总$	$n-1$		

例 9.6　已知某种商品的年需求量 y（单位：kg）与该商品的价格 x（单位：元）之间的调查数据如表 9-16 所示.

表 9-16　某种商品年需求量 y 与该商品的价格 x 之间的调查数据

x/元	2	2	2.3	2.5	2.6	2.8	3	3.3	3.5	5
y/kg	3.5	3	2.7	2.4	2.5	2	1.5	1.2	1.2	1

（1）建立 y 关于 x 的回归方程；

（2）在显著性水平 $\alpha = 0.05$ 的条件下，检验回归方程的显著性.

解　（1）首先找到回归方程的形式，根据数据画出散点图，如图 9-2 所示.

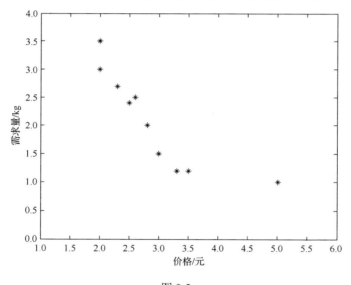

图 9-2

因为大多数数据分布在一条直线的附近，所以用线性回归方程拟合较为合适. 通过所给数据，计算得

$$\sum_{i=1}^{10} x_i = 29，\quad \sum_{i=1}^{10} y_i = 21，\quad \sum_{i=1}^{10} x_i y_i = 54.97，\quad \sum_{i=1}^{10} x_i^2 = 91.28，\quad \sum_{i=1}^{10} y_i^2 = 50.68$$

$$S_{xy} = \sum_{i=1}^{10} x_i y_i - \frac{1}{10}\left(\sum_{i=1}^{10} x_i\right)\left(\sum_{i=1}^{10} y_i\right) = 54.97 - \frac{1}{10} \times 29 \times 21 = -5.93$$

$$S_{xx} = \sum_{i=1}^{10} x_i^2 - \frac{1}{10}\left(\sum_{i=1}^{10} x_i\right)^2 = 91.28 - \frac{1}{10} \times 29^2 = 7.18$$

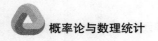

于是有

$$\hat{\beta}_1 = \frac{S_{xy}}{S_{xx}} = \frac{-5.93}{7.18} \approx -0.826, \quad \hat{\beta}_0 = \overline{y} - \hat{\beta}_1\overline{x} \approx 4.495$$

从而得到的回归方程为

$$\hat{y} = 4.495 - 0.826x$$

（2）$S_{总} = \sum_{i=1}^{10}(y_i - \overline{y})^2 = \sum_{i=1}^{10}y_i^2 - \frac{1}{10}\left(\sum_{i=1}^{10}y_i\right)^2 = 50.68 - \frac{1}{10} \times 21^2 = 6.58$. 由式（9.12）可知

$$S_{回} = \hat{\beta}_1^2 S_{xx} = (-0.826)^2 \times 7.18 \approx 4.899$$

所以

$$S_{剩} = S_{总} - S_{回} = 1.681$$

从而可得方差分析表 9-17.

表 9-17　例 9.6 某种商品的方差分析表

来源	平方和	自由度	均方和	F 比
回归	4.899	1	4.899	23.329
剩余	1.681	8	0.210	
总和	6.58	9	—	—

由 $\alpha = 0.05$，查附表 5，得 $F_{0.05}(1,8) = 5.318$. 因为 $F = 23.329 > 5.318$，所以可以认为回归方程是显著的.

单 元 小 结

一、知识要点

试验指标，因素，因素的水平，单因素试验，多因素试验，因子水平的误差，随机误差，单因素试验方差分析的数学模型，水平 A_j 的效应，样本总均值，总偏差平方和，组内（偏差）平方和，组间（偏差）平方和，平方和分解式，交互作用，双因素方差分析的数学模型，总变差，误差平方和，因素 A 的效应平方和，因素 B 的效应平方和，A,B 交互效应平方和，自变量，因变量，散点图，经验回归方程，最小二乘估计，总偏差平方和，剩余平方和，回归平方和.

二、常用结论

1. 单因素方差分析

（1）数学模型为

$$\begin{cases} X_{ij} = \mu + \delta_j + \varepsilon_{ij}, \quad i = 1,2,\cdots,n_j; j = 1,2,\cdots,s \\ \sum_{j=1}^{s} n_j\delta_j = 0 \\ \varepsilon_{ij} \sim N(0,\sigma^2), \quad 各 \varepsilon_{ij} 相互独立 \end{cases}$$

（2）检验假设为

$$H_0: \mu_1 = \mu_2 = \cdots = \mu_s , \quad H_1: \mu_1, \mu_2, \cdots, \mu_s 不全相等$$

（3）平方和分解式为

$$S_T = S_E + S_A$$

（4）对于给定的显著性水平 α ，假设 H_0 的拒绝域分别为

$$F \geqslant F_\alpha(s-1, n-s)$$

2. 有交互作用的双因素方差分析

（1）数学模型为

$$\begin{cases} X_{ijk} = \mu + \alpha_i + \beta_j + \gamma_{ij} + \varepsilon_{ijk}, \ i = 1, 2, \cdots, r; \ j = 1, 2, \cdots, s; k = 1, 2, \cdots, t \\ \sum_{i=1}^{r} \alpha_i = 0, \ \sum_{j=1}^{s} \beta_j = 0, \ \sum_{i=1}^{r} \gamma_{ij} = \sum_{j=1}^{s} \gamma_{ij} = 0 \\ \varepsilon_{ijk} \sim N(0, \sigma^2), \ 各 \varepsilon_{ijk} 相互独立 \end{cases}$$

其中， $\mu, \alpha_i, \beta_j, \gamma_{ij}, \sigma^2$ 都为未知参数.

（2）检验假设为

$$H_{01}: \alpha_1 = \alpha_2 = \cdots = \alpha_r = 0 , \quad H_{11}: \alpha_1, \alpha_2, \cdots, \alpha_r 不全为零$$

$$H_{02}: \beta_1 = \beta_2 = \cdots = \beta_s = 0 , \quad H_{12}: \beta_1, \beta_2, \cdots, \beta_s 不全为零$$

$$H_{03}: \gamma_{11} = \gamma_{12} = \cdots = \gamma_{rs} = 0 , \quad H_{13}: \gamma_{11}, \gamma_{12}, \cdots, \gamma_{rs} 不全为零$$

（3）平方和分解式为

$$S_T = S_E + S_A + S_B + S_{A \times B}$$

（4）对给定的显著性水平 α ，假设 H_{01}, H_{02}, H_{03} 的拒绝域分别为

$$F_A \geqslant F_\alpha(r-1, \ rs(t-1))$$

$$F_B \geqslant F_\alpha(s-1, \ rs(t-1))$$

$$F_{A \times B} \geqslant F_\alpha((r-1)(s-1), \ rs(t-1))$$

3. 无交互作用的双因素方差分析

（1）数学模型为

$$\begin{cases} X_{ij} = \mu + \alpha_i + \beta_j + \varepsilon_{ij}, \ i = 1, 2, \cdots, r; j = 1, 2, \cdots, s \\ \sum_{i=1}^{r} \alpha_i = 0, \ \sum_{j=1}^{s} \beta_j = 0 \\ \varepsilon_{ij} \sim N(0, \sigma^2), \ 各 \varepsilon_{ij} 相互独立 \end{cases}$$

（2）检验假设为

$$H_{01}: \alpha_1 = \alpha_2 = \cdots = \alpha_r = 0 , \quad H_{11}: \alpha_1, \alpha_2, \cdots, \alpha_r 不全为零$$

$$H_{02}: \beta_1 = \beta_2 = \cdots = \beta_s = 0 , \quad H_{12}: \beta_1, \beta_2, \cdots, \beta_s 不全为零$$

（3）平方和分解式为

$$S_T = S_A + S_B + S_E$$

（4）对给定的显著性水平 α ，假设 H_{01}, H_{02} 的拒绝域分别为

$$F_A \geqslant F_\alpha((r-1), \ (r-1)(s-1))$$

$$F_B \geqslant F_\alpha((s-1), \ (r-1)(s-1))$$

4. 一元线性回归分析

（1）数学模型为

$$\begin{cases} y_i = \beta_0 + \beta_1 x_i + \varepsilon_i, & i = 1, 2, \cdots, n \\ \varepsilon_i \sim N(0, \sigma^2), & \text{各 } \varepsilon_i \text{ 相互独立} \end{cases}$$

（2）回归系数的最小二乘估计为

$$\hat{\beta}_0 = \bar{y} - \hat{\beta}_1 \bar{x}$$

$$\hat{\beta}_1 = \frac{S_{xy}}{S_{xx}} = \frac{\sum_{i=1}^{n}(x_i - \bar{x})(y_i - \bar{y})}{\sum_{i=1}^{n}(x_i - \bar{x})^2} = \frac{\sum_{i=1}^{n} x_i y_i - \frac{1}{n}\left(\sum_{i=1}^{n} x_i\right)\left(\sum_{i=1}^{n} y_i\right)}{\sum_{i=1}^{n} x_i^2 - \frac{1}{n}\left(\sum_{i=1}^{n} x_i\right)^2}$$

（3）经验回归方程为

$$\hat{y} = \hat{\beta}_0 + \hat{\beta}_1 x$$

（4）回归方程的假设检验为

$$H_0 : \beta_1 = 0, \quad H_1 : \beta_1 \neq 0$$

（5）平方和分解式为

$$S_{总} = S_{回} + S_{剩}$$

（6）对于给定的显著性水平 α，假设 H_0 的拒绝域分别为

$$F \geqslant F_\alpha(1, n-2)$$

巩 固 提 升

1. 一个年级有 4 个班，同时进行了一次英语考试，现从各班随机抽取一些学生，记录成绩如表 9-18 所示.

表 9-18　英语成绩表 单位：分

观测序号	成绩			
	一班	二班	三班	四班
1	68	96	72	84
2	42	88	98	73
3	79	77	50	66
4	58	78	48	89
5	69	31	93	60
6	56	48	37	82
7	91	78	85	46
8	53	91	71	94
9	79	52	76	43
10	71	62	65	80
11	16	85	—	36
12	87	—	—	77

试在显著性水平 $\alpha = 0.05$ 下检验各班的平均分数是否有显著差异，设各个总体服从正态分布且方差相等.

2. 某公司设计了 3 种不同的营销方案. 为了比较这 3 种方案的营销效果，公司随机从 5 家分销商收集销售数据，如表 9-19 所示.

表 9-19　5 家分销商的销售量

分销商序号	销售量		
	营销方案 A	营销方案 B	营销方案 C
1	31.3	24.2	31.7
2	28.4	28.5	32.8
3	30.8	26.5	30.8
4	27.9	27.8	29.5
5	29.5	25.2	32.5

试分析不同的营销方案对销售量是否有显著影响.

3. 某厂有 4 条生产线生产绳索，有 4 种配方的制作材料，为了比较绳索的抗断强度有无显著差异，抽查的绳索抗断强度数据如表 9-20 所示.

表 9-20　抗断强度观测数据

因素 A（生产线）	抗断强度			
	甲配方材料	乙配方材料	丙配方材料	丁配方材料
A_1	20.3	15.2	29.1	23.2
	22.0	16.4	27.6	21.8
A_2	25.3	20.9	33.0	27.3
	28.6	20.3	32.7	25.9
A_3	18.5	17.1	23.4	19.0
	20.7	16.0	24.6	18.1
A_4	19.0	14.3	25.3	24.7
	21.8	13.8	26.9	23.5

在显著性水平 $\alpha = 0.05$ 下检验：（1）不同生产线生产的绳索的抗断强度是否有显著差异；（2）不同配方材料生产的绳索的抗断强度是否有显著差异；（3）交互作用的效应是否显著.

4. 某调查机构做一个年收入的调查，得到 2 种不同职业（因素 A）与 3 种不同学历（因素 B）人群的平均年收入（单位：万元），如表 9-21 所示.

表 9-21　不同职业、不同学历年平均收入表　　　　　　　　单位：万元

因素 A（职业）	年平均收入		
	本科（学历）	硕士研究生（学历）	博士研究生（学历）
职业 I	9.5	9.8	10.5
职业 II	12.0	15.0	20.0

在显著性水平 $\alpha = 0.05$ 下检验：（1）不同职业人群的平均年收入是否有显著差异；（2）不同学历人群的平均年收入是否有显著差异.

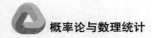

5. 为了研究不同品种对某种果树产量的影响，现进行产量试验，试验结果（产量）如表 9-22 所示，试分析果树品种对产量是否有显著影响（$\alpha = 0.05$）.

表 9-22　不同品种对某种果树产量的试验结果

品种	试验结果				行和 T_i	行均值 $\bar{y}_i$
A_1	10	7	13	10	40	10
A_2	12	13	15	12	52	13
A_3	8	4	7	9	28	7

6. 用 3 种抗凝剂对某一标本进行红细胞沉降速度（1h 值）测定，每种抗凝剂各进行 5 次，数据如下.

Ⅰ：15，11，13，12，14；

Ⅱ：13，16，14，17，15；

Ⅲ：13，15，16，14，12.

问：3 种抗凝剂对红细胞沉降速度的测定有无差别（$\alpha = 0.05$）？

7. 随机抽取了 10 个家庭，调查他们的家庭月收入 x 和月支出 y 的情况，数据如表 9-23 所示.

表 9-23　10 个家庭的月收入 x 与月支出 y 的情况

x/元	2000	1500	2000	2500	1600	2000	1800	1900	2200	1600
y/元	1800	1400	1700	2000	1400	1900	1700	1800	2000	1300

（1）画出 y 关于 x 的散点图；

（2）试建立 x 与 y 的回归方程；

（3）对所得的回归方程的显著性进行检验（$\alpha = 0.05$）.

参 考 答 案

单元 1

一、1. $\Omega = \{(1,2),(1,3),(1,4),(2,3),(2,4),(3,4)\}$.

2. 甲只股票下跌或乙只股票上涨.

3. 0.74.

4. 0.4.

5. $\dfrac{C_5^1 C_{55}^9}{C_{60}^{10}}$.

6. $\dfrac{9}{1078}$.

7. $AB\overline{C}$ 或 $AB - C$.

二、1. D   2. B   3. A   4. B   5. D   6. C

三、1. $\Omega = \{(正,正),(正,反),(反,正),(反,反)\}$；$A = \{(正,正),(正,反)\}$；

$B = \{(正,正),(反,反)\}$；$C = \{(正,正),(正,反),(反,正)\}$.

2. （1）$\overline{ABC}$；（2）$\overline{A}BC \cup \overline{B}AC \cup C\overline{B}A$；（3）$A \cup B \cup C$；（4）$\overline{ABC}$；（5）$\overline{ABC}$.

3. 因为 $P(AB) = P(BC) = 0$，所以 $P(ABC) = 0$，则

$$P(A \cup B \cup C) = P(A) + P(B) + P(C) - P(AB) - P(AC) - P(BC) + P(ABC) = 0.65$$

4. （1）$\alpha = 0.5$；（2）$\alpha = 5/8$.

5. （1）0.6，0.4；（2）0.6；（3）0.4；（4）0.2.

6. 0.32，0.62.

7. （1）0.327；（2）0.678.

8. （1）$\dfrac{1}{7^6}$；（2）$\left(\dfrac{6}{7}\right)^6$；（3）$1 - \dfrac{1}{7^6}$.

9. $\dfrac{7}{16}$.

10. （1）$\dfrac{1}{3}$；（2）0.8.

11. $\dfrac{5}{7}$.

12. 0.145.

13. （1）0.099；（2）$\dfrac{21}{99}$.

14. 0.458.

15. 甲厂.

16. （1）0.69； （2）$\dfrac{2}{23}$.

17. 0.5.

18. （1）$C_8^2(0.05)^2(0.95)^6$； （2）$1-(0.95)^8-C_8^1(0.05)^1(0.95)^7$.

19. $\dfrac{2}{3}$，$\dfrac{2}{3}$.

20. 略.

21. $\dfrac{63}{256}$，$\dfrac{21}{32}$.

22. （1）$\dfrac{255}{256}$； （2）$\dfrac{27}{128}$； （3）$\dfrac{81}{256}$.

单元 2

一、1. 0.3；0.5；0.2.

2. $\dfrac{4^5 e^{-4}}{5!}$.

3. $(0.6)^6+C_6^1 0.4\times(0.6)^5+C_6^2(0.4)^2\times(0.6)^4$.

4. 1.

5. $f(x)=\begin{cases}\dfrac{1}{2}x, & 0\leqslant x<2 \\ 0, & \text{其他}\end{cases}$.

6. $\dfrac{1}{6}$.

7. $F(x)=\begin{cases}1-e^{-\frac{x}{8}}, & x\geqslant 0 \\ 0, & x<0\end{cases}$.

二、1. D　2. C　3. C　4. C　5. A　6. B　7. C

三、1. X 的分布律为

X	0	1	2	3
p_k	$\dfrac{1}{2}$	$\dfrac{1}{4}$	$\dfrac{1}{8}$	$\dfrac{1}{8}$

2. X 的分布律为

$$P\{X=k\}=(1-p)^{k-1}p \quad (k=1,2,\cdots,n,\cdots)$$

3. （1）$a=1$；

（2）随机变量 X 的分布函数为 $F(x) = \begin{cases} 0, & x < -2 \\ 0.5, & -2 \leqslant x < 0 \\ 0.6, & 0 \leqslant x < 2 \\ 0.8, & 2 \leqslant x < 4 \\ 1, & x \geqslant 4 \end{cases}$.

（3）1.

4. 0.4 .

5.

X	1	2	3	4	$1 < X \leqslant 3$
p_k	$\dfrac{5}{8}$	$\dfrac{15}{56}$	$\dfrac{5}{56}$	$\dfrac{1}{56}$	$\dfrac{5}{14}$

6.

X	-1	1	3
p_k	0.4	0.4	0.2

7. （1） $a = 1$;

（2） $F(x) = \begin{cases} 0, & x < 0 \\ \dfrac{x^2}{2}, & 0 \leqslant x < 1 \\ 2x - \dfrac{x^2}{2} - 1, & 1 \leqslant x < 2 \\ 1, & x \geqslant 2 \end{cases}$.

8. （1） $A = \dfrac{1}{5}$; （2） $1 - e^{-2}$; （3） $F(x) = \begin{cases} 0, & x < 0 \\ 1 - e^{-\frac{x}{5}}, & x \geqslant 0 \end{cases}$.

9. （1） $A = \dfrac{1}{2}$; （2） $\dfrac{\sqrt{2}}{4}$; （3） $F(x) = \begin{cases} 0, & x < -\dfrac{\pi}{2} \\ \dfrac{1}{2}(\sin x + 1), & -\dfrac{\pi}{2} \leqslant x < \dfrac{\pi}{2} \\ 1, & x \geqslant \dfrac{\pi}{2} \end{cases}$.

10. （1） $A = 1$; （2） $f(x) = \begin{cases} x e^{-\frac{x^2}{2}}, & x > 0 \\ 0, & x \leqslant 0 \end{cases}$.

11. 9 条跑道.

12. （1） 0.0169 ; （2） 0.1365 .

13. 183.98cm.

14. 0.0563 ; 0.0197 .

15. $\dfrac{4}{5}$

16. 0.8185 .

17. （1） 0.8413 ; （2） 0.003 ; （3） 0.2388 .

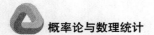

18. （1）0.1587；（2）0.8190.

19. $\sigma \approx 31.25$.

20.

Y	0	−1
p_k	0.7	0.3

21.

$X = 2\pi R$	0	2π	4π	6π
$Y = \pi R^2$	0	π	4π	9π
p_k	0.1	0.4	0.3	0.2

22. （1）

Y_1	0	1.5	2	4	6
p_k	$\dfrac{1}{8}$	$\dfrac{1}{4}$	$\dfrac{1}{8}$	$\dfrac{1}{6}$	$\dfrac{1}{3}$

（2）

Y_2	3	1.5	1	−1	−3
p_k	$\dfrac{1}{8}$	$\dfrac{1}{4}$	$\dfrac{1}{8}$	$\dfrac{1}{6}$	$\dfrac{1}{3}$

（3）

Y_3	0	0.25	4	16
p_k	$\dfrac{1}{8}$	$\dfrac{1}{4}$	$\dfrac{7}{24}$	$\dfrac{1}{3}$

23. $f_Y(y) = \begin{cases} \dfrac{1}{\sqrt{2\pi}y}\,\mathrm{e}^{-\frac{(\ln y)^2}{2}}, & y > 0 \\ 0, & y \leqslant 0 \end{cases}$.

单元 3

一、1. $\dfrac{1}{12}$；1；$\dfrac{1}{3}$.

2. $f_X(x)f_Y(y)$.

3. 0.1；0.4；0.4.

二、1. A 2. A 3. B 4. D

三、1.

X \ Y	0	1
0	$\dfrac{4}{9}$	$\dfrac{2}{9}$
1	$\dfrac{2}{9}$	$\dfrac{1}{9}$

2.（1）当 $i+j<2$ 或 $i+j>3$ 时，$P\{X=i,Y=j\}=0$；当 $2\leqslant i+j\leqslant 3$ 时，$P\{X=i,Y=j\}=\dfrac{C_2^i C_7^j C_1^{3-i-j}}{C_{10}^3}$．

其中，i 与 j 必须满足 $i=0,1,2$，$j=0,1,2,3$．

（2）经计算，得

X \ Y	0	1	2	3	$P\{X=x_i\}$
0	0	0	$\dfrac{7}{40}$	$\dfrac{7}{24}$	$\dfrac{7}{15}$
1	0	$\dfrac{7}{60}$	$\dfrac{7}{20}$	0	$\dfrac{7}{15}$
2	$\dfrac{1}{120}$	$\dfrac{7}{120}$	0	0	$\dfrac{1}{15}$
$P\{Y=y_j\}$	$\dfrac{1}{120}$	$\dfrac{7}{40}$	$\dfrac{21}{40}$	$\dfrac{7}{24}$	1

（3）X 和 Y 不相互独立．

3.（1）

Y	1	3	5
p_k	0.2	0.5	0.3

（2）0.7．

4. 不独立．

5.（1）

U	1	2	3
p_k	$\dfrac{1}{9}$	$\dfrac{1}{3}$	$\dfrac{5}{9}$

（2）

V	1	2	3
p_k	$\dfrac{5}{9}$	$\dfrac{1}{3}$	$\dfrac{1}{9}$

6.（1）$f_X(x)=\begin{cases} e^{-x}, & x>0 \\ 0, & x\leqslant 0 \end{cases}$；（2）$2(1-e^{-1/2})$．

7.（1）$k=12$；（2）$(1-e^{-3})(1-e^{-8})$；（3）略．

8. （1） $f(x,y) = \begin{cases} \dfrac{1}{(b-a)(d-c)}, & a<x<b,\ c<y<d \\ 0, & \text{其他} \end{cases}$;

$f_X(x) = \begin{cases} \dfrac{1}{b-a}, & a<x<b \\ 0, & \text{其他} \end{cases}$; $f_Y(y) = \begin{cases} \dfrac{1}{d-c}, & c<y<d \\ 0, & \text{其他} \end{cases}$.

（2） X 与 Y 相互独立.

9. $f_Z(z) = \begin{cases} \lambda\mu z e^{-\lambda z}, & \lambda=\mu \\ \dfrac{\lambda\mu}{\lambda-\mu} e^{-\lambda z}[e^{(\lambda-\mu)z}-1], & \lambda\neq\mu \end{cases}$.

10. $f_U(u) = \begin{cases} \lambda_1 e^{-\lambda_1 u}(1-e^{-\lambda_2 u}) + \lambda_2 e^{-\lambda_2 u}(1-e^{-\lambda_1 u}), & u>0 \\ 0, & u\leqslant 0 \end{cases}$.

$f_V(v) = \begin{cases} (\lambda_1+\lambda_2)e^{-(\lambda_1+\lambda_2)v}, & v>0 \\ 0, & v\leqslant 0 \end{cases}$.

单元 4

一、1. 4.

2. 3.6.

3. 4； $\dfrac{4}{3}$.

4. 4.

二、1. C　2. B　3. D　4. B　5. A　6. B

三、1. $\dfrac{2}{3}$.

2. 第一个应聘者在一页出现的平均错误字数少.

3. $\dfrac{1}{p}$.

4. $\dfrac{1}{2}$.

5. 5π .

6. 0.4；1.6.

7. 4.29.

8. （1） $a = \dfrac{e}{2}$ ；（2） $E(X) = \dfrac{4}{3}$.

9. $\dfrac{1}{2}$ ；2.

10. $a = \dfrac{1}{4}$ ， $b = -\dfrac{1}{4}$ ， $c = 1$.

11. $a = 12$ ， $b = 12$ ， $c = 3$.

12. 4；6；17.

13. $E(X) = 2$，$E(e^{-2X}) = \dfrac{1}{3}$.

14. $E(X) = \sqrt{\dfrac{\pi}{2}}\,\sigma$，$D(X) = \dfrac{4-\pi}{2}\sigma^2$.

15. 1；$\dfrac{1}{3}$.

16. （1）13；（2）$\dfrac{115}{3}$.

17. 0.7.

18. $\mathrm{Cov}(X, Y) = -\dfrac{1}{36}$，$\rho_{XY} = -\dfrac{1}{11}$，$D(X+Y) = \dfrac{5}{9}$.

单元 5

一、1. 对 $\forall \varepsilon > 0$，$\lim\limits_{n \to \infty} P\{|X_n - a| < \varepsilon\} = 1$ 或对 $\forall \varepsilon > 0$，$\lim\limits_{n \to \infty} P\{|X_n - a| \geqslant \varepsilon\} = 0$.

2. 0.9778.

3. 服从同一分布.

二、1. 1.343 g/km.

2. （1）0.894；（2）0.138.

3. 254.

4. （1）0.9664，大于；（2）0.1841，不大于.

5. （1）0；（2）0.9032.

单元 6

一、1. $X \sim N(1, 2)$.

2. 是样本的函数且不含总体分布中任何未知参数.

3. 0；4/3.

4. （1）具有相同的分布；（2）相互独立.

二、1. C 2. C 3. D 4. B

三、1. $P\{X_1 = x_1, X_2 = x_2, \cdots, X_n = x_n\} = \left(\prod\limits_{i=1}^{n} \dfrac{1}{x_i!}\right) \lambda^{\sum\limits_{i=1}^{n} x_i} \mathrm{e}^{-n\lambda}$.

2. 0.8293.

3. （1）$\overline{X} \sim N(23,\ 9/16)$；（2）0.9962.

4. 0.6318.

5. 25.

6. 0.6744.

7. $c = \dfrac{\sqrt{6}}{2}$.

8. （1）0.99； （2）$D(S^2) = \dfrac{2}{15}\sigma^4$.

9. （1）$\dfrac{(n-1)(S_1^2 + S_2^2)}{\sigma^2} \sim \chi^2(2n-2)$； （2）$\dfrac{n[(\overline{X} - \overline{Y}) - (\mu_1 - \mu_2)]^2}{S_1^2 + S_2^2} \sim F(1, 2n-2)$.

10. $F(5,10)$.

单元 7

一、1. $\overline{X}$； $\dfrac{1}{n}\sum\limits_{i=1}^{n}(X_i - \overline{X})^2$.

2. (4.412, 5.588).

3. (143.2, 156.8).

4. $\overline{X}$.

二、1. A 2. B 3. A 4. D 5. C 6. D

三、1. $\hat{\theta} = 2\hat{E}X = 2\overline{X}$.

2. $\hat{\theta} = \dfrac{\overline{X}}{1 - \overline{X}}$.

3. （1）略；（2）$\hat{\mu}_1$ 更有效.

4. （1）略；（2）$\hat{\mu}_2$ 更有效.

5. （1）$\hat{\theta} = 2\overline{X}$；（2）$\hat{\theta} \approx 0.9634$.

6. 极大似然估计量 $\hat{\alpha} = -\dfrac{n}{\sum\limits_{i=1}^{n}\ln X_i} - 1$，矩估计量为 $\hat{\alpha} = \dfrac{1}{1 - \overline{X}} - 2$.

7. $\bar{x}$.

8. $\hat{\theta} = \dfrac{1}{1168}$.

9. 证明略；$a = \dfrac{n_1 - 1}{n_1 + n_2 - 2}$，$b = \dfrac{n_2 - 1}{n_1 + n_2 - 2}$.

10. (14.8, 15.2).

11. (432.3, 482.69).

12. (0.02, 0.10).

13. (−0.899, 0.019).

14. (0.0544, 3.7657).

单元 8

一、1. C 2. A 3. B 4. C

二、1. 认为确诊患近视的平均年龄为 10 岁.

2. 认为平均直径不等于 15mm.

3. 这一天生产的纤维的纤度的总体标准差正常.

4. （1）在显著性水平 $\alpha = 0.1$ 下，认为折断力的均值有显著变化；（2）在显著性水平 $\alpha = 0.05$ 下，认为折断力的均值没有显著变化；（3）在显著性水平 $\alpha = 0.05$ 下，认为折断力的方差等于 60.

5. 无效.

6. 可以认为乙车床生产的滚珠的直径的方差比甲车床生产的滚珠的直径的方差小.

单元 9

1. 没有显著差异.

2. 差异显著.

3. （1）有显著差异；（2）有显著差异；（3）有显著差异.

4. （1）差异不显著；（2）差异不显著.

5. $S_{\mathrm{T}} = \sum\limits_{i=1}^{t}\sum\limits_{j=1}^{m} y_{ij}^2 - \dfrac{T^2}{n} = 110$ ， $S_{\mathrm{A}} = \dfrac{1}{m}\sum\limits_{i=1}^{t} T_i^2 - \dfrac{T^2}{n} = 72$ ， $S_{\mathrm{E}} = S_{\mathrm{T}} - S_{\mathrm{A}} = 38$ ， $F \approx 8.53$. 又因

$F_{0.05}(2,9) = 4.256$ ， $F > F_{0.05}(2,9)$ ，故果树品种对产量有显著影响.

6. $S_{\mathrm{T}} = 40$ ， $S_{\mathrm{A}} = 10$ ， $S_{\mathrm{E}} = S_{\mathrm{T}} - S_{\mathrm{A}} = 30$ ， $F = 2$. 又由 $F_{0.05}(2,12) = 3.885$ ， $F < F_{0.05}(2,12)$ ，故

不能认为 3 种抗凝剂对红细胞沉降速度的测定有差别.

7. （1）略；（2） $\hat{y} = 2.484 + 0.76x$ ；（3） $S_{\text{总}} = 58$ ， $S_{\text{回}} = 47.877$ ， $S_{\text{剩}} = S_{\text{总}} - S_{\text{回}} = 10.123$ ， $F = 37.8355$.

又因 $F_{0.05}(1,8) = 5.318$ ， $F > F_{0.05}(1,8)$ ，故回归方程显著.

参 考 文 献

陈珍培，周轩伟，2016. 应用数学基础：概率论与数理统计[M]. 北京：北京师范大学出版社.

程龙生，2013. 管理统计[M]. 北京：科学出版社.

段洪玲，孙平，2012. 如何提高学生学习《概率论》的兴趣[J]. 辽宁教育行政学院学报，29（6）：108-109.

韩旭里，谢永钦，2015. 概率论与数理统计[M]. 3 版. 上海：复旦大学出版社.

李海军，王文丽，2014. 概率论与数理统计[M]. 北京：北京理工大学出版社.

李贤平，2022. 概率论基础[M]. 3 版. 北京：高等教育出版社.

茆诗松，程依明，濮晓龙，2011. 概率论与数理统计教程[M]. 2 版. 北京：高等教育出版社.

盛骤，谢式千，潘承毅，2020. 概率论与数理统计[M]. 5 版. 北京：高等教育出版社.

孙道德，2006. 概率论与数理统计（经营）[M]. 北京：人民教育出版社.

王松桂，张忠占，程维虎，等，2011. 概率论与数理统计[M]. 3 版. 北京：科学出版社.

魏宗舒，等，2020. 概率论与数理统计教程[M]. 3 版. 北京：高等教育出版社.

吴赣昌，2011. 概率论与数理统计（理工类）[M]. 4 版. 北京：中国人民大学出版社.

岩泽宏和，2016. 改变世界的 134 个概率统计故事[M]. 戴华晶，译. 长沙：湖南科学技术出版社.

张奠宙，1996. 中学教学全书：数学卷[M]. 上海：上海教育出版社.

附　　录

附表 1　泊松分布表

$$1 - F(x-1) = \sum_{k=x}^{\infty} \frac{\lambda^k}{k!} e^{-\lambda}$$

x	$\lambda = 0.2$	$\lambda = 0.3$	$\lambda = 0.4$	$\lambda = 0.5$	$\lambda = 0.6$	$\lambda = 0.7$	$\lambda = 0.8$	$\lambda = 0.9$	$\lambda = 1.0$	$\lambda = 1.2$
0	1.0000000	1.0000000	1.0000000	1.000000	1.000000	1.000000	1.000000	1.000000	1.000000	1.000000
1	0.1812692	0.2591818	0.3296800	0.393469	0.451188	0.503415	0.550671	0.593430	0.632121	0.698806
2	0.0175231	0.0369363	0.0615519	0.090204	0.121901	0.155805	0.191208	0.227518	0.264241	0.337373
3	0.0011485	0.0035995	0.0079263	0.014388	0.023115	0.034142	0.047423	0.062857	0.080301	0.120513
4	0.0000568	0.0002658	0.0007763	0.001752	0.003385	0.005753	0.009080	0.013459	0.018988	0.033769
5	0.0000023	0.0000158	0.0000612	0.000172	0.000394	0.000786	0.001411	0.002344	0.003660	0.007746
6	0.0000001	0.0000008	0.0000040	0.000014	0.000039	0.000090	0.000184	0.000343	0.000594	0.001500
7		0.0000002	0.000001	0.000003	0.000009	0.000021	0.000043	0.000083	0.000251
8						0.000001	0.000002	0.000005	0.000010	0.000037
9									0.000001	0.000005
10										0.000001

x	$\lambda = 1.4$	$\lambda = 1.6$	$\lambda = 1.8$	$\lambda = 2.0$	$\lambda = 2.5$	$\lambda = 3.0$	$\lambda = 3.5$	$\lambda = 4.0$	$\lambda = 4.5$	$\lambda = 5.0$
0	1.000000	1.000000	1.000000	1.000000	1.000000	1.000000	1.000000	1.000000	1.000000	1.000000
1	0.753403	0.789103	0.834701	0.864665	0.917915	0.950213	0.969803	0.981684	0.988891	0.993262
2	0.408167	0.475069	0.537163	0.593994	0.712703	0.800852	0.864112	0.908422	0.938901	0.959572
3	0.166502	0.216642	0.269379	0.323324	0.456187	0.576810	0.679153	0.761897	0.826422	0.875348
4	0.053725	0.078313	0.108708	0.142877	0.242424	0.352768	0.463367	0.566530	0.657704	0.734974
5	0.014253	0.023682	0.036407	0.052653	0.108822	0.184737	0.274555	0.371163	0.467896	0.559507
6	0.003201	0.006040	0.010378	0.016564	0.042021	0.083918	0.142386	0.214870	0.297070	0.384039
7	0.000622	0.001336	0.002569	0.004534	0.014187	0.033509	0.065288	0.110674	0.168949	0.237817
8	0.000107	0.000260	0.000562	0.001097	0.004247	0.011905	0.026739	0.051134	0.086586	0.133372
9	0.000016	0.000045	0.000110	0.000237	0.001140	0.003803	0.009874	0.021363	0.040257	0.068094
10	0.000002	0.000007	0.000019	0.000046	0.000277	0.001102	0.003315	0.008132	0.017093	0.031828
11		0.000001	0.000003	0.000008	0.000062	0.000292	0.001019	0.002840	0.000669	0.013695
12				0.000001	0.000013	0.000071	0.000289	0.000915	0.002404	0.005453
13					0.000002	0.000016	0.000076	0.000274	0.000805	0.002019
14						0.000003	0.000019	0.000076	0.000252	0.000698
15						0.000001	0.000004	0.000020	0.000074	0.000226
16							0.000001	0.000005	0.000020	0.000069
17								0.000001	0.000005	0.000020
18									0.000001	0.000005
19										0.000001

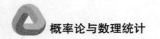

附表2　标准正态分布表

$$\Phi(x)=\int_{-\infty}^{x}\frac{1}{\sqrt{2\pi}}\mathrm{e}^{-\frac{t^2}{2}}\mathrm{d}t=P\{X\leqslant x\}$$

x	0.00	0.01	0.02	0.03	0.04	0.05	0.06	0.07	0.08	0.09
0.0	0.5000	0.5040	0.5080	0.5120	0.5160	0.5199	0.5239	0.5279	0.5319	0.5359
0.1	0.5398	0.5438	0.5478	0.5517	0.5557	0.5596	0.5636	0.5675	0.5714	0.5753
0.2	0.5793	0.5832	0.5871	0.5910	0.5948	0.5987	0.6026	0.6064	0.6103	0.6141
0.3	0.6179	0.6217	0.6255	0.6293	0.6331	0.6368	0.6404	0.6443	0.6480	0.6517
0.4	0.6554	0.6591	0.6628	0.6664	0.6700	0.6736	0.6772	0.6808	0.6844	0.6879
0.5	0.6915	0.6950	0.6985	0.7019	0.7054	0.7088	0.7123	0.7157	0.7190	0.7224
0.6	0.7257	0.7291	0.7324	0.7357	0.7389	0.7422	0.7454	0.7486	0.7517	0.7549
0.7	0.7580	0.7611	0.7642	0.7673	0.7703	0.7734	0.7764	0.7794	0.7823	0.7852
0.8	0.7881	0.7910	0.7939	0.7967	0.7995	0.8023	0.8051	0.8078	0.8106	0.8133
0.9	0.8159	0.8186	0.8212	0.8238	0.8264	0.8289	0.8355	0.8340	0.8365	0.8389
1.0	0.8413	0.8438	0.8461	0.8485	0.8508	0.8531	0.8554	0.8577	0.8599	0.8621
1.1	0.8643	0.8665	0.8686	0.8708	0.8729	0.8749	0.8770	0.8790	0.8810	0.8830
1.2	0.8849	0.8869	0.8888	0.8907	0.8925	0.8944	0.8962	0.8980	0.8997	0.9015
1.3	0.9032	0.9049	0.9066	0.9082	0.9099	0.9115	0.9131	0.9147	0.9162	0.9177
1.4	0.9192	0.9207	0.9222	0.9236	0.9251	0.9265	0.9279	0.9292	0.9306	0.9319
1.5	0.9332	0.9345	0.9357	0.9370	0.9382	0.9394	0.9406	0.9418	0.9430	0.9441
1.6	0.9452	0.9463	0.9474	0.9484	0.9495	0.9505	0.9515	0.9525	0.9535	0.9535
1.7	0.9554	0.9564	0.9573	0.9582	0.9591	0.9599	0.9608	0.9616	0.9625	0.9633
1.8	0.9641	0.9648	0.9656	0.9664	0.9672	0.9678	0.9686	0.9693	0.9700	0.9706
1.9	0.9713	0.9719	0.9726	0.9732	0.9738	0.9744	0.9750	0.9756	0.9762	0.9767
2.0	0.9772	0.9778	0.9783	0.9788	0.9793	0.9798	0.9803	0.9808	0.9812	0.9817
2.1	0.9821	0.9826	0.9830	0.9834	0.9838	0.9842	0.9846	0.9850	0.9854	0.9857
2.2	0.9861	0.9864	0.9868	0.9871	0.9874	0.9878	0.9881	0.9884	0.9887	0.9890
2.3	0.9893	0.9896	0.9898	0.9901	0.9904	0.9906	0.9909	0.9911	0.9913	0.9916
2.4	0.9918	0.9920	0.9922	0.9925	0.9927	0.9929	0.9931	0.9932	0.9934	0.9936
2.5	0.9938	0.9940	0.9941	0.9943	0.9945	0.9946	0.9948	0.9949	0.9951	0.9952
2.6	0.9953	0.9955	0.9956	0.9957	0.9959	0.9960	0.9961	0.9962	0.9963	0.9964
2.7	0.9965	0.9966	0.9967	0.9968	0.9969	0.9970	0.9971	0.9972	0.9973	0.9974
2.8	0.9974	0.9975	0.9976	0.9977	0.9977	0.9978	0.9979	0.9979	0.9980	0.9981
2.9	0.9981	0.9982	0.9982	0.9983	0.9984	0.9984	0.9985	0.9985	0.9986	0.9986

x	0.0	0.1	0.2	0.3	0.4	0.5	0.6	0.7	0.8	0.9
3	0.9987	0.9990	0.9993	0.9995	0.9997	0.9998	0.9998	0.9999	0.9999	1.0000

附表 3 t 分布临界值表

$$P\{t > t_\alpha(n)\} = \alpha$$

n	$\alpha = 0.25$	$\alpha = 0.10$	$\alpha = 0.05$	$\alpha = 0.025$	$\alpha = 0.01$	$\alpha = 0.005$
1	1.0000	3.0777	6.3138	12.7062	31.8207	63.6574
2	0.8165	1.8856	2.9200	4.3037	6.9646	9.9248
3	0.7649	1.6377	2.3534	3.1824	4.5407	5.8409
4	0.7407	1.5332	2.1318	2.7764	3.7649	4.6041
5	0.7267	1.4759	2.0150	2.5706	3.3649	4.0322
6	0.7176	1.4398	1.9432	2.4469	3.1427	3.7074
7	0.7111	1.4149	1.8946	2.3646	2.9980	3.4995
8	0.7064	1.3968	1.8595	2.3060	2.8965	3.3554
9	0.7027	1.3830	1.8331	2.2622	2.8214	3.2498
10	0.6998	1.3722	1.8125	2.2281	2.7638	3.1693
11	0.6974	1.3634	1.7959	2.2010	2.7181	3.1058
12	0.6955	1.3562	1.7823	2.1788	2.6810	3.0545
13	0.6938	1.3502	1.7709	2.1640	2.6503	3.0123
14	0.6924	1.3450	1.7613	2.1448	2.6245	2.9768
15	0.6912	1.3406	1.7531	2.1315	2.6025	2.9467
16	0.6901	1.3368	1.7459	2.1199	2.5835	2.9208
17	0.6892	1.3334	1.7396	2.1098	2.5669	2.8982
18	0.6884	1.3304	1.7341	2.1009	2.5524	2.8784
19	0.6876	1.3277	1.7291	2.0930	2.5395	2.8609
20	0.6870	1.3253	1.7247	2.0860	2.5280	2.8453
21	0.6864	1.3232	1.7207	2.0796	2.5177	2.8314
22	0.6858	1.3212	1.7171	2.0739	2.5083	2.8188
23	0.6853	1.3195	1.7139	2.0687	2.4999	2.8073
24	0.6848	1.3178	1.7109	2.0639	2.4922	2.7969
25	0.6844	1.3163	1.7081	2.0595	2.4851	2.7874
26	0.6840	1.3150	1.7056	2.0555	2.4786	2.7787
27	0.6837	1.3137	1.7033	2.0518	2.4727	2.7707
28	0.6834	1.3125	1.7011	2.0484	2.4671	2.7633
29	0.6830	1.3114	1.6991	2.0452	2.4620	2.7564
30	0.6828	1.3104	1.6873	2.0423	2.4573	2.7500
31	0.6825	1.3095	1.6955	2.0395	2.4528	2.7440
32	0.6822	1.3086	1.6939	2.0369	2.4487	2.7385
33	0.6820	1.3077	1.6924	2.0345	2.4448	2.7333
34	0.6818	1.3070	1.6909	2.0322	2.4411	2.7284
35	0.6816	1.3062	1.6896	2.0301	2.4377	2.7238
36	0.6814	1.3055	1.6883	2.0281	2.4345	2.7195
37	0.6812	1.3049	1.6871	2.0262	2.4314	2.7154
38	0.6810	1.3042	1.6860	2.0244	2.4286	2.7116
39	0.6808	1.3036	1.6849	2.0227	2.4258	2.7079
40	0.6807	1.3031	1.6839	2.0211	2.4233	2.7045
41	0.6805	1.3025	1.6829	2.0195	2.4208	2.7012
42	0.6804	1.3020	1.6820	2.0181	2.4185	2.6981

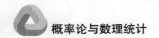
续表

n	$\alpha = 0.25$	$\alpha = 0.10$	$\alpha = 0.05$	$\alpha = 0.025$	$\alpha = 0.01$	$\alpha = 0.005$
43	0.6802	1.3016	1.6811	2.0167	2.4163	2.6951
44	0.6801	1.3011	1.6802	2.0154	2.4141	2.6923
45	0.6800	1.3006	1.6794	2.0141	2.4121	2.6896

附表4　χ^2分布临界值表

$$P\{\chi^2 > \chi^2_\alpha(n)\} = \alpha$$

n	$\alpha = 0.995$	$\alpha = 0.99$	$\alpha = 0.975$	$\alpha = 0.95$	$\alpha = 0.90$	$\alpha = 0.75$	$\alpha = 0.25$	$\alpha = 0.10$	$\alpha = 0.05$	$\alpha = 0.025$	$\alpha = 0.01$	$\alpha = 0.005$
1	—	—	0.001	0.004	0.016	0.102	1.323	2.706	3.841	5.024	6.365	7.879
2	0.010	0.020	0.051	0.103	0.211	0.575	2.773	4.605	5.991	7.378	9.210	10.597
3	0.072	0.115	0.216	0.352	0.584	1.213	4.108	6.251	7.815	9.348	11.345	12.838
4	0.207	0.297	0.484	0.711	1.064	1.923	5.385	7.779	9.448	11.143	13.277	14.860
5	0.412	0.554	0.831	1.145	1.610	2.675	6.626	9.236	11.071	12.833	15.086	16.750
6	0.676	0.872	1.237	1.635	2.204	3.455	7.814	10.645	12.592	14.449	16.812	18.548
7	0.989	1.239	1.690	2.167	2.833	4.255	9.037	12.017	14.067	16.013	18.475	20.278
8	1.344	1.646	2.180	2.733	3.490	5.071	10.219	13.362	15.507	17.535	20.090	21.995
9	1.735	2.088	2.700	3.325	4.168	5.899	11.389	14.684	16.919	19.023	21.666	23.589
10	2.156	2.558	3.247	3.940	4.865	6.737	12.549	15.987	18.307	20.483	23.209	25.188
11	2.603	3.053	3.816	4.575	5.578	7.584	13.701	17.275	19.675	21.920	24.725	26.757
12	3.074	3.571	4.404	5.226	6.304	8.438	14.854	18.549	21.026	23.337	26.217	28.299
13	3.565	4.107	5.009	5.892	7.042	9.299	15.984	19.812	22.362	24.736	27.688	29.819
14	4.705	4.660	5.629	6.571	7.790	10.165	170117	21.064	23.685	26.119	29.141	31.319
15	4.601	5.229	6.262	7.261	8.547	11.037	18.245	22.307	24.996	27.488	30.578	32.801
16	5.142	5.812	6.908	7.962	9.312	11.912	19.369	23.542	26.296	28.845	32.000	34.267
17	5.697	6.408	7.564	8.672	10.085	12.792	20.489	24.769	27.587	30.191	33.409	35.718
18	6.265	7.015	8.231	9.930	10.865	13.675	21.605	25.989	28.869	31.526	34.805	37.156
19	6.884	7.633	8.907	10.117	11.651	14.562	22.718	27.204	30.144	32.852	36.191	38.582
20	7.434	8.260	9.591	10.851	12.443	15.452	23.828	28.412	31.410	34.170	37.566	39.997
21	8.034	8.897	10.283	11.591	13.240	16.344	24.935	29.615	32.671	35.479	38.932	41.401
22	8.643	9.542	10.982	12.338	14.042	17.240	26.039	30.813	33.924	36.781	40.289	42.796
23	9.260	10.196	11.689	13.091	14.848	18.137	27.141	32.007	35.172	38.076	41.638	44.181
24	9.886	10.856	12.401	13.848	15.659	19.037	28.241	33.196	36.415	39.364	42.980	45.559
25	10.520	11.524	13.120	14.611	16.473	19.939	29.339	34.382	37.652	40.646	44.314	46.928
26	11.160	12.198	13.844	15.379	17.292	20.843	30.435	35.563	38.885	41.923	45.642	48.290
27	11.808	12.879	14.573	16.151	18.114	21.749	31.528	36.741	40.113	43.194	46.963	49.654
28	12.461	13.565	15.308	16.928	18.939	22.657	32.620	37.916	41.337	44.461	48.273	50.993
29	13.121	14.257	16.047	17.708	19.768	23.567	33.711	39.087	42.557	45.722	49.588	52.336
30	13.787	14.954	16.791	18.493	20.599	24.478	34.800	40.256	43.773	46.979	50.892	53.672
31	14.458	15.655	17.539	19.281	21.431	25.390	35.887	41.422	44.985	48.232	52.191	55.003
32	15.131	16.362	18.291	20.072	22.271	26.304	36.973	42.585	46.194	49.480	53.486	56.328
33	15.815	17.074	19.047	20.867	23.110	27.219	38.058	43.745	47.400	50.725	54.776	57.648
34	16.501	17.789	19.806	21.664	23.952	28.136	39.141	44.903	48.602	51.966	56.061	58.964
35	17.192	18.509	20.569	22.465	24.797	29.054	40.223	46.059	49.802	53.203	57.342	60.275

n	$\alpha=$ 0.995	$\alpha=$ 0.99	$\alpha=$ 0.975	$\alpha=$ 0.95	$\alpha=$ 0.90	$\alpha=$ 0.75	$\alpha=$ 0.25	$\alpha=$ 0.10	$\alpha=$ 0.05	$\alpha=$ 0.025	$\alpha=$ 0.01	$\alpha=$ 0.005
36	17.887	19.233	21.336	23.269	25.643	29.973	41.304	47.212	50.998	54.437	58.619	61.581
37	18.586	19.960	22.106	24.075	26.492	30.893	42.383	48.363	52.192	55.668	59.892	62.883
38	19.289	20.691	22.878	24.884	27.343	31.815	43.462	49.513	53.384	56.896	61.162	64.181
39	19.996	21.426	23.654	25.695	28.196	32.737	44.539	50.660	54.572	58.120	62.428	65.476
40	20.707	22.164	24.433	26.509	29.051	33.660	45.616	51.805	55.758	59.342	63.691	66.766
41	21.421	22.906	25.215	27.326	29.907	34.585	46.692	52.949	56.942	60.561	64.950	68.053
42	22.138	23.650	25.999	28.144	30.765	35.510	47.766	54.090	58.124	61.777	66.206	69.336
43	22.859	24.398	26.785	28.965	31.625	36.436	48.840	55.230	59.304	62.990	67.459	70.616
44	23.584	25.148	27.575	29.787	32.487	37.363	49.913	56.369	60.481	64.201	68.710	71.393
45	24.311	25.901	28.366	30.612	33.350	38.291	50.985	57.505	61.656	65.410	69.957	73.166

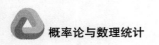

附表 5　F 分布临界值表

$$P\{F > F_\alpha(n_1, n_2)\} = \alpha$$

$\alpha = 0.10$

n_2 \ n_1	1	2	3	4	5	6	7	8	9	10	12	15	20	24	30	40	60	120	∞
1	39.86	49.50	53.59	55.83	57.24	58.20	58.91	59.44	59.86	60.19	60.71	61.22	61.74	62.06	62.26	62.53	62.79	63.06	63.33
2	8.53	9.00	9.16	9.24	9.29	9.33	9.35	9.37	9.38	9.39	9.41	9.42	9.44	9.45	9.46	9.47	9.47	9.48	9.49
3	5.54	5.46	5.39	5.34	5.31	5.28	5.27	5.25	5.24	5.23	5.22	5.20	5.18	5.18	5.17	5.16	5.15	5.14	5.13
4	4.54	4.32	4.19	4.11	4.05	4.01	3.98	3.95	3.94	3.92	3.90	3.87	3.84	3.83	3.82	3.80	3.79	3.78	3.76
5	4.06	3.78	3.62	3.52	3.45	3.40	3.37	3.34	3.32	3.30	3.27	3.24	3.21	3.19	3.17	3.16	3.14	3.12	3.10
6	3.78	3.46	3.29	3.18	3.11	3.05	3.01	2.98	2.96	2.94	2.90	2.87	2.84	2.82	2.80	2.78	2.76	2.74	2.72
7	3.59	3.26	3.07	2.96	2.88	2.83	2.78	2.75	2.72	2.70	2.67	2.63	2.59	2.58	2.56	2.54	2.51	2.49	2.47
8	3.46	3.11	2.92	2.81	2.73	2.67	2.62	2.59	2.56	2.54	2.50	2.46	2.42	2.40	2.38	2.36	2.34	2.32	2.29
9	3.36	3.01	2.81	2.69	2.61	2.55	2.51	2.47	2.44	2.42	2.38	2.34	2.30	2.28	2.25	2.23	2.21	2.18	2.16
10	3.29	2.92	2.73	2.61	2.52	2.46	2.41	2.38	2.35	2.32	2.28	2.24	2.20	2.18	2.16	2.13	2.11	2.08	2.06
11	3.23	2.86	2.66	2.54	2.45	2.39	2.34	2.30	2.27	2.25	2.21	2.17	2.12	2.10	2.08	2.05	2.03	2.00	1.97
12	3.18	2.81	2.61	2.48	2.39	2.33	2.28	2.24	2.21	2.19	2.15	2.10	2.06	2.04	2.01	1.99	1.96	1.93	1.90
13	3.14	2.76	2.56	2.43	2.35	2.28	2.23	2.20	2.16	2.14	2.10	2.05	2.01	1.98	1.96	1.93	1.90	1.88	1.85
14	3.10	2.73	2.52	2.39	2.31	2.24	2.19	2.15	2.12	2.10	2.05	2.01	1.96	1.94	1.91	1.89	1.86	1.83	1.80
15	3.07	2.70	2.49	2.36	2.27	2.21	2.16	2.12	2.09	2.06	2.02	1.97	1.92	1.90	1.87	1.85	1.82	1.79	1.76
16	3.05	2.67	2.46	2.33	2.24	2.18	2.13	2.09	2.06	2.03	1.99	1.94	1.89	1.87	1.84	1.81	1.78	1.75	1.72
17	3.03	2.64	2.44	2.31	2.22	2.15	2.10	2.06	2.03	2.00	1.96	1.91	1.86	1.84	1.81	1.78	1.75	1.72	1.69
18	3.01	2.62	2.42	2.29	2.20	2.13	2.08	2.04	2.00	1.98	1.93	1.89	1.84	1.81	1.78	1.75	1.72	1.69	1.66
19	2.99	2.61	2.40	2.27	2.18	2.11	2.06	2.02	1.98	1.96	1.91	1.86	1.81	1.79	1.76	1.73	1.70	1.67	1.63
20	2.97	2.59	2.38	2.25	2.16	2.09	2.04	2.00	1.96	1.94	1.89	1.84	1.79	1.77	1.74	1.71	1.68	1.64	1.61

续表

n_2 \ n_1	1	2	3	4	5	6	7	8	9	10	12	15	20	24	30	40	60	120	∞
21	2.96	2.57	2.36	2.23	2.14	2.08	2.02	1.98	1.95	1.92	1.87	1.83	1.78	1.75	1.72	1.69	1.66	1.62	1.59
22	2.95	2.56	2.35	2.22	2.13	2.06	2.01	1.97	1.93	1.90	1.86	1.81	1.76	1.73	1.70	1.67	1.64	1.60	1.57
23	2.94	2.55	2.34	2.21	2.11	2.05	1.99	1.95	1.92	1.89	1.84	1.80	1.74	1.72	1.69	1.66	1.62	1.59	1.55
24	2.93	2.54	2.33	2.19	2.10	2.04	1.98	1.94	1.91	1.88	1.83	1.78	1.73	1.70	1.67	1.64	1.61	1.57	1.53
25	2.92	2.53	2.32	2.18	2.09	2.02	1.97	1.93	1.89	1.87	1.82	1.77	1.72	1.69	1.66	1.63	1.59	1.56	1.52
26	2.91	2.52	2.31	2.17	2.08	2.01	1.96	1.92	1.88	1.86	1.81	1.76	1.71	1.68	1.65	1.61	1.58	1.54	1.50
27	2.90	2.51	2.30	2.17	2.07	2.00	1.95	1.91	1.87	1.85	1.80	1.75	1.70	1.67	1.64	1.60	1.57	1.53	1.49
28	2.89	2.50	2.29	2.16	2.06	2.00	1.94	1.90	1.87	1.84	1.79	1.74	1.69	1.66	1.63	1.59	1.56	1.52	1.48
29	2.89	2.50	2.28	2.15	2.06	1.99	1.93	1.89	1.86	1.83	1.78	1.73	1.68	1.65	1.62	1.58	1.55	1.51	1.47
30	2.88	2.49	2.28	2.14	2.05	1.98	1.93	1.88	1.85	1.82	1.77	1.72	1.67	1.64	1.61	1.57	1.54	1.50	1.46
40	2.84	2.44	2.23	2.09	2.00	1.93	1.87	1.83	1.79	1.76	1.71	1.66	1.61	1.57	1.54	1.51	1.47	1.42	1.38
60	2.79	2.39	2.18	2.04	1.95	1.87	1.82	1.77	1.74	1.71	1.66	1.60	1.54	1.51	1.48	1.44	1.40	1.35	1.29
120	2.75	2.35	2.13	1.99	1.90	1.82	1.77	1.72	1.68	1.65	1.60	1.55	1.48	1.45	1.41	1.37	1.32	1.26	1.19
∞	2.71	2.30	2.08	1.94	1.85	1.77	1.72	1.67	1.63	1.60	1.55	1.49	1.42	1.38	1.34	1.30	1.24	1.17	1.00

$\alpha = 0.05$

n_2 \ n_1	1	2	3	4	5	6	7	8	9	10	12	15	20	24	30	40	60	120	∞
1	161.4	199.5	215.7	224.6	230.2	234.0	236.8	238.9	240.5	241.9	243.9	245.9	248.0	249.1	250.1	251.1	252.2	253.3	254.3
2	18.51	19.00	19.16	19.25	19.30	19.33	19.35	19.37	19.38	19.40	19.41	19.43	19.45	19.45	19.46	19.47	19.48	19.49	19.50
3	10.13	9.55	9.28	9.12	9.01	8.94	8.89	8.85	8.81	8.79	8.74	8.70	8.66	8.64	8.62	8.59	8.57	8.55	8.53
4	7.71	6.94	6.59	6.39	6.26	6.16	6.09	6.04	6.00	5.96	5.91	5.86	5.80	5.77	5.75	5.72	5.69	5.66	5.63
5	6.61	5.79	5.41	5.19	5.05	4.95	4.88	4.82	4.77	4.74	4.68	4.62	4.56	4.53	4.50	4.46	4.43	4.40	4.36
6	5.99	5.14	4.76	4.53	4.39	4.28	4.21	4.15	4.10	4.06	4.00	3.94	3.87	3.84	3.81	3.77	3.74	3.70	3.67
7	5.59	4.74	4.35	4.12	3.97	3.87	3.79	3.73	3.68	3.64	3.57	3.51	3.44	3.41	3.38	3.34	3.30	3.27	3.23
8	5.32	4.46	4.07	3.84	3.69	3.58	3.50	3.44	3.39	3.35	3.28	3.22	3.15	3.12	3.08	3.04	3.01	2.97	2.93

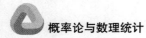

续表

n_2	1	2	3	4	5	6	7	8	9	10	12	15	20	24	30	40	60	120	∞
9	5.12	4.26	3.86	3.63	3.48	3.37	3.29	3.23	3.18	3.14	3.07	3.01	2.94	2.90	2.86	2.83	2.79	2.75	2.71
10	4.96	4.10	3.71	3.48	3.33	3.22	3.14	3.07	3.02	2.98	2.91	2.85	2.77	2.74	2.70	2.66	2.62	2.58	2.54
11	4.84	3.98	3.59	3.36	3.20	3.09	3.01	2.95	2.90	2.85	2.79	2.72	2.65	2.61	2.57	2.53	2.49	2.45	2.40
12	4.75	3.89	3.49	3.26	3.11	3.00	2.91	2.85	2.80	2.75	2.69	2.62	2.54	2.51	2.47	2.43	2.38	2.34	2.30
13	4.67	3.81	3.41	3.18	3.03	2.92	2.83	2.77	2.71	2.67	2.60	2.53	2.46	2.42	2.38	2.34	2.30	2.25	2.21
14	4.60	3.74	3.34	3.11	2.96	2.85	2.76	2.70	2.65	2.60	2.53	2.46	2.39	2.35	2.31	2.27	2.22	2.18	2.13
15	4.54	3.68	3.29	3.06	2.90	2.79	2.71	2.64	2.59	2.54	2.48	2.40	2.33	2.29	2.25	2.20	2.16	2.11	2.07
16	4.49	3.63	3.24	3.01	2.85	2.74	2.66	2.59	2.54	2.49	2.42	2.35	2.28	2.24	2.19	2.15	2.11	2.06	2.01
17	4.45	3.59	3.20	2.96	2.81	2.70	2.61	2.55	2.49	2.45	2.38	2.31	2.23	2.19	2.15	2.10	2.06	2.01	1.96
18	4.41	3.55	3.16	2.93	2.77	2.66	2.58	2.51	2.46	2.41	2.34	2.27	2.19	2.15	2.11	2.06	2.02	1.97	1.92
19	4.38	3.52	3.13	2.90	2.74	2.63	2.54	2.48	2.42	2.38	2.31	2.23	2.16	2.11	2.07	2.03	1.98	1.93	1.88
20	4.35	3.49	3.10	2.87	2.71	2.60	2.51	2.45	2.39	2.35	2.28	2.20	2.12	2.08	2.04	1.99	1.95	1.90	1.84
21	4.32	3.47	3.07	2.84	2.68	2.57	2.49	2.42	2.37	2.32	2.25	2.18	2.10	2.05	2.01	1.96	1.92	1.87	1.81
22	4.30	3.44	3.05	2.82	2.66	2.55	2.46	2.40	2.34	2.30	2.23	2.15	2.07	2.03	1.98	1.94	1.89	1.84	1.78
23	4.28	3.42	3.03	2.80	2.64	2.53	2.44	2.37	2.32	2.27	2.20	2.13	2.05	2.01	1.96	1.91	1.86	1.81	1.76
24	4.26	3.40	3.01	2.78	2.62	2.51	2.42	2.36	2.30	2.25	2.18	2.11	2.03	1.98	1.94	1.89	1.84	1.79	1.73
25	4.24	3.39	2.99	2.76	2.60	2.49	2.40	2.34	2.28	2.24	2.16	2.09	2.01	1.96	1.92	1.87	1.82	1.77	1.71
26	4.23	3.37	2.98	2.74	2.59	2.47	2.39	2.32	2.27	2.22	2.15	1.07	1.99	1.95	1.90	1.85	1.80	1.75	1.69
27	4.21	3.35	2.96	2.73	2.57	2.46	2.37	2.31	2.25	2.20	2.13	1.06	1.97	1.93	1.88	1.84	1.79	1.73	1.67
28	4.20	3.34	2.95	2.71	2.56	2.45	2.36	2.29	2.24	2.19	2.12	1.04	1.96	1.91	1.87	1.82	1.77	1.71	1.65
29	4.18	3.33	2.93	2.70	2.55	2.43	2.35	2.28	2.22	2.18	2.10	1.03	1.94	1.90	1.85	1.81	1.75	1.70	1.64
30	4.17	3.32	2.92	2.69	2.53	2.42	2.33	2.27	2.21	2.16	2.09	2.01	1.93	1.89	1.84	1.79	1.74	1.68	1.62
40	4.08	3.23	2.84	2.61	2.45	2.34	2.25	2.18	2.12	2.08	2.00	1.92	1.84	1.79	1.74	1.69	1.64	1.58	1.51
60	4.00	3.15	2.76	2.53	2.37	2.25	2.17	2.10	2.04	1.99	1.92	1.84	1.75	1.70	1.65	1.59	1.53	1.47	1.39
120	3.92	3.07	2.68	2.45	2.29	2.17	2.09	2.02	1.96	1.91	1.83	1.75	1.66	1.61	1.55	1.50	1.43	1.35	1.25
∞	3.84	3.00	2.60	2.37	2.21	2.10	2.01	1.94	1.88	1.83	1.75	1.67	1.57	1.52	1.46	1.39	1.32	1.22	1.00

n_1

续表

$\alpha = 0.025$

n_2	n_1																		
	1	2	3	4	5	6	7	8	9	10	12	15	20	24	30	40	60	120	∞
1	647.8	799.5	864.2	899.6	921.8	937.1	948.2	956.7	963.3	968.6	976.7	984.9	993.1	997.2	1001	1006	1010	1014	1018
2	38.51	39.00	39.17	39.25	139.30	39.33	39.36	39.37	39.39	39.40	39.41	39.43	39.45	39.46	39.46	39.47	39.48	39.49	39.50
3	17.44	16.04	15.44	15.10	14.88	14.73	14.62	14.54	14.47	14.42	14.34	14.25	14.17	14.12	14.08	14.04	13.99	13.95	13.90
4	12.22	10.65	9.98	9.60	9.36	9.20	9.07	8.98	8.90	8.84	8.75	8.66	8.56	8.51	8.46	8.41	8.36	8.31	8.26
5	10.01	8.43	7.76	7.39	7.15	6.98	6.85	6.76	6.68	6.62	6.52	6.43	6.33	6.28	6.23	6.18	6.12	6.07	6.02
6	8.81	7.26	6.60	6.23	5.99	5.82	5.70	5.60	5.52	5.46	5.37	5.27	5.17	5.12	5.07	5.01	4.96	4.90	4.85
7	8.07	6.54	5.89	5.52	5.29	5.12	4.99	4.90	4.82	4.76	4.67	4.57	4.47	4.42	4.36	4.31	4.25	4.20	4.14
8	7.57	6.06	5.42	5.05	4.82	4.65	4.53	4.43	4.36	4.30	4.20	4.10	4.00	3.95	3.89	3.84	3.78	3.73	3.67
9	7.21	5.71	5.08	4.72	4.48	4.32	4.20	4.10	4.03	3.96	3.87	3.77	3.67	3.61	3.56	3.51	3.45	3.39	3.33
10	6.94	5.46	4.83	4.47	4.24	4.07	3.95	3.85	3.78	3.72	3.62	3.52	3.42	3.37	3.31	3.26	3.20	3.14	3.08
11	6.72	5.26	4.63	4.28	4.04	3.88	3.76	3.66	3.59	3.53	3.43	3.33	3.23	3.17	3.12	3.06	3.00	2.94	2.88
12	6.55	5.10	4.47	4.12	3.89	3.73	3.61	3.51	3.44	3.37	3.28	3.18	3.07	3.02	2.96	2.91	2.85	2.79	2.72
13	6.41	4.97	4.35	4.00	3.77	3.60	3.48	3.39	3.31	3.25	3.15	3.05	2.95	2.89	2.84	2.78	2.72	2.66	2.60
14	6.30	4.86	4.24	3.89	3.66	3.50	3.38	3.29	3.21	3.15	3.05	2.95	2.84	2.79	2.73	2.67	2.61	2.55	2.49
15	6.20	4.77	4.15	3.80	3.58	3.41	3.29	3.20	3.12	3.06	2.96	2.86	2.76	2.70	2.64	2.59	2.52	2.46	2.40
16	6.12	4.69	4.08	3.73	3.50	3.34	3.22	3.12	3.05	2.99	2.89	2.79	2.68	2.63	2.57	2.51	2.45	2.38	2.32
17	6.04	4.62	4.01	3.66	3.44	3.28	3.16	3.06	2.98	2.92	2.82	2.72	2.62	2.56	2.50	2.44	2.38	2.32	2.25
18	5.98	4.56	3.95	3.61	3.38	3.22	3.10	3.01	2.93	2.87	2.77	2.67	2.56	2.50	2.44	2.38	2.32	2.26	2.19
19	5.92	4.51	3.90	3.56	3.33	3.17	3.05	2.96	2.88	2.82	2.72	2.62	2.51	2.45	2.39	2.33	2.27	2.20	2.13
20	5.87	4.46	3.86	3.51	3.29	3.13	3.01	2.91	2.84	2.77	2.68	2.57	2.46	2.41	2.35	2.29	2.22	2.16	2.09
21	5.83	4.42	3.82	3.48	3.25	3.09	2.97	2.87	2.80	2.73	2.64	2.53	2.42	2.37	2.31	2.25	2.18	2.11	2.04
22	5.79	4.38	3.78	3.44	3.22	3.05	2.93	2.84	2.76	2.70	2.60	2.50	2.39	2.33	2.27	2.21	2.14	2.08	2.00
23	5.75	4.35	3.75	3.41	3.18	3.02	2.90	2.81	2.73	2.67	2.57	2.47	2.36	2.30	2.24	2.18	2.11	2.04	1.97
24	5.72	4.32	3.72	3.38	3.15	2.99	2.87	2.78	2.70	2.64	2.54	2.44	2.33	2.27	2.21	2.15	2.08	2.01	1.94
25	5.69	4.29	3.69	3.35	3.13	2.97	2.85	2.75	2.68	2.61	2.51	2.41	2.30	2.24	2.18	2.12	2.05	1.98	1.91
26	5.66	4.27	3.67	3.33	3.10	2.94	2.82	2.73	2.65	2.59	2.49	2.39	2.28	2.22	2.16	2.09	2.03	1.95	1.88

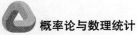

续表

n_1

n_2	1	2	3	4	5	6	7	8	9	10	12	15	20	24	30	40	60	120	∞
27	5.63	4.24	3.65	3.31	3.08	2.92	2.80	2.71	2.63	2.57	2.47	2.36	2.25	2.19	2.13	2.07	2.00	1.93	1.85
28	5.61	4.22	3.63	3.29	3.06	2.90	2.78	2.69	2.61	2.55	2.45	2.34	2.23	2.17	2.11	2.05	1.98	1.91	1.83
29	5.59	4.20	3.61	3.27	3.04	2.88	2.76	2.67	2.59	2.53	2.43	2.32	2.21	2.15	2.09	2.03	1.96	1.89	1.81
30	5.57	4.18	3.59	3.25	3.03	2.87	2.75	2.65	2.57	2.51	2.41	2.31	2.20	2.14	2.07	2.01	1.94	1.87	1.79
40	5.42	4.05	3.46	3.13	2.90	2.74	2.62	2.53	2.45	2.39	2.29	2.18	2.07	2.01	1.94	1.88	1.80	1.72	1.64
60	5.29	3.93	3.34	3.01	2.79	2.63	2.51	2.41	2.33	2.27	2.17	2.06	1.94	1.88	1.82	1.74	1.67	1.58	1.48
120	5.15	3.80	3.23	2.89	2.67	2.52	2.39	2.30	2.22	2.16	2.05	1.94	1.82	1.76	1.69	1.61	1.53	1.43	1.31
∞	5.02	3.69	3.12	2.79	2.57	2.41	2.29	2.19	2.11	2.05	1.94	1.83	1.71	1.64	1.57	1.48	1.39	1.27	1.00

$\alpha = 0.01$

n_1

n_2	1	2	3	4	5	6	7	8	9	10	12	15	20	24	30	40	60	120	∞
1	4052	5000	5403	5625	5764	5859	5928	5982	6062	6056	6106	6157	6209	6235	6261	6287	6313	6339	6366
2	98.50	99.00	99.17	99.25	99.30	99.33	99.36	99.37	99.39	99.40	99.42	99.43	99.45	99.46	99.47	99.47	99.48	99.49	99.50
3	34.12	30.82	29.46	28.71	28.24	27.91	27.67	27.49	27.35	27.23	27.05	26.87	26.69	26.60	26.50	26.41	26.32	26.22	26.13
4	21.20	18.00	16.69	15.98	15.52	15.21	14.98	14.80	14.66	14.55	14.37	14.20	14.02	13.93	13.84	13.75	13.65	13.56	13.46
5	16.26	13.27	12.06	11.39	10.97	10.67	10.46	10.29	10.16	10.05	9.29	9.72	9.55	9.47	9.38	9.29	9.20	9.11	9.02
6	13.75	10.92	9.78	9.15	8.75	8.47	8.26	8.10	7.98	7.87	7.72	7.56	7.40	7.31	7.23	7.14	7.06	6.97	6.88
7	12.25	9.55	8.45	7.85	7.46	7.19	6.99	6.84	6.72	6.62	6.47	6.31	6.16	6.07	5.99	5.91	5.82	5.74	5.65
8	11.26	8.65	7.59	7.01	6.63	6.37	6.18	6.03	5.91	5.81	5.67	5.52	5.36	5.28	5.20	5.12	5.03	4.95	4.86
9	10.56	8.02	6.99	6.42	6.06	5.80	5.61	5.47	5.35	5.26	5.11	4.96	4.81	4.73	4.65	4.57	4.48	4.40	4.31
10	10.04	7.56	6.55	5.99	5.64	5.39	5.20	5.06	4.94	4.85	4.71	4.56	4.41	4.33	4.25	4.17	4.08	4.00	3.91
11	9.65	7.21	6.22	5.67	5.32	5.07	4.89	4.74	4.63	4.54	4.40	4.25	4.10	4.02	3.95	3.86	3.78	3.69	3.60
12	9.33	6.93	5.95	5.41	5.06	4.82	4.64	4.50	4.39	4.30	4.16	4.01	3.86	3.78	3.70	3.62	3.54	3.45	3.36
13	9.07	6.70	5.74	5.21	4.86	4.62	4.44	4.30	4.19	4.10	3.96	3.82	3.66	3.59	3.51	3.43	3.34	3.25	3.17
14	8.86	6.51	5.56	5.04	4.69	4.46	4.28	4.14	4.03	3.94	3.80	3.66	3.51	3.43	3.35	3.27	3.18	3.09	3.00

续表

n_2 \ n_1	1	2	3	4	5	6	7	8	9	10	12	15	20	24	30	40	60	120	∞
15	8.68	6.36	5.42	4.89	4.56	4.32	4.14	4.00	3.89	3.80	3.67	3.52	3.37	3.29	3.21	3.13	3.05	2.96	2.87
16	8.53	6.23	5.29	4.77	4.44	4.20	4.03	3.89	3.78	3.69	3.55	3.41	3.26	3.18	3.10	3.02	2.93	2.84	2.75
17	8.40	6.11	5.18	4.67	4.34	4.10	3.93	3.79	3.68	3.59	3.46	3.31	3.16	3.08	3.00	2.92	2.83	2.75	2.65
18	8.29	6.01	5.09	4.58	4.25	4.01	3.84	3.71	3.60	3.51	3.37	3.23	3.08	3.00	2.92	2.84	2.75	2.66	2.57
19	8.18	5.93	5.01	4.50	4.17	3.94	3.77	3.63	3.52	3.43	3.30	3.15	3.00	2.92	2.84	2.76	2.67	2.58	2.49
20	8.10	5.85	4.94	4.43	4.10	3.87	3.70	3.56	3.46	3.37	3.23	3.09	2.94	2.86	2.78	2.69	2.61	2.52	2.42
21	8.02	5.78	4.87	4.37	4.04	3.81	3.64	3.51	3.40	3.31	3.17	3.03	2.88	2.80	2.72	2.64	2.55	2.46	2.36
22	7.95	5.72	4.82	4.31	3.99	3.76	3.59	3.45	3.35	3.26	3.12	2.98	2.83	2.75	2.67	2.58	2.50	2.40	2.31
23	7.88	5.66	4.76	4.26	3.94	3.71	3.54	3.41	3.30	3.21	3.07	2.93	2.78	2.70	2.62	2.54	2.45	2.35	2.26
24	7.82	5.61	4.72	4.22	3.90	3.67	3.50	3.36	3.26	3.17	3.03	2.89	2.74	2.66	2.58	2.49	2.40	2.31	2.21
25	7.77	5.57	4.68	4.18	3.85	3.63	3.46	3.32	3.22	3.13	2.99	2.85	2.70	2.62	2.54	2.45	2.36	2.27	2.17
26	7.72	5.53	4.64	4.14	3.82	3.59	3.42	3.29	3.18	3.09	2.96	2.81	2.66	2.58	2.50	2.42	2.33	2.23	2.13
27	7.68	5.49	4.60	4.11	3.78	3.56	3.39	3.26	3.15	3.06	2.93	2.78	2.63	2.55	2.47	2.38	2.29	2.20	2.10
28	7.64	5.45	4.57	4.07	3.75	3.53	3.36	3.23	3.12	3.03	2.90	2.75	2.60	2.52	2.44	2.35	2.26	2.17	2.06
29	7.60	5.42	4.54	4.04	3.73	3.50	3.33	3.20	3.09	3.00	2.87	2.73	2.57	2.49	2.41	2.33	2.23	2.14	2.03
30	7.56	5.39	4.51	4.02	3.70	3.47	3.30	3.17	3.07	2.98	2.84	2.70	2.55	2.47	2.39	2.30	2.21	2.11	2.01
40	7.31	5.18	4.31	3.83	3.51	3.29	3.12	2.99	2.89	2.80	2.66	2.52	2.37	2.29	2.20	2.11	2.02	1.92	1.80
60	7.08	4.98	4.13	3.65	3.34	3.12	2.95	2.82	2.72	2.63	2.50	2.35	2.20	2.12	2.03	1.94	1.84	1.73	1.60
120	6.85	4.79	3.95	3.48	3.17	2.96	2.79	2.66	2.56	2.47	2.34	2.19	2.03	1.95	1.86	1.76	1.66	1.53	1.38
∞	6.63	4.61	3.78	3.32	3.02	2.80	2.64	2.51	2.41	2.32	2.18	2.04	1.88	1.79	1.70	1.59	1.47	1.32	1.00

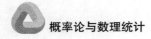

续表

$\alpha = 0.005$

n_2 \ n_1	1	2	3	4	5	6	7	8	9	10	12	15	20	24	30	40	60	120	∞
1	16211	20000	21615	22500	23056	2437	23715	23925	24091	24224	24426	24630	24836	24940	25044	25148	25253	25359	25465
2	198.5	199.0	199.2	199.2	199.3	199.3	199.4	199.4	199.4	199.4	199.4	199.4	199.4	199.5	199.5	199.5	199.5	199.5	199.5
3	55.55	49.80	47.47	46.19	45.39	44.84	44.43	44.13	43.88	43.69	43.39	43.08	42.78	42.62	42.47	42.31	42.15	41.99	41.83
4	31.33	26.28	24.26	23.15	22.46	21.97	21.62	21.35	21.14	20.97	20.70	20.44	20.17	20.03	19.89	19.75	19.61	19.47	19.32
5	22.78	18.31	16.53	15.56	24.94	14.51	14.20	13.96	13.77	13.62	13.38	13.15	12.90	12.78	12.66	12.53	12.40	12.72	12.14
6	18.63	14.54	12.92	12.03	21.46	11.07	10.79	10.57	10.39	10.25	10.03	9.81	9.59	9.47	9.36	9.24	9.42	9.00	8.88
7	16.24	12.40	10.88	10.05	9.52	9.16	8.89	8.68	8.51	8.38	8.18	7.97	7.75	7.65	7.53	7.42	7.31	7.19	7.08
8	14.69	11.04	9.60	8.81	8.30	7.95	7.69	7.50	7.34	7.21	7.01	6.81	6.61	6.50	6.40	6.29	6.18	6.06	5.95
9	13.61	10.11	8.72	7.96	7.47	7.13	6.88	6.69	6.54	6.42	6.23	6.03	5.83	5.73	5.62	5.52	5.41	5.30	5.19
10	12.83	9.43	8.08	7.34	6.87	6.54	6.30	6.12	5.97	5.85	5.66	5.47	5.27	5.17	5.07	4.97	4.86	4.75	4.64
11	12.23	8.91	7.60	6.88	6.42	6.10	5.86	5.68	5.54	5.42	5.24	5.05	4.86	4.76	4.65	4.55	4.44	4.34	4.23
12	11.75	8.51	7.23	6.52	6.07	5.76	5.52	5.35	5.20	5.09	4.91	4.72	4.53	4.43	4.33	4.23	4.12	4.01	3.90
13	11.37	8.19	6.93	6.23	5.79	5.48	5.25	5.08	4.94	4.82	4.64	4.46	4.27	4.17	4.07	3.97	3.87	3.76	3.65
14	11.06	7.92	6.68	6.00	5.86	5.26	5.03	4.86	4.72	4.60	4.43	4.25	4.06	3.96	3.86	3.76	3.66	3.55	3.44
15	10.80	7.70	6.48	5.80	5.37	5.07	4.85	4.67	4.54	4.42	4.25	4.07	3.88	3.79	3.69	3.52	3.48	3.37	3.26
16	10.58	7.51	6.30	5.64	5.21	4.91	4.69	4.52	4.38	4.27	4.10	3.92	3.73	3.64	3.54	3.44	3.23	3.22	3.11
17	10.38	7.35	6.16	5.50	5.07	4.78	4.56	4.39	4.25	4.14	3.97	3.79	3.61	3.51	3.41	3.31	3.21	3.10	2.98
18	10.22	7.21	6.03	5.37	4.96	4.66	4.44	4.28	4.14	4.03	3.86	3.68	3.50	3.40	3.30	3.20	3.10	2.99	2.87
19	10.07	7.09	5.92	5.27	4.85	4.56	4.34	4.18	4.04	3.93	3.76	3.59	3.40	3.31	3.21	3.11	3.00	2.89	2.78
20	9.94	6.99	5.82	5.17	4.76	4.47	4.26	4.09	3.96	3.85	3.68	3.50	3.32	3.22	3.12	3.02	2.92	2.81	2.69
21	9.83	6.89	5.73	5.09	4.68	4.39	4.18	4.01	3.88	3.77	3.60	3.43	3.24	3.15	3.05	2.95	2.84	2.73	2.61
22	9.73	6.81	5.65	5.02	4.61	4.32	4.11	3.94	3.81	3.70	3.54	3.36	3.18	3.08	2.98	2.88	2.77	2.66	2.55
23	9.63	6.73	5.58	4.95	4.54	4.26	4.05	3.88	3.75	3.64	3.47	3.30	3.12	3.02	2.92	2.82	2.71	2.60	2.48
24	9.55	6.66	5.52	4.89	4.49	4.20	3.99	3.83	3.69	3.59	3.42	3.25	3.06	2.97	2.87	2.77	2.66	2.55	2.43
25	9.48	6.60	5.46	4.84	4.43	4.15	3.94	3.78	3.64	3.64	3.37	3.20	3.01	2.92	2.82	2.72	2.61	2.50	2.38
26	9.41	6.54	5.41	4.79	4.38	4.10	3.89	3.73	3.60	3.49	3.33	3.15	2.97	2.87	2.77	2.67	2.56	2.45	2.33

续表

n_2	1	2	3	4	5	6	7	8	9	10	12	15	20	24	30	40	60	120	∞
27	9.34	6.49	5.36	4.74	4.34	4.06	3.85	3.69	3.56	3.45	3.28	3.11	2.93	2.83	2.73	2.63	2.52	2.41	2.29
28	9.28	6.44	5.32	4.70	4.30	4.02	3.81	3.65	3.52	3.41	3.25	3.07	2.89	2.79	2.69	2.59	2.48	2.37	2.25
29	9.23	6.40	5.28	4.66	4.26	3.98	3.77	3.61	3.48	3.38	3.21	3.04	2.86	2.76	2.66	2.56	2.45	2.33	2.21
30	9.18	6.35	5.24	4.62	4.23	3.95	3.74	3.58	3.45	3.34	3.18	3.01	2.82	2.73	2.63	2.52	2.42	2.30	2.18
40	8.83	6.07	4.98	4.37	3.99	3.71	3.51	3.35	3.22	3.12	2.95	2.78	2.60	2.50	2.40	2.30	2.18	2.06	1.93
60	8.49	5.79	4.73	4.14	3.76	3.49	3.29	3.13	3.01	2.90	2.74	2.57	2.39	2.29	2.19	2.08	1.96	1.83	1.69
120	8.18	5.54	4.50	3.92	3.55	3.28	3.09	2.93	2.81	2.75	2.54	2.37	2.19	2.09	1.98	1.87	1.75	1.61	1.43
∞	7.88	5.30	4.28	3.72	3.35	3.09	2.90	2.74	2.62	2.52	2.36	2.19	2.00	1.90	1.79	1.67	1.53	1.36	1.00